A＋U高校建筑学与城市规划专业教材

城市基础设施规划与建设

戴慎志　刘婷婷　著

中国建筑工业出版社

图书在版编目（CIP）数据

城市基础设施规划与建设／戴慎志，刘婷婷著．—北京：
中国建筑工业出版社，2016.1（2023.3重印）
A+U 高校建筑学与城市规划专业教材
ISBN 978-7-112-19045-4

Ⅰ. ①城… Ⅱ. ①戴…②刘… Ⅲ. ①基础设施－城市规
划－高等学校－教材②城市建设－基础设施建设－高等学
校－教材 Ⅳ. ① TU984.11 ② F294

中国版本图书馆CIP数据核字（2016）第012269号

　　　　责任编辑：杨　　虹
　　　　责任校对：陈晶晶　　李欣慰

　　本书系统阐述了城市基础设施的基本范畴，城市基础设施规划与建设的要素、要点、策略和
发展趋势等，包括绪论；城市基础设施系统的构成与功能；城市基础设施规划的影响与评价因素；
城市基础设施规划布局的基本要点；城市基础设施在不同城市空间的规划与建设策略；我国城市基
础设施规划与建设的趋势；城市基础设施建设与管理的完善策略以及我国城市基础设施供给的规制
分析等内容。

　　本书为高等学校城乡规划学科的专业教材，也适用于建筑、交通、土木、环境、管理等学科
的城市建设教学，也可作为城市规划和城市建设相关专业设计、研究和管理人员的参考书。

　　为更好地支持相应课程的教学，我们向采用本书作为教材的教师提供教学课件，有需要者请
与出版社联系，邮箱：jgcabpbeijing@163.com。

A+U高校建筑学与城市规划专业教材

城市基础设施规划与建设

戴慎志　刘婷婷　著

*

中国建筑工业出版社出版、发行（北京海淀三里河路9号）

各地新华书店、建筑书店经销

北京嘉泰利德公司制版

北京建筑工业印刷厂印刷

*

开本：787×1092毫米　1/16　印张：13½　字数：270千字
2016年12月第一版　2023年3月第四次印刷
定价：45.00元（赠教师课件）
ISBN 978-7-112-19045-4
(28263)

前　言

　　城市基础设施是城市生存和发展的基础，是城市功能正常运行的支撑体系。工程性城市基础设施是我国城市基础设施的主体，也称常规的城市基础设施，或称狭义的城市基础设施。工程性城市基础设施包含交通、水、能源、通信、环境、防灾等六大系统，这是本书研究和阐述的对象。

　　城市基础设施的交通、水、能源、通信、环境、防灾等六大系统均有各自功能、影响与评价因素、规划布局原则与要点。城市基础设施规划与建设涉及城市各个层面，需采取相对应的策略，以达到良好的实施效果。随着我国新型城镇化和城市可持续发展以及智慧城市建设，城市基础设施规划与建设朝安全、高效、综合、集约、生态、智能化方向发展，需研究当今和未来的智慧城市基础设施规划的关键问题，研究城市基础设施规划与建设的完善策略以及城市基础设施供给的规制。

　　本书是在总结和提炼本人所讲授且不断更新的同济大学《城市基础设施规划与建设》研究生课程的教学课件、主持的科研课题、发表的学术论文以及指导的博士和硕士研究生学位论文等基础上，充实完善撰写而成的城乡规划学科研究生专业教材。本书也适用于建筑、交通、土木、环境、管理等学科的城市建设方向的研究生教学，也可作为城市规划和城市建设相关专业的设计、研究、管理人员的参考书。

　　在本书撰写过程中，刘婷婷主笔撰写了第7章城市基础设施规划与建设的完善策略和第8章我国城市基础设施供给的规制分析，并参与了全书的课件、课题、论文整理的汇总工作。张小勇、刘飞萍、王江波、高晓昱、冯浩、郁璐霞、陈敏、邹家唱、彭浩、王树声、陈琦、其布日等分别参与了课件、课题、论文的整理和图片收集、制作工作。

　　在新常态下，由于我国城市规划与建设的新需求、城市基础设施新技术和新设备的产生，需要我们不断研究城市基础设施规划与建设的新理念、新策略、新方法。本人恳请读者批评指正书中不足之处，商榷需探讨的问题，以便不断增强本研究生课程教学的前瞻性、科学性。

戴慎志

目　录

城市基础设施规划与建设

1　绪论

1.1 社会背景

1.1.1 新型城镇化

世界各国经济的发展都是不断工业化和城市化的过程。确定城市化率的主要指标是城市常住人口的数量,而衡量城市化质量的重要指标之一则是城市基础设施供给的数量与质量。城市基础设施是城市正常运行和健康发展的物质基础,对于改善人居环境、增强城市综合承载能力、提高城市运行效率具有重要作用。

2012年,我国城镇化率达到52.57%,并逐年以1%的速度增长,这标志着我国进入了以城市生活为主的时代。随着我国经济社会的不断发展,新增城镇人口对于基础设施供给数量和质量的要求也会逐步攀升,基础设施领域资金投入更加巨大。一般而言,城市基础设施包括交通、给水、排水、供电、燃气、供热、通信、防灾、环境卫生等系统。其中,给水、供电、燃气是资源型基础设施,在今后的很长一段时间内,城市将面临资源短缺和环境承载力的压力。这对基础设施的规划与建设提出了更高的要求。

鉴于我国目前城镇化质量不高,资源、环境、生态问题突出等现状问题,党的十八大提出"坚持走中国特色新型城镇化道路",提出坚持以人为本的原则,以提高城镇化的质量为重点,走集约、智能、绿色、低碳、可持续的道路,提升人民生活水平和质量,造福百姓。十八大为我国城镇化发展思路确立了重点和方向,这也是城市基础设施今后建设与发展的重中之重。2013年国务院出台的的《国家新型城镇化规划(2014—2020)》规划,要求推动城市绿色发展,提高智能化水平,建设绿色城市和智慧城市。基础设施则承担了实现上述目标的支撑功能,因而,今后城市基础设施将在实现绿色城市建设、生态城市建设、安全城市建设、智慧城市建设等方面扮演者重要角色。

在新型城镇化的引导下,城市的发展方式将发生根本的改变,从之前的粗放型、扩张型向集约型、内涵型方向转变,与此相适应,城市基础设施的发展与建设也将发生转变。

1.1.2 相关政策制度完善

2013年至2015年,国务院连续三年颁布政策意见,对城市基础设施的建设方式、地下管线普查、综合管廊建设等方面提出要求,并明确发展建设时序。这意味着国家对城市基础设施的发展与建设的关注程度日益提高,关注的重点也逐步具体和明确。

2013年,国务院颁布《国务院关于加强城市基础设施建设的意见 国发[2013] 36号》,从我国城市基础设施仍存在的总量不足、标准不高、运行管理粗放的问题入手,要求坚持规划引领、民生优先、安全为重、机制创新、绿色优质的基本原则,围绕以下重点领域进行建设:①城市道路交通基础设施,包括公共交通基础设施建设、城市道路桥梁建设改造、城市步行和自行车交通系统建设;②加大城市管网建设和改造力度,包括市政地下管网建设改造、城市供水排水防涝和防洪设施建设、城市电网建设；③加快城市污水处理设施建设、城市生活垃圾处理设施建设；④加强生态园林建设，包括城市公园建设、提升城市绿地功能。

2014年，国务院颁布了《国务院办公厅关于加强城市地下管线建设管理的指导意见　国办发 [2014]27 号》，该意见是在近年相继出现大雨内涝、管线泄漏爆炸、路面塌陷等事故的背景下提出的，要求将地下管线的建设管理作为适应中国特色新型城镇化建设的需要，以规划为引领，科学编制城市地下管线规划；加强地下管线的管理，结合不同地区实际，因地制宜地确定地下管线的技术标准和发展模式，稳步推进地下管廊建设，力争 2015 年底前，完成城市地下管线普查，并编制地下管线综合规划；用 5 年时间，完成地下老旧管网改造；用 10 年左右时间，建成较为完善的城市地下管线体系。地下管线综合规划需要与城市道路的建设计划同步协调，杜绝"马路拉链"现象。在大中城市开展地下综合管廊工程试点，积极探索管廊建设的合理模式，稳步推进地下综合管廊的建设。

2015 年 7 月，国务院召开常务会议，针对城市长期出现的地下基础设施落后的突出问题，阐述了城市综合管廊建设的必要性和重要性，并从规划布局、建设标准、维护管理和投融资等方面提出具体要求。

我国大部分城市地下排水管网、雨水管网的历史欠账较多，很多城市几乎年年遭受涝灾，造成了严重的生命财产损失。为此，《国务院办公厅关于做好城市排水防涝设施建设工作的通知　国办发 [2013]23 号》要求在全面普查城市排水设施现状的基础上，合理确定建设标准，科学制定城市排水防涝设施建设规划；与城市防洪规划相衔接，并纳入城市总体规划中。涉及的主要建设内容包括扎实做好项目前期工作、加快推进雨污分流管网改造与建设、积极推行低影响开发建设模式，从资金、法规、应急机制、日常监管、科技支撑等方面进行保障，同时也在部门领导层面落实相关责任及分工。

2014 年，中国人民共和国国务院令第 641 号《城镇排水与污水处理条例》颁布实施。针对当前频繁发生的城镇水污染和内涝灾害问题，明确城镇排水主管部门编制本行政区域的城镇排水与污水处理规划。对于易发生内涝的城市、镇还应当编制城镇内涝防治专项规划，充分利用自然生态系统，提高雨水滞渗、调蓄和排放能力。

城市防涝是个综合系统。城市内涝形成一方面原因是城市基础设施的历史欠账，一方面原因与城市快速建设中的建设方式相关，如大量硬化路面的建设，城市建设将承担泄洪排涝的水渠河道填埋以及河道淤塞等，导致雨水不能快速排除而内涝。鉴此，2014 年住建部颁发的《海绵城市建设技术指南－低影响开发雨水系统构建（试行）》，要求各地建设自然积存、自然渗透、自然净化的海绵城市。旨在推行节约水资源，降低城市雨水初期径流污染河道，保护生态环境。

随着城市的发展、公众生活水平的提升、建设标准的提高等，原有的城市基础设施的相关规划标准、规范已经不能满足现今规划建设的需要。

因此，城市基础设施规划相关标准、规范已在进行调整和完善。经调整完善后颁布实施的标准、规范有：《城市通信工程规划规范》GB/T 50853—2013，《城市电力规划规范》GB/T 50293—2014，《城市消防规划规范》GB 51080—2015，《城镇燃气规划规范》GB/T 50198—2015、《城市供热规划规范》GB/T 51074—2015。正在修编中的标准有：《城市给水工程规划规范》、《城市工程管线综合规划规范》、《城市用地竖向规划规范》、《城市环境卫生设施规划规范》、《城市排水工程规划规范》、《城市防洪规划规范》等。已新编待颁布实施的标准、规范有：《城市综合防灾规划标准》、《防灾避难场所设计规范》等。

新型城镇化规划提出推进智慧城市建设，推动物联网、云计算、大数据等新一代信息技术的创新应用，强化信息网络、数据中心等信息基础设施建设，促进城市规划管理信息化和基础设施智能化。其中，针对基础设施智能化指出，发展智能交通，实现交通诱导、指挥控制、调度管理和应急处理的智能化。发展智能电网，支持分布式能源的接入、居民和企业用电的智能管理。发展智能水务，构建覆盖供水全过程、保障供水质量安全的智能供排水和污水处理系统。要发展智能管网，实现城市地下空间、地下管网的信息化管理和运行监控智能化。要发展智能建筑，实现建筑设施、设备、节能、安全的智慧化管控。

1.1.3 市场化进程

在我国由计划经济向市场经济体制不断转型的过程中，民间资本实力的增强使得私人部门与非赢利组织越来越多地参与了公共服务的提供，经济增长越来越依赖于市场力量。在这种趋势下，城市基础设施的供给主体和供给方式也日趋多元化。

我国城市基础设施市场化进程是伴随我国国民经济市场化进程同步推进的。在 20 世纪 90 年代以前，城市基础设施建设资金，来源于政府的财政拨款或财政补贴。即使对于可以收费的某些城市公用事业，服务收费也只是象征性的，成本的弥补主要来自于财政补贴。自 20 世纪 90 年代起，随着我国以市场为导向的经济改革全面开展和深入发展，开始出现有关城市基础设施领域市场化改革的呼声，1995 年，国务院发展研究中心举办了《基础设施建设国际高层论坛》，在会议文件中明确指出"民营化是发展趋势"，这在当时来说是相当超前的观念。自此，基础设施建设投资领域开始出现了一些市场化尝试，如实行股份制改革，到民间、国外资本市场募集资金等，但基础设施的政府投资管理体制并没有改变，基础设施投资仍然是我国政府财政投资的重要组成部分。[①] 在这一时期，上海、深圳、成都、杭州等许多城市已开始了对公用事业民营化改革的尝试逐步引入公私合作制。

2000 年以来，中央政府尤其是主管投资和城市建设的行政部门进一步出台政策和规章，明确鼓励非公资本进入市政公用事业的建设、运营和管理。比如，建

---

① 刘渝.我国基础设施建设经营市场化研究 [D].西南师范大学硕士学位论文，2005.

设部于 2002 年 1 月 27 日印发《关于加强市政公用行业市场化进程的意见》,确定了市政公用事业的改革方向,极大地调动了社会资本的积极性。2002年 10 月原国家计委、建设部、环保总局出台《关于推进城市污水、垃圾处理产业化发展的意见》,提出改革价格机制和管理体制,鼓励各类所有制经济积极参与投资和运营,实现投资主体多元化、运营主体多元化、运行管理市场化,形成开放式、竞争性的建设运营格局。2005 年 2 月 24 日《国务院关于鼓励支持和引导个体私营等非公有制经济发展的若干意见》进一步鼓励非公有资本参与各类公用事业和基础设施的投资、建设和运营终于在 2003 前后掀起了一场市政公用设施供给民营化改革浪潮[①]。

在鼓励国内民间资本进入基础设施行业的同时,国家也出台了相关政策来鼓励外资的参与。2001 年 12 月,原国家计委发出了《关于印发促进和引导民间投资的若干意见的通知》,指出要"鼓励和允许外商投资、民间投资以独资、合作、联营、参股、特许经营等方式,参与经营性的基础设施和公益事业项目建设。"明确了外商投资基础设施行业的方式。2003 年 3 月公布的《外商投资产业指导》中,原禁止外商投资的电信和燃气、热力、供排水等城市管网首次被列为对外开放领域。2006 年国家发改委颁布的《利用外资"十一五"规划》,鼓励外资积极参与一些基础设施的建设与经营"[②]。

2013 年 9 月,国务院首次就基础设施建设发文,出台了《国务院关于加强城市基础设施建设的意见》,对基础设施市场化提出了全面的意见,明确提出"确保政府投入,推进基础设施建设投融资体制和运营机制改革"的重要意见,指出"各级政府要把加强和改善城市基础设施建设作为重点工作","各级政府要充分考虑和优先保障城市基础设施建设用地需求,确保建设用地供应","建立政府与市场合理分工的城市基础设施投融资体制","通过特许经营、投资补助、政府购买服务等多种形式,吸引包括民间资本在内的社会资金,参与投资、建设和运营有合理回报或一定投资回收能力的可经营性城市基础设施项目,在市场准入和扶持政策方面对各类投资主体同等对待","积极创新金融产品和业务,建立完善多层次、多元化的城市基础设施投融资体系。研究出台配套财政扶持政策,落实税收优惠政策,支持城市基础设施投融资体制改革。"

在基础设施领域市场化改革中,能源市场的改革迫在眉睫,因为能源生产和利用是大气污染物的主要来源,《大气污染防治行动计划》和《能源发展战略行动计划 (2014—2020)》均表示需要大力调整优化能源结构,而化石原料的燃烧加剧了气候变暖,减少碳排放和二氧化硫的排放是关键。

---

① 秦虹. 市政公用设施服务的市场化供给的特征及实践效果 [J]. 开放潮,2003 (9).
② 鼓励外资企业进入基础设施供给领域的原因包括:①仅仅依靠国内的资本市场不能满足大量建设的需要;②缺乏成熟的技术与先进的经营理念,迫切需要得到外商的技术外溢。比如污水处理、垃圾处理行业,需要利用先进的技术经验来完善供给以促使行业的快速成长。

中发[2015]9号文件《中共中央国务院关于进一步深化电力体制改革的若干意见》指出，开放电网公平接入，因地制宜投资建设太阳能、风能、生物质能发电以及燃气"热电冷"联产等各类分布式电源，鼓励专业化能源服务公司成立与用户合作或以"合同能源管理"模式建设分布式电源，均有利于改变单一依靠化石燃料生产电能。政府的主要功能将仅仅为输配电网的建设，政府的发用电计划仅保留必要的公益性调节性电量，发电企业、售电企业均按照市场机制进行竞争，新增工业用户和新核准的发电机组需要参与电力市场交易。

在当前乃至今后很长一段时期，我国城市建设速度和质量都会有很大的提升，法制建设也将同步完善，城市基础设施将迎来很大的发展机遇。

1.2 城市基础设施的定义与门类

1.2.1 城市基础设施概念的发展历程

城市基础设施，又称基础结构，泛指由国家或各种公益部门建设经营，为社会生活和生产提供基本服务的一般性非营利行业和设施。《现代汉语词典》中对"基础设施"的定义是"为工农业生产部门提供服务的各种基本设施。如铁路、公路、运河、港口、桥梁、机场、电力、邮电、煤气、供水、排水等设施。广义的还包括教育、科研、卫生等部门。因其建设投资大、周期长，一般由政府投资或支持。"基础设施不直接创造社会最终产品，但又是社会发展不可缺少的生产和经济活动，被称为"社会一般资本"或"间接收益资本"。

从基础设施的概念和所包含的内容来看，其变化大致经历了"军事基础设施"－"广义基础设施"－"经济基础设施"－基础设施概念的新发展四个阶段。其中，"广义基础设施"和"经济基础设施"被学术界所公认。

广义基础设施被发展经济学家称为"涵盖归诸于'社会间接资本'的多种活动的综合术语"。Von Hirshhausen (2002) 把基础设施定义为"经济代理机构可用的所有物质、制度和人文能力的总和[1]"。

莫文·K·刘易斯将基础设施分为经济基础设施和社会基础设施两类，每一类中又被分为"硬"（实体形态）基础设施和"软"基础设施，即硬经济基础设施、软经济基础设施、硬社会基础设施和软社会基础设施。美国格林沃尔德·道格拉斯 (Greenwald Douglas, 1982) 定义的基础设施最能代表发展经济学家的看法，认为基础设施是"直接或间接地有助于提高产出水平和生产效率的经济活动，其基本要素是交通运输、动力生产、通讯和银行业、教育和卫生设施等系统以及一个秩序井然的政府和政治结构"。

《1994年世界发展报告——为发展提供基础设施》[2]中将"经济基础设施"定义为"永久性的工程构筑、设备、设施和它们所提供的为居民所用和用于经济生

---

[1] （英）达霖·格里姆赛（澳）莫文·K·刘易斯 著．济邦咨询公司 译．公私合作伙伴关系：基础设施供给和项目融资的全球革命 [M]．北京：中国人民大学出版社，2008．
[2] 世界银行著，毛晓威等 译．1994年世界发展报告——为发展提供基础设施 [M]．北京：中国财政经济出版社，1994．

产的服务",包括:①公共设施:电力、电信、自来水、卫生设施、排放污水、垃圾收集与处理、管道煤气等;②公共工程:道路、为灌溉和泄洪而建的大坝和运河工程设施等;③其他运输:市区与城市间铁路、市区交通、港口和航道、机场等。世界银行定义的"经济基础设施"收敛了基础设施概念的外延,使经济学家的研究对象有了共同的特征。

随着社会经济水平的提高,基础设施领域又出现了"绿色基础设施"、"生态基础设施"等新概念。

1.2.2 国际城市基础设施范畴

世界很多国家对于城市基础设施的概念及分类多属于"广义基础设施"的范畴。

美国的城市基础设施主要为公共基础设施,分为公共服务性和生产性基础设施等两大类,公共服务性基础设施包括有教育、卫生保健、交通运输、司法、休憩等设施;生产性基础设施包括有能源、防灾、电信、废水处理、给水等设施。

前苏联将城市基础设施为分生产基础设施、社会生活基础设施、社会事业基础设施等三大类;生产基础设施用于为生产服务、保证生产正常进行的一切项目;社会生活基础设施为满足全体居民在生产过程之外所需要的众多项目;社会事业基础设施即为一系列保证市政事业管理过程的机构。

德国一些经济学家将城市基础设施分为物质性基础设施、制度体制方面的基础设施和个人方面的基础设施等三大类;物质性基础设施为直接或间接由政府机构提供和管理的为国民经济、环境保护、社会发展提供一般性服务的建筑物、构筑物和体制网络;制度体制方面的基础设施是所有成文或不成文的法律、行政管理的条例与规定、规划发展的原则以及传统和非传统的各种社会行为规范;个人方面的基础设施是直接或间接与生产过程相关的人力资本。

1.2.3 我国城市基础设施范畴

1985 年 7 月,中国城乡建设环境保护部召开的"城市基础设施学术讨论会",确定我国城市基础设施的定义为:城市基础设施是既为物质生产又为人民生活提供一般条件的公共设施,是城市赖以生存和发展的基础。

《城市规划基本术语标准》GB/T 50280—98 将城市基础设施定义为"城市生存和发展所必须具备的工程性基础设施和社会性基础设施的总称"。《城乡规划基本术语标准》(2013 年意见征求稿) 将原城市基础设施术语分解成公共服务设施及市政基础设施两个术语。其中公共服务设施指"城乡社会服务的行政、经济、文化、教育、卫生、体育、科研及设计等机构、设施的总称"。市政基础设施指"城乡公共交通、供水、排水、供电、燃气、供热、通信、园林、环卫、综合防灾等工程设施及其附属设施的总称" (图 1.2—1)。

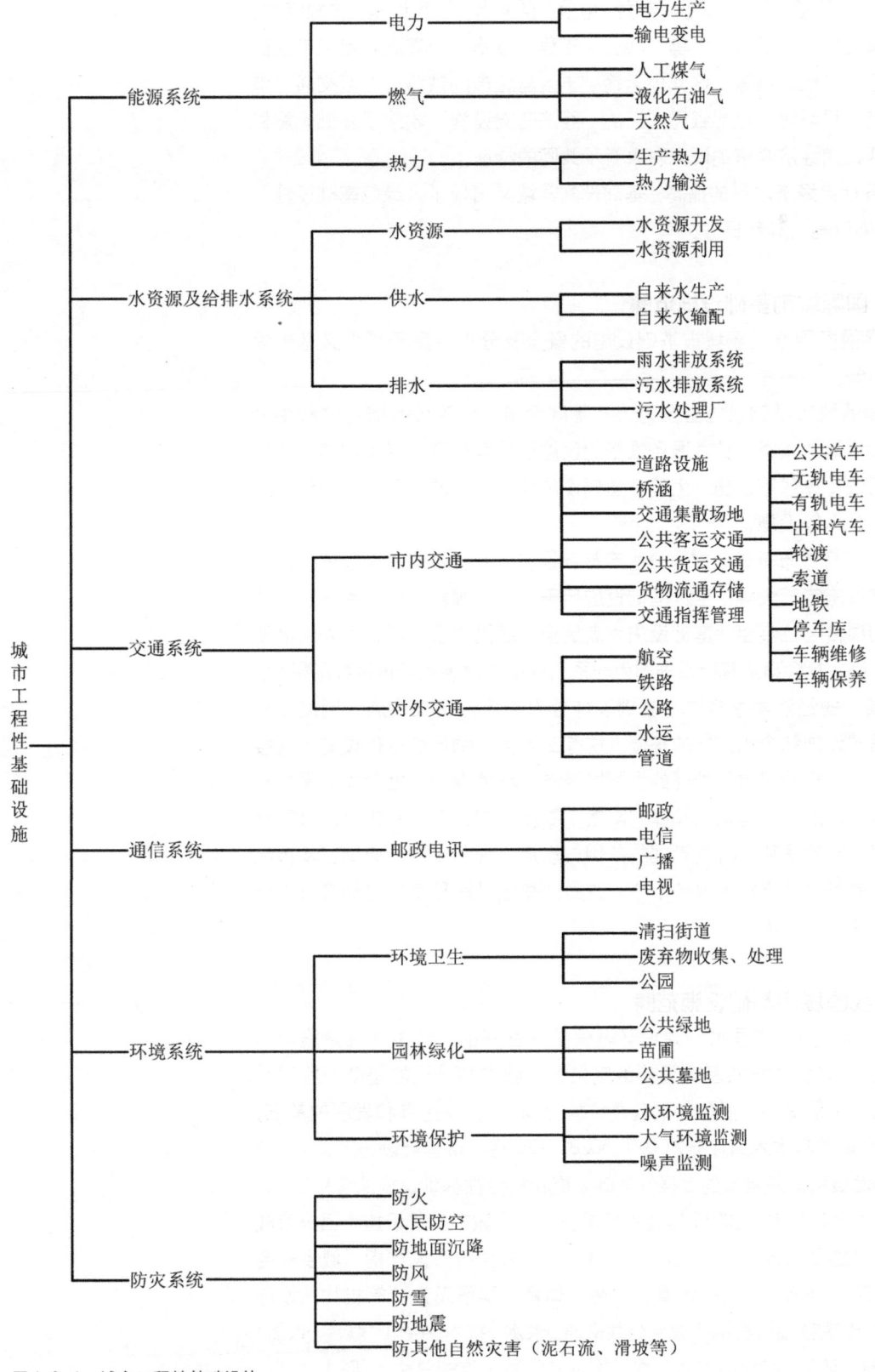

图 1.2—1　城市工程性基础设施

《城市用地分类与规划建设用地标准》GB 50137—2011 将城市建设用地内的城市基础设施用地分为道路与交通设施用地（S）和公用设施用地（U）两大类。其中，公用设施用地又分为供应设施用地（U1）、环境设施用地（U2）、安全设施用地（U3）和其他公用设施用地（U9）四类，涵盖了除交通基础设施用地外的其他基础用地（表 1.2—1）。

在我国，狭义的城市基础设施是我国城市建设中常规所提及的城市基础设施，是为城市人民提供生产和生活所必需的最基本的基础设施。它以城市工程性基础设施为主体，包含交通、水、能源、通信、环境、防灾等六大系统(图1.2—2)。狭义的城市基础设施系统是本书的主要研究对象。

1.2.4　城市基础设施的分类

按公共性程度的不同，又可将基础设施分为纯公共产品、准公共产品和私人产品。纯公共产品是在消费过程中具有非竞争性和非排他性的产品，某个消费者对该产品的消费不能排斥其他消费者的消费，或者一个消费者对该产品的消费也不会降低其他消费者对该产品的消费，比如生态环境、城市防灾、城市绿化等。准公共产品是介于公共物品和私人物品之间的产品或服务即一个人的使用不能够排斥其他人的使用，然而出于私益，它在消费上却可能存在着竞争。由于公共的性质，物品使用中可能存在着，拥挤效应和过度使用的问题，包括公交、垃圾处理等。私人产品是具有排

公用设施用地分类与代码　　　　　　　　　　　　　　表 1.2—1

U1		供应设施用地	供水、供电、供燃气和供热等设施用地
其中	U11	供水用地	城市取水设施、自来水厂、再生水厂、加压泵站、高位水池等设施用地
	U12	供电用地	变电站、开闭所、变配电所等设施用地，不包括电厂用地，高压走廊下规定的控制范围内的用地应按其地面实际用途归类
	U13	供燃气用地	分输站、门站、储气站、加气母站、液化石油气储配站、灌瓶站和地面输气管廊等设施用地，不包括制气厂用地
	U14	供热用地	集中供热锅炉房、热力站、换热站和地面输热管廊等设施用地
	U15	通信设施用地	邮政中心局、邮政支局、邮件处理中心、电信局、移动基站、微波站等设施用地
	U16	广播电视设施用地	广播电视的发射、传输和监测设施用地，包括无线电收信区、发信区以及广播电视发射台、转播台、差转台、监测站等设施用地
U2		环境设施用地	雨水、污水、固体废物处理和环境保护等的公用设施及其附属设施用地
其中	U21	排水用地	雨水泵站、污水泵站、污水处理、污泥处理厂等设施及其附属的构筑物用地，不包括排水河渠用地
	U22	环卫设施用地	垃圾转运站、公厕、车辆清洗站、环卫车辆停放修理厂等设施用地
	U23	环保设施用地	垃圾处理、危险品处理、医疗垃圾处理等设施用地
U3		安全设施用地	消防、防洪等保卫城市安全的公用设施及其附属设施用地
其中	U31	消防设施用地	消防站、消防通信及指挥训练中心等设施用地
	U32	防洪设施用地	防洪堤、防洪枢纽、排洪沟渠等设施用地
U9		其他公用设施用地	除以上之外的公用设施用地，包括施工、养护、维修等设施用地

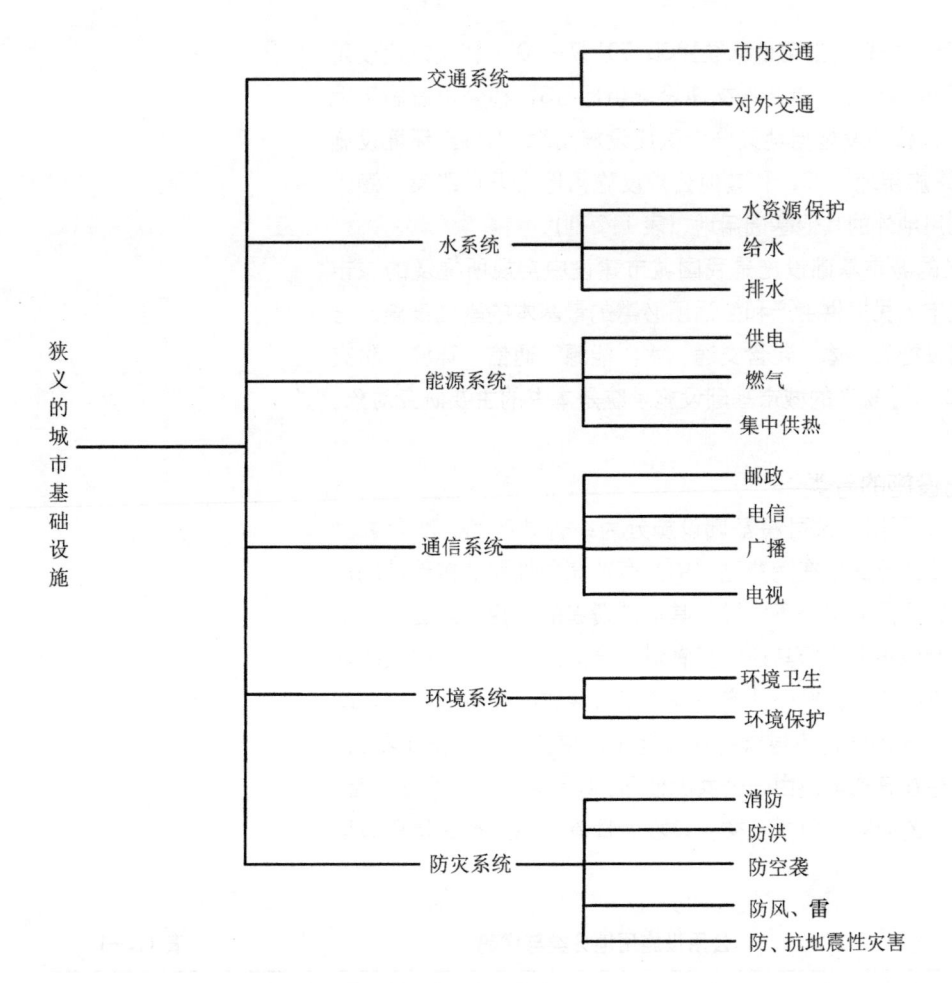

图 1.2-2 狭义的城市基础设施

他性和竞争性的物品，比如电力、自来水、电信等。

按照产品是否能够进入市场，是否能够以盈利为目的、以市场交换的方式获得投资回报，或者说按产品和服务是否可以进行市场销售，可分为经营性城市基础设施、准经营性城市基础设施和非经营性城市基础设施。非经营性项目主要指无收费机制、无资金流入的项目，如敞开式城市道路等。经营性项目指有收费机制、有资金流入的项目，又可分为纯经营性项目和准经营性项目两类。纯经营性项目可通过市场进行有效配置，其动机与目的是利润的最大化，其投资形成是价值增值过程，如收费高速公路、收费桥梁、废弃物的高收益资源利用等。准经营性项目即为有收费机制和资金流入，具有潜在的利润，但因其政策及收费价格没有到位等因素，无法收回成本的项目，如煤气、地铁、轻轨、收费不到位的公路等。

按城市基础设施行业的市场结构和市场集中度，可分为自然垄断的基础设施和竞争性基础设施。随着资源越来越稀缺，各种网络设施将逐渐拥挤，加之各种计量技术的创新，基础设施服务的竞争性和排他性越来越明显，许多一直被认为是自然垄断的行业可以被竞争供给，市场机制发挥作用的空间逐渐扩大。需要注意的是，基础设施的供给过程包括建设、运营阶段，规模巨大、供给过程复杂、供给主体多元化等特征使得基础设施的供给不一定是绝对的市场化或者国营化，某一基础设施也不能被笼统地称为是自然垄断行业或者完全市场化的行业。

1.3 城市基础设施的特征

公共性。城市基础设施是现代社会的物质支撑，其所供给的产品或服务是面向全体居民的，利益是全社会共享的，即使那些不愿或无力支付此类服务的人也不应排除在外，因此具有明显的公用性和公益性的特点。

外部性。包括正外部性和负外部性。城市基础设施建设可以增强城市综合竞争力、提升区位价值、体现社会公平、改善城市环境，为推动城市社会经济发展提供基础条件，因此具有巨大的正外部性。城市基础设施行业的某些活动也会产生负外部性，例如未经完全处理的污水流入江河、海洋会造成水污染等。

网络性。城市基础设施行业具有生产、输送、销售等业务垂直一体化的特点，网络输送是核心业务。因此，必须有一个完整统一的网格，并实行全程全网联合作业，实现网络的有效协调和高效运行。

规模经济性。城市基础设施所提供的服务，在成本一定的情况下，随着产出的扩大，平均成本会有所下降，具有典型的规模经济特征。

自然垄断性。自然垄断指"平均成本随着厂商规模的增大而持续降低，直至出现仅有一个厂商可以满足整个需求量"。美国著名法学家波斯纳提出："自然垄断这一术语并不涉及市场中具体的卖主数量，而是涉及市场中需求与供给之间的一种技术关系。如果在某一市场中的整个需求可以为一个而不是两个或更多的公司已最低的成本所满足的话，不管市场中有多少家公司，这一市场就是自然垄断。"这样的产业包括电力、煤气、自来水、供热等以及地区内的电话、广播、铁路等产业。但是城市基础设施的自然垄断性也不是固定不变的，技术和知识的进步、环境与制度的变迁以及个人利益实现形式的多样化会削弱某些垄断企业的垄断性，从而使由于物品本身的技术特点而产生的垄断企业愈来愈少。

成本沉淀性与设备的专用性、资金回报的平稳持续性。城市基础设施的投资浩大，其专用性的资本成本相对于其运营成本不仅比例很高而且具有沉淀性。这意味着当一项基础设施服务尚未提交给使用者之前，其全部成本的大部分已经支出，而且不可改作他用。前期投入资金的回收途径主要通过公众的使用付费，所以资金的回报是长期的且应是可持续的。

1.4 城市基础设施在城市中的作用与地位

1.4.1 城市运转和经济社会发展的支撑基础

城市基础设施是城市的"先行资本"。完善的城市基础设施系统，如便捷的城市交通系统、良好的水质、快速的互联网、稳定的电力供应、安全的燃气系统等可以为公众创造一个良好舒适的出行环境、生活环境和工作环境，吸引人才、技术、资金等在城市内的聚集，从而提高城市竞争力。

经济活动最重要的在于商品货物以及信息人才等资源要素的流通，而交通基础设施、电信基础设施能满足商品、信息流通的需要，促进经济要素转化为生产力。如沿海城市的快速发展在很大程度上得益于大吞吐量的港口码头的建设，使其出口商品，参与国际竞争，带动经济的发展。现阶段，我国提出"一带一路"发展战略，加强我国与其他国家的各项活动交流，实现这一战略目标，首先要建设的是交通、能源、信息基础设施。这三大基础设施的畅通使得城市之间往来将更为密切。

1.4.2 城市生命线系统

一方面，城市基础设施系统是城市防灾、抗灾、救灾的生命线系统。在城市各空间系统中，城市基础设施承担着保障城市顺畅运转的职能。设防标准高、应急能力完善的基础设施可抵御灾害的影响程度，提高救灾效率，大大减少城市生命财产损失。

另一方面，城市基础设施规划、建设、使用不当也会引发城市次生灾害，成为引发城市次生灾害的危险源，暴雨引发的城市内涝、燃气管道爆炸、热力管道破裂等，给城市造成了严重的生命财产损失。

为此，2013 年 9 月，国务院发布《关于加强城市基础设施建设的意见》，明确指出应当着力抓好重点基础设施项目建设，提高城市综合承载能力，增强城市防灾减灾能力，保障城市运行安全。

1.5 城市基础设施规划的类型

1.5.1 城市总体规划层面的基础设施规划

（1）城市总体规划中的基础设施规划

根据城市总体规划编制需要，城市总体规划一般分为"市域、城市规划区、中心城区"三个空间层次（或城市规划区、中心城区两个层次）。基础设施规划在每个层次都有相对应的内容和深度要求。

作为城市总体规划组成部分的基础设施规划编制的主要工作为：确立目标，制定原则，确定标准，平衡总量，落实布局和保障策略等。

市域层面和城市规划区层面的基础设施规划内容基本一致，深度和重点有所区别。内容包括：给水工程规划、排水工程规划、电力工程规划、通信工程规划、燃气工程规划、供热系统规划、环卫设施规划、综合防灾工程规划。①市域层面基础设施规划主要关注资源、能源的需求量预测和供求平衡分析；重大基础设施的选址、布局及其廊道的选线；重大基础设施的等级和线路网规划等，编制的深度主要为市域范围内重大基础设施的等级、规模、布局，重要的主干管网的走线等。②城市规划区层面基础设施规划主要关注规划区资源、能源的需求量预测和供求平衡分析；重要基础设施的选址、布局及其廊道的选线；重要基础设施的等级和线路网规划等，编制的深度为规划区范围内重要基础设施的等级、规模、布局，重要的主次干管的走线等。

中心城区范围的城市基础设施规划内容主要包括：给水工程规划、排水工程规划、电力工程规划、通信工程规划、燃气工程规划、供热系统规划、环卫设施规划、综合防灾工程规划、管线综合工程规划。中心城区层次的城市基础设施规划主要关注的是全系统的基础设施，主要包括城市的资源和能源的种类和供应情况，城市资源和能源需求量的预测及供需平衡分析，基础设施的设施布局规划和线路网规划，基础设施的等级、规模，线路网的管径计算等。编制的深度主要为中心城区范围内基础设施的布局和线路网规划。

以上内容是城市总体规划编制的必要组成部分，其中基础设施的等级、规模、重大基础设施廊道、综合防灾减灾（包括城市抗震设防标准、城市防洪标准、蓄滞洪区、应急避难场所等综合防灾减灾设施布局）等是强制性内容。

(2) 城市总体规划层面的基础设施专题研究

城市总体规划文件通常包括：文本、图册、附件（说明书、基础资料汇编、专题研究等）。其中，专题研究主要针对城市亟需解决的发展问题展开深入分析论证，是总体规划确定的技术内容的前期研究性文件。城市总体规划的专题研究一般涉及城市规模、城市经济产业、城乡统筹、综合交通、基础设施、旅游发展、资源环境保护等方面。由于城市情况各异，不同的城市的基础设施专题研究不同，如缺水城市需编制城市水资源利用专题研究，而面临洪水威胁的城市可能要求编制城市防洪排涝专题研究。

(3) 城市总体规划层面的基础设施专项规划

专项规划是直接指导建设的规划类型。一般由专业部门或城市规划主管部门负责组织编制，城市规划主管部门负责验收和管理。城市基础设施专项规划主要包括城市给水系统专项规划、城市排水系统专项规划、城市电力系统专项规划、城市通信系统专项规划、城市燃气系统专项规划、城市热力系统专项规划、城市综合防灾专项规划，城市地下管线综合规划。城市基础设施专项规划的主要任务是：通过对本系统的现状调研分析，把握主要矛盾和结症，研究本系统发展趋势，依据本系统区域（省域、市域）规划，根据本城市总体规划确定的城市规模规划期限和空间布局，确定本系统的规划目标和建设标准，预测和估称需求负荷，规划布局本系统各类各级设施，规划布置工程管线，制定设施保护和防护措施，估称建设投资和效益分析等。作为本系统城市基础设施建设的指导依据。

目前，城市基础设施专项规划存在的问题主要有：组织编制部门不同、编制时间不同、各专项之间规划不协调、专项规划缺项多、行业发展与空间衔接不够，需求在空间上得不到满足等。按照《中华人民共和国城乡规划法》(2008) 的要求，应当把城市基础设施专项规划纳入城市总体规划中。"纳入"不是简单地将基础设施专项规划放置于城市总体规划的图册、文本中，而是要由城市规划主管或部门将城市基础设施用地规划进行整合到城市土地使用规划中。对于用地有矛盾或不一致的地方，城市规划主管部门作为协调主管部门，与各专业部门进行沟通协调，统筹安排。

鉴于上述情况，很多地方开始组织编制城市基础设施整合规划、(即综合的城市基础设施专项规划)，邻避基础设施整合规划、城市黄线控制规划等规划类型。

1.5.2 城市控制性详细规划中的基础设施规划

控制性详细规划是以城市总体规划或分区规划为依据，以土地使用控制为重点，详细规定建设用地性质、使用强度和空间环境，强化规划设计与管理、开发的衔接，作为城市规划管理的依据，并指导修建性详细规划的编制。控制性详细规划是城市、镇人民政府城乡规划主管部门根据城市、镇总体规划的要求，通过范围确定、功能明确，容量控制、空间引导，对城市建设进行定性、定量、定位和定界的引导和控制，达到对城市空间和用地的有效管理。

控制性详细规划中的基础设施规划主要包括给水工程规划、排水工程规划、供电工程规划、通信工程规划、燃气工程规划、供热工程规划、环卫设施工程规划、综合防灾工程规划、工程管线综合规划。在控制性详细规划图则中应加入各地块必须配置的基础设施。

控制性详细规划中的基础设施规划依据城市总体规划，进一步确定控制性详细规划范围内各类基础设施的需求量、确定基础设施的具体布局、规模和用地界限；确定管网类型和管网规划布局；计算管线管径等，为控制性详细规划范围内的基础设施的建设实施提供法定依据。

1.5.3 城市修建性详细规划中的基础设施规划

修建性详细规划以城市总体规划、分区规划和控制性详细规划为依据，对修建性详细规划范围内的建设项目做出具体的安排和规划设计，并为下一层修建设计提供依据。

修建性详细规划中的基础设施规划主要包括给水工程规划、排水工程规划、排水工程规划、供电工程规划、通信工程规划、燃气工程规划、供热工程规划、工程管线综合规划、环卫设施工程规划、综合防灾工程规划；并需进行投资估算。

修建性详细规划中的基础设施规划更明确各类基础设施的布置、管网类型、管线管径和敷设方式及埋置深度，以及管线材料要求等内容。

2　城市基础设施系统的构成与功能

2.1 城市交通设施系统的构成与功能

城市交通设施系统指的是为保证城市人与物的空间移动正常进行而配备的各项工程设施，主要包括城市航空交通工程、城市水运交通工程、城市轨道交通工程、城市道路交通工程和城市综合交通枢纽。

2.1.1 城市航空交通工程

城市航空交通工程系统主要有城市航空港、市内直升机场以及军用机场等设施。

城市航空港具有快速、远程运送客流、货物的功能，是大城市快速、远程客运的主体工程设施（图 2.1-1）。

市内直升机场具有便捷快速、中远程运送客流、货物，市域范围游览，紧急救护的功能，往往是小城市、山区城市、海岛城市的航空主体工程设施（图 2.1-2 ~ 图 2.1-4）。

军用机场具有军事战略功能，在条件允许的情况下，有时也作为城市军民两用机场，起到城市航空港的作用。

2.1.2 城市水运交通工程

城市水运交通工程系统分为海运交通、内河交通等两部分。

海运交通设施包括海上客运站、海港等。海运交通具有城市对外近、远海的客运和大宗货物运输的功能，有时也兼有城市近海、海岸旅游之功能。例如跨太平洋的运输属于远洋运输；宁波、温州、青岛沿海的海上观光旅游属于近海运输（图 2.1-5）。

图 2.1-1 城市航空港（左）
图 2.1-2 直升机机场（右）

图 2.1-3 屋顶医用救护停车坪（左）
图 2.1-4 应急避难场所内的直升机停机坪（右）

图 2.1-5 洋山深水港码头
作业区（左）
图 2.1-6 我国最大的内河
港口宁波港（右）

图 2.1-7 上海虹桥火车站
（左）
图 2.1-8 火车编组站（右）

内河水运交通设施包括内河（包括湖泊）客运站、内河货运摊区、码头等，具有城市内外江河、湖泊客运，大宗货物运输及旅游交通之功能（图 2.1-6）。

2.1.3 城市轨道交通工程

城市轨道交通工程系统有市际轨道交通、市内轨道交通两部分。

（1）市际轨道交通

市际轨道交通工程是为某一区域内的各个城市和重要城镇的旅客出行而服务的便捷、快速、衔接合理的工程系统（图 2.1-7、图 2.1-8）。

市际轨道交通具有城市陆地对外中、远程客运和大宗货物运输等功能，也兼有市域旅游交通之功能[1]。目前，我国市际轨道交通工具主要类型包括火车、动车、高铁等。交通设施包括城市地铁客运站、货运站（场）、编组场、列检场及铁路、桥涵等。

（2）市内轨道交通

市内轨道交通包括地铁、轻轨和有轨电车。部分城市内部用于交通运输的磁悬浮也包含在市内轨道交通范畴内。交通设施包括地铁站、轻轨站、调度中心、车辆场（库）和地下、地面、架空轨道以及桥涵等。

市内轨道交通具有大运量、快速、准时的特征，是城市公共交通的主体工程设施。其主要功能是为城市内部公众提供出行服务，实现城市内部人和物的转移（图 2.1-9 ～图 2.1-12）。

随着城市化进程的不断推进，目前我国市内快速轨道交通已进入了加速发展时期。截止 2015 年 6 月，全国已经开通运营地铁的城市有 22 个，

---

[1] 尹国栋．城际轨道交通规划方法研究 [D]．北京交通大学，2008．

图 2.1-9　城市地铁（左）
图 2.1-10　城市轻轨（右）

图 2.1-11　磁悬浮列车（左）
图 2.1-12　有轨电车（右）

经国务院批准可建设地铁的城市数量为 40 个，地铁总运营里程约 3200km，规划里程超过 7300km。有轨电车在中国的的历史长达百年。但是，目前全国拥有有轨电车并保持较高利用率的仅有大连和香港两个城市。[①]

随着"新城市主义"、"精明增长"等理念的发展，作为其重要内容的 TOD[②]（Transit Oriented Development）模式越来越多的被应用和实践，使得公共交通（尤其是轨道交通）与城市开发的结合更为紧密。地铁、轻轨沿线用地的可达性高，大量功能设施和居民聚集在车站附近和沿线两侧，导致两侧的开发强度较高。因此，地铁、轻轨等大运量城市公共交通对城市的发展和土地开发具有极大的促进作用[③]。

1947 年，哥本哈根提出了著名的"手指形态规划"。[④] 其中最为重要的一项措施就是城市依托发达的轨道交通系统，沿着这些走廊从中心城区向外辐射发展。沿线的土地开发与轨道交通的建设整合在一起，大多数公共建筑和高密度的住宅区集中在轨道交通车站周围，居住、生活围绕地铁站展开（图 2.1-13）。

莫斯科地铁是世界规模最大、最方便的地下铁路系统之一。莫斯科的地铁布局与城市地面的布局一致，呈辐射及环行线路。便利的地铁服务保证了莫斯科老城的可达性和活力的同时，也避免了破坏原有城市肌理和

① 2013 年中国城市轨道交通（地铁）通车里程排行榜 http://www.6482.com/forum.php?mod=viewthread&tid=6191&page=1&authorid=271，2013-5-13/2014-3-12.
② TOD 是利用快速、大容量的公共交通线路引导城市扩张方向；通过公交车站周边土地的混合开发和高效利用，形成用地紧凑、功能均衡、环境宜人的城市生长点；从而共同支撑城市的空间结构和形态，实现土地集约、高效扩张，形成绿色、公平的居民出行规划、设计和开发建设模式。
③ 孙章，杨耀．城际轨道交通与城市发展 [J]．现代城市研究，2005，12：38-42．
④ 冯浚，徐康明．哥本哈根 TOD 模式研究 [J]．城市交通，2006，02：41-46．

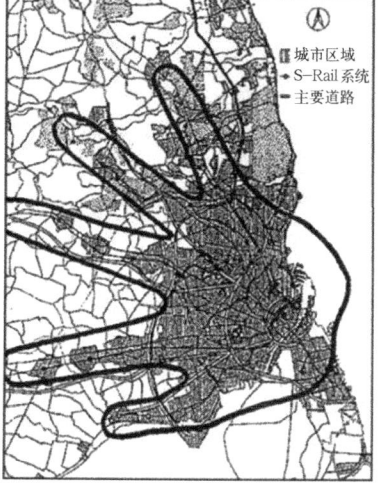

图 2.1-13 "手指形态"规划示意图（左）
图 2.1-14 莫斯科地铁(右)

城市空间形态。如今，莫斯科沿着城市轨道交通轴呈一种网状的菊花形结构扩展[1]，在各个方向上的城市功能发展比较均衡（图 2.1-14）。

香港的地铁通过"地铁＋物业"的开发模式[2]，在轨道交通沿线设置综合发展区（CDA），统筹商业、居住、办公等土地的高强度混合使用，以吸引、集聚客流。由此，将轨道交通的发展与城市土地和空间的高强度开发与利用紧密结合起来。

2.1.4　城市道路交通工程

城市道路交通工程系统分公路交通与城区道路交通等两部分。

（1）公路交通

公路交通设施包括长途汽车站、货运站、高速公路、汽车专用道、公路以及为其配套的公路加油站、停车场等。目前按我国公路按管理主体的不同，分为国道、省道、市道、县道。按技术等级可划分为高速公路、一级公路、二级公路、三级公路、四级公路和对外公路等。公路交通具有城市陆地对外中、近程客运和货物运输等功能，也兼有市域旅游交通的功能。

（2）城区道路交通

城区道路交通具有城区陆上日常客货交通运输主体功能，也是城市居民各种出行的必备设施。城区道路交通设施有各类公交站场、车辆保养场、加油场、停车场、城区道路以及桥涵、隧道等。

城市道路可以分为地面道路、高架道路和地下道路。今后，为提高城市空间利用效率，减缓交通拥堵，城市将会建设越来越多的高架道路和地下道路（图 2.1-15～图 2.1-17）。

① 韩林飞，牟巧祯．北京 VS 莫斯科——城市轨道交通与城市空间形态的互动发展 [J]．北京规划建设，2009，04:105-109.
② 香港地铁 TOD 开发模式的启示 [J]．江苏城市规划，2012，08:44-46，48.

图 2.1-15　高速公路　　　　图 2.1-16　汽车客运站　　　　图 2.1-17　地下道路

2.1.5　城市综合交通枢纽

　　城市综合交通枢纽[①] 是指位于综合交通网络交汇处，一般包括两种及以上运输方式，由高速公路、铁路、干线公路、航空港、陆路港等重要线路和场站等设施组成，是旅客和货物通过、到发、换乘与换装以及运载工具技术作业的场所，又是各种运输方式之间、城市交通与城间交通的衔接处。

　　综合交通枢纽的作用主要体现在以下四个方面[②]：①区域层面，快速交通以及枢纽的便捷换乘缩短城市之间的交通时间，促进城市功能互补、协调，有利于形成区域内的"同城效应"；②城市空间方面，综合交通枢纽的建设可形成城市新地标，带动周边地区开发，促进商务办公、娱乐休闲等活动的积聚，易于形成公共生活中心与城市副中心；③土地利用方面，集约交通设施，地上地下集约开发；④交通方面，可优化组织交通换乘流线，提高城市交通效率。

　　按照枢纽内部主导交通方式，可把综合交通枢纽分为：铁路综合交通枢纽、公路综合交通枢纽、城市轨道综合交通枢纽和机场综合交通枢纽四类。国内外典型的综合交通枢纽包括德国柏林中央火车站（图 2.1-18）、德国慕尼黑国际机场、美国纽约港务局汽车总站、上海虹桥综合交通枢纽等。

　　法国戴高乐国际机场是机场综合交通枢纽的典型代表（图 2.1-19）。机场的内外交通组织合理。对内，通过摆渡巴士和旅客捷运实现航站楼之间旅客的快速中转；对外，通过高速公路、区域铁路以及高速铁路等，与市区及多处火车站进行联系，扩大机场的辐射能力。

　　香港地铁九龙站[③] 是城市轨道综合交通枢纽的典型代表（图 2.1-20）。九龙站及周边地区主要由机场快线、停车场、公共汽车站、出租车站、商场、办公楼、酒店、娱乐设施等组成。通过立体空间设计，将密集复杂的基础设施、多层立体的交通系统以及巨型空间综合设置于一个超级建筑工程中，使之成为一个多向链接点和新的城市副中心。

　　上海虹桥综合交通枢纽是一个包括高速、城际铁路、机场、磁浮、

①　王雪标．城市综合交通枢纽的分类与布局 [J]．综合运输，2008，05:24—26.
②　叶冬青．综合交通枢纽规划研究综述与建议 [J]．现代城市研究，2010，07:7—12.
③　吴越．以轨道交通为基础的城市客运枢纽综合体设计研究 [D]．浙江大学，2012.

高速巴士等各种大交通主枢纽在内的巨型综合枢纽（图 2.1-21）。枢纽包括一个新的综合社区、一个机场航站楼以及磁悬浮列车、城际及高速列车、地铁和城际巴士站台（总站）。虹桥综合交通枢纽的基本特点是：囊括目前几乎所有的交通模式；依靠高速（快速）路网，构建相对独立的集疏运交通系统；构建东西两站、立体换乘的城市轨道交通换乘系统。

2.2　城市给水设施系统的构成与功能

城市给水设施系统由城市取水工程、净水工程和输配水工程构成。

2.2.1　城市取水工程

城市取水工程包括城市水源、取水口、取水构筑物、提升原水的一级泵站以及输送原水到净水工程的输水管等设施，还应包括在特殊情况下为蓄、引城市水源所筑的水闸、堤坝等设施（图 2.2-1、图 2.2-2）。城市取水工程的功能主要是将原水取、送到城市净水工程，为城市提供足够的水源。

2.2.2　净水工程

净水工程包括城市自来水厂、清水库、输送净水的二级泵站等设施，

图 2.2-1 取水口（左）
图 2.2-2 取水泵房（右）

图 2.2-3 城市水厂　　　　图 2.2-4 上海杨树浦水厂　　　　图 2.2-5 平流式沉淀池

图 2.2-6 自来水管道　　　　图 2.2-7 水塔　　　　图 2.2-8 高位水池①

其功能是将原水净化处理成符合城市用水水质标准的净水，并加压输入城市供水管网（图 2.2-3 ~ 图 2.2-5）。

2.2.3 输配水工程

输配水工程包括从净水工程输入城市供配水管网的输水管道、供配水管网以及调节水量、水压的高压水池、水塔、清水增压泵站等设施。输配水工程功能是将净水保质、保量、稳压地输送至用户（图 2.2-6 ~ 图 2.2-8）。

① 又称高地水池，是指利用地形在适当的高地上建筑的构筑物，其功能包括储水、调节水压、临时性供水等。

2.3 城市排水设施系统的构成与功能

城市排水工程系统由雨水排放工程、污水处理与排放工程组成。

2.3.1 城市雨水排放工程

城市雨水排放工程包括雨水管渠、雨水收集口、雨水检查井、雨水提升泵站、排涝泵站、雨水排放口、水闸、堤坝等设施（图2.3-1、图2.3-2）。雨水排放工程的功能是及时收集与排放城区雨水等降水，抗御洪水、潮汛水侵袭，避免和迅速排除城区积水。

近年来，我国城市洪涝灾害频发，城市内涝已经成为威胁我国城市安全的主要灾种。洪涝灾害发生的原因包括：城市防洪排涝标准设置低；城市建设导致城市内部地面硬质区域过多，城市绿地以及渗水地面不足，雨水径流系数增大；城市河流水系淤塞、断堵，使得河道容量不足、排泄不畅；防洪排涝设施不完善，缺少管理、维护，导致雨水口阻塞、排水泵站失灵等[①]。面对这些原因，城市应提高排涝标准，完善排涝设施管网建设，并加强日常管理以提高城市的排涝能力。

2014年12月，习近平主席在中央城镇化工作会议上提出了"海绵城市"这一雨水排放工程系统新理念，要求在今后的城市建设中，应充分发挥城市绿地、道路、水系等对雨水的吸纳、蓄滞和缓释作用，削减城市雨水径流量和径流峰值，从而有效缓解城市内涝、削减城市径流污染负荷、节约水资源，保障城市安全。建设"海绵城市"还有利于雨水的综合利用。雨水经过收集和处理后可以达到相应的水质标准，可用于工业、生态环境、市政杂用、绿化等用水。

在雨水综合利用方面，南京市起步较早。2008年1月施行的《南京市城市供水和节约用水管理条例》明确规定，"规划用地面积两万平方米以上的新建建筑物，应当配套建设雨水收集利用系统"。2014年7月，南京首部融入低影响开发理念、绿色建筑标准和生态排水规范的雨水综合利用技术导则正式发布[②]。此技术导则既有理念和技术上的亮点，也充分考虑了现实的可操作性。一是提出了低影响开发的"红线"，要求"城市建设开发过程中应最大程度减少对城市原有水系统和水环境的影响，新建地区综合径流系数的确定应以不对水生态造成严重影响为原则，一般按照不超过0.5进行控制；旧城改造后的综合径流系数不得超过改造前，不应增加既有排水防涝设施的额外负担"。二是对建设项目提出了与开发建设规模相匹配的雨水利用刚性要求，明确"路幅超过70m的新建道路两侧应配套建设雨水蓄水设施；新建地区的硬化地面中，透水性地面的比例不应

① 刘忠阳，杜子璇，刘伟昌，杨海鹰，田宏伟．城市洪灾及城市防洪规划探讨[J]．气象与环境科学，2007，S1．5-8．
② 来源：中国建设报，2014-07-22．

图 2.3-1 排涝泵站（左）
图 2.3-2 桥闸（右）

小于 40%，有条件的建成区应对现有硬化地面进行透水性改建"。同时，凡涉及绿地率指标要求的建设工程，绿地中应有 30% 作为滞留雨水的下凹式绿地，人行道、步行街、停车场、自行车道等路面的透水铺装率不应小于 50%。三是要求雨水综合利用应因地制宜，首选生态型利用措施。规划建设用地面积两万平方米以上新建建筑物，必须配套建设雨水收集利用系统。具体配套标准为：每 1 万 m² 规划用地面积建设雨水调蓄设施的有效容积不小于 100m³，优先采用天然洼地、池塘、景观水体等生态型措施，不足部分采用人工调蓄设施或者雨水收集回用设施补充。

2.3.2　城市污水处理与排放工程

城市污水处理工程的功能主要是收集与处理城市各种生活污水、生产废水，综合利用、妥善排放处理后的污水，控制与治理城市水污染，保护城市与区域的水环境。城市污水处理工程主要包括污水处理厂（站）、污水管道、污水检查井、污水提升泵站、污水排放口等设施。

在城市集约化建设趋势下，我国很多城市正在探索污水处理设施的地下化建设模式。2011 年建成的深圳市龙岗区布吉污水处理厂，是国内第一座地下污水处理厂（图 2.3-3）。该工程充分利用污水处理厂的上部空间，建成了一座占地面积近 5 万平方米的市民休闲广场，有效节约土地资源的同时为市民创造了良好的公共空间。上海市昌平路泵站及调蓄池是国内首家全地下式调蓄池、排水泵站和变电站三位一体的排水工程。该工程采用了"上下分工"（即地下泵站、地上花园）的合理结构模式，消除了水处理对周围居民的影响，同时达到了节约土地的目的[1]。广州京溪地下净水厂为全地埋式污水处理厂（图 2.3-4），建筑分为地表、地下一层和地下二层，主体建筑和设施全部埋到地下，地面上分布的除了综合办公楼和少部分加料仓等设施以外，大部分是园林式的公园绿地。[2]

---

①　谢磊，周杨军 . 基于防护距离分析的市政设施整合规划指引研究 [J]. 城市规划学刊，2012，S1：245-250.
②　汪传新，邱维 . 广州京溪地下污水处理厂建设实践与思考 [J]. 中国给水排水，2011，08：10-13.

图 2.3-3　深圳布吉污水处理厂地上部分（左）

图 2.3-4　广州京溪地下净水厂实景（右）

2.3.3　城市中水工程

城市中水（即再生水）设施主要包括三个部分：中水原水设施、中水处理设施以及中水供水设施[1]。中水原水设施主要是指收集、输送中水原水到中水处理设施的管道及附属构筑物；中水处理设施主要构筑物有沉淀池、混凝池、生物处理设施等；中水供水设施主要包括中水配水管道、中水贮水池、中水泵站等[2]。

城市中水设施的主要功能是收集城市各种生活污水、生产废水，经过一定的处理后达到一定的水质要求，将其供给一定范围内用户进行生产和生活使用，是城市污水资源化的有效措施和解决水资源匮乏的有效手段。

以色列由于干旱的自然条件的限制，人们很早就开始利用中水，也是在中水回用方面最出色的国家。水资源的循环使用已经成为以色列的一项基本国策。目前，以色列全国污水处理总量的46%直接回用于灌溉，其余33.3%和约20%分别回灌于地下或排入河道，其回用程度之高堪称世界第一[3]。新加坡也是一个水资源极度缺乏的国家。为了更好地节约水资源，新加坡将中水水质处理到饮用标准，目前每天至少有数千万升经过深度处理的中水已经加到饮用水管中。截至2010年，新加坡新生水的供应量已经占总水量的15%。日本从20世纪80年代起大力提倡使用中水，并结合本国各地区的不同情况采用不同的方法处理中水，其中"双管供水系统"（即饮用水供水管道和中水水管道）应用比较普遍。中水管道中供生活杂用的水，约占中水回用量的40%[4]。

我国的中水利用起始于20世纪70年代。然而截止2012年，我国城市的平均中水回用率仍较低，仅超过10%[5]。目前，国内的中水主要应用于景观用水、道路冲洗喷洒等环卫用水、农田灌溉用水、工业冷却

---

① 方如康 主编．环境学词典 [Z]．北京：科学出版社，2003.
② 中水系统分类与组成 [DB/OL]．http://wiki.zhulong.com/gp12/topic651156_f.html，2013-01-24/ 2014-03-12.
③ 张林妹，胡彩霞，杜鸿，张卫华．中水回用现状与发展前景 [J]．水科学与工程技术，2008，01：1-3.
④ 刘洪波，菅浩然．城市中水利用的思考 [J]．东北水利水电，2010，01：1-3+71.
⑤ 科技日报．中水利用率现状及有效利用 [EB/OL]．http://www.ccen.net/news/detail-94444.html，2011-07-19/2014-03-12.

图 2.3-5　中水处理装备
　　　　　（左）
图 2.3-6　利用中水营造的
　　　　　城市水景（右）

用水、冲厕用水以及消防用水等方面。北京是我国污水回用发展较快的城市，中水已经成为其第二大水源。随着相关技术和制度的完善，中水回用必然会成为缓解我国水资源匮乏的重要途径之一（图2.3-5、图2.3-6）。

2.4　城市能源设施系统的构成与功能

2.4.1　城市供电工程系统构成与功能

城市供电工程由城市电源工程、城市输配电网络工程构成。

（1）城市电源工程

城市电源工程含有城市电厂和区域变电所（站）。城市电厂是专为本城市服务的各类发电厂，区域变电站是城市从区域电网引入电源的变电站。

城市电厂有火力发电厂、水力发电厂（站）、核能发电厂（站）、风力发电厂、地热发电厂等（图2.4-1～图2.4-4）。另外利用垃圾填埋

图 2.4-1　火力发电厂（左）
图 2.4-2　风力发电厂（右）

图 2.4-3　水电站（左）
图 2.4-4　核电站（右）

图 2.4-5　变电站（左）
图 2.4-6　高压输电线路（右）

场沼气发电具有很大的潜力[①]，尽管沼气从填埋场到内燃发电机组要经过脱硫净化，并克服垃圾填埋产沼气的速率稳定问题，但随着技术的成熟，该工程能减少温室气体的排放并发电[②]。如上海老港垃圾填埋场发电项目2012年正式并网，满负荷运行后每年可发电 1.1 亿千瓦时，该项目是当时亚洲地区最大的垃圾填埋气体发电项目。

（2）城市输配电网络工程

城市输配电网工程由城市输送电网和配电网组成。城市输送电网工程包括城市变电所（站）和从城市电厂、区域变电所（站）接入的输送电线路等设施。其功能是将城市电源输入城区，并将电源变压进入城市配电网（图2.4-5、图2.4-6）。城市配电网络工程由高压、低压配电网组成，包括变配电所（站）、开关站、电力线路等设施，具有为用户直接供电的功能。

随着信息技术的发展以及用户对用电质量与安全性要求的提高，智能电网的研究与建设成为当今世界的发展趋势。智能电网建立在集成的、高速双向通信网络的基础上，通过先进技术、设备和控制方法等的应用，实现电网的可靠、安全、经济、高效、环境友好和安全使用[③]。其主要特征包括自愈、激励和用户抵御攻击，提供满足用户需求的电能质量，并容许各种不同发电形式的电源接入，易于启动电力市场以及资产的优化高效运行。

2.4.2　城市燃气工程系统构成与功能

城市燃气工程系统由燃气气源工程、储气工程、输配气管网工程等组成。

（1）燃气气源工程

城市燃气气源工程具有为城市提供可靠的燃气气源的功能，包含煤

① 郑祥、杨勇、雷洋等．中国城市垃圾填埋场沼气发电潜力分析 [J]．环境保护，2009（4）：19-22．
② 张俊超、何显荣、林青等．城市生活垃圾填埋场沼气发电技术研究 [J]．安徽农业科学，2013（1）：295-296．
③ 上海社会科学院信息研究所 编著；王世伟，王兴全，李勇 主编．智慧城市辞典 [Z]．上海：上海辞书出版社．2011．

图 2.4-7　天然气门站　　　　图 2.4-8　石油液化气气化站　　图 2.4-9　沼气池

图 2.4-10　天然气调峰储
　　　　　　气站（左）
图 2.4-11　天然气调压站
　　　　　　（右）

气厂、天然气门站、石油液化气气化站、生物质气制气设施（如沼气池）等设施（图 2.4-7～图 2.4-9）。

煤气厂主要有炼焦煤气厂、直立炉煤气厂、水煤气厂、油制气煤气厂等四种类型。天然气门站收集当地或远距离输送来的天然气。石油液化气气化站由液化石油气贮罐、气化器、调压器和生产辅助用房（如锅炉房、汽车库等）组成。由于液化石油气的瓶装供应对居民用户来说较为不便，因此近年来液化石油气气化后管道供应成为一种较流行的供气方式。因此，石油液化气的气化站可作为管道燃气的气源之一。

（2）燃气储气工程

燃气储气工程包括各种管道燃气的储气站、石油液化气储存站等设施。储气站储存煤气厂生产的燃气或输送来的天然气，调节满足城市日常和高峰时的用气需要。石油液化气储存站具有满足液化气气化站用气需求和城市石油液化气供应站的需求等功能（图 2.4-10）。

（3）燃气输配气管网工程

燃气输配气管网工程包含燃气调压站、不同压力等级的燃气输送管网、配气管道（图 2.4-11）。一般情况下，燃气输送管网采用中、高压管道，具有中、长距离输送燃气的功能；配气管为低压管道，具有直接供给用户使用燃气的功能。燃气调压站具有升降管道燃气压力的功能，以便于燃气远距离输送，或由高压燃气降至低压，向用户供气。

2.4.3　城市供热工程系统构成与功能

城市供热工程由供热热源工程和传热管网工程组成。

图 2.4-12　热电厂（左）
图 2.4-13　锅炉房（右）

（1）供热热源工程

城市供热热源工程包括城市热电厂（站）、区域锅炉房、换热站、大型热泵站等设施。

城市热电厂（站）（图 2.4-12）是以城市供热为主要功能，给城市生活和生产供给高压蒸汽、采暖热水等。区域锅炉房（图 2.4-13）是城市地区性集中供热的锅炉房，主要用于城市采暖，或提供近距离的高压蒸汽。新建换热站应尽量利用小区地下室，避免征地。

在供热原料方面，天然气以及太阳能、风能、生物质能等可再生能源正在改变原来以煤炭原料为主体的供热原料供应结构。总体来看，形成大型热电联产集中供热为主，可再生及清洁能源供热为补充的供热体系。

随着地源热泵、空气源热泵技术的完善与成熟，城市供热技术日趋走向生态化、低碳化。地源热泵[①]是一种利用浅层地热能源（也称地能，包括地下水、土壤或地表水等的能量）既可供热又可制冷的高效节能系统。适合使用在集中供热不能实现的区域或新建居住小区。

（2）供热管网工程

供热管网工程包括热力泵站、热力调压站和不同压力等级的蒸汽管道、热水管道等设施。供热管网工程的热力泵站主要用于远距离输送蒸汽和热水。热力调压站用于调节蒸汽管道的压力。

2.4.4　能源发展新趋势

随着能源的日益紧缺，节约能源、合理利用能源、提高能源使用率是今后的发展的趋势。目前，冷热电联产、分布式能源（图 2.4-14）是能源集约、高效利用的方向和趋势。

（1）热电联产、冷热电联产

热电联产和冷热电联产是一种建立在能量梯级利用概念基础上，将制冷、供热及发电过程一体化的系统。

热电联产是从一次能源系统，依次产生两种或两种以上形式能量的一种高效能源生产方式。冷热电联产是在热电联产的基础上发展起来的新兴的节能技术，它将制冷、供热、发电三者融为一体，提高了能源的利用

① 何元季 编著.制冷设备维修工简明实用手册 [Z].南京：江苏科学技术出版社 .2008.

率。与传统的电制冷和集中供热手段相比，冷热电联产的建设投资少，节约土地地与燃料，环保效益巨大。冷热电联产系统的模式有许多种，这主要取决于当地的能源需求结构。无论哪种模式都包括动力设备和发电机、制冷系统及余热回收装置（供热）等主要装置 [1]。

（2）分布式能源

随着技术的进步和社会需求的多样化，分布式能源作为一种新型能源供给系统，已在国外得到了迅速发展。分布式能源 [2] 是一种新型的建于用户当地或附近的发电系统，产生电能及其他形式能量，并优先满足当地用户需求，由用户来支配管理。相对于传统的集中式能源方式而言，分布式能源将能源系统以小规模分散式的方式布置在用户附近，可独立地输出电、热或（和）冷能的系统。以统一解决电、热、冷的供应问题，追求终端能源利用效率最大化，满足用户多种能源需求，实现能源梯级利用。

2011 年 10 月，国家发展改革委员会、财政部、住房和城乡建设部、能源局四部委共同发布了《关于发展天然气分布式能源的指导意见》，标志着我国天然气分布式能源发展将进入快车道。

目前，我国已建成 40 多个天然气分布式能源项目。2009 年正式投产的广州大学城有目前我国最大的天然气分布式能源站，可为广州大学城 18km^2 区域提供冷、热、电三种能源。上海浦东国际机场能源中心是我国建成较早的一批楼宇式分布式能源的代表 [3]。机场能源中心为航站楼、商务办公、宾馆、食品加工企业等供应电能、采暖、生活热水和生产性用热，并为夏季供冷。

2.5　城市通信设施系统的构成与功能

城市通信设施系统由城市邮政工程、城市电信工程、城市广播工程和城市电视工程组成。

2.5.1　城市邮政工程

城市邮政系统通常有邮政局所、邮政通信枢纽、报刊门市部、售邮门市部、邮亭等设施。邮政局所经营邮件传递、报刊发行、邮政储蓄等业务。邮政通信枢纽起收发、分拣各种邮件之作用。

电商时代的到来、公众对邮政服务品质和速度需求的提升，快递业务迅猛发展，成为传统邮政业务的有效补充。快递具有高效、便捷、门到门、适应性强等特征，成为现代生活中不可或缺的服务类型。

---

① 李君，顾昌，孙小婷，周元祥. 浅谈冷热电联产系统及其发展状况 [J]. 科技经济市场，2006，04:60-61.
② 侯健敏，周德群. 分布式能源研究综述 [J]. 沈阳工程学院学报（自然科学版），2008，04:289-293.
③ 林在豪. 浦东国际机场能源中心分布式供能运行情况与技术经济分析 [A]. 中国建筑学会建筑热能动力分会. 中国建筑学会建筑热能动力分会第十八届学术交流大会暨第四届全国区域能源专业委员会年会论文集 [C]. 中国建筑学会建筑热能动力分会，2013:12.

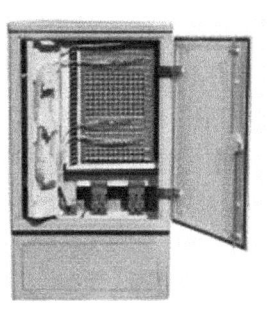

图 2.5-1 移动电话基站（左）
图 2.5-2 无线寻呼台（中）
图 2.5-3 电话接线箱（右）

2.5.2 城市电信工程

城市电信系统从通信方式上分有线电话和无线电通信两部分。电信工程由电信局（所、站）工程和电信网工程组成。电信局（所、站）工程有长途电话局、市话局（含各级交换中心、汇接局、端局等）、微波站、移动通信基站、无线寻呼台以及无线电收发讯台等设施（图 2.5-1 ～图 2.5-3）。电信局（所、站）具有各种电信量的收发、交换、中继等功能。电信网工程包括电信光缆、电信电缆、光接点、电话接线箱等设施，具有传送电信信息流的功能。

随着 3G、4G 移动通信的来临，NGN、网络融合的迫近，一些最新的电信热点技术例如空中下载（OTA）、铜线对捆绑（Copper Pair Bonding）、多媒体子系统（IMS）、Web 服务等相继出现，电信服务以及对应的电信工程的转变成为了未来的趋势。

当前，信息系统已经不再是传统意义上的电信网络。电信工程规划应当针对目前技术趋势进行全面而完整的规划和设计，以符合多种技术条件的要求，形成一个综合性的网络体系①。

2.5.3 城市广播工程

城市广播工程从发播方式上有无线电广播和有线广播等两种。广播系统含有广播台站工程和广播线路工程。前者包含了无线广播电台、有线广播电台、广播节目制作中心等设施。后者包含了有线广播的光缆、电缆以及光电缆管道等。城市广播工程的功能是制作播放广播节目，传递广播信息给听众。城市无线广播作为应急通信系统的组成部分，在灾时救援过程中将起到重要作用。

2.5.4 城市电视工程

城市电视工程系统有无线电视和有线电视（含闭路电视）等两种发播方式。城市电视工程由电视台（站）工程和线路工程组成。电视台（站）工程有无线电视台、电视节目制作中心、电视转播台、电视差转台以及有线电视台等设施。线路工程主要是有线电视及闭路电视的光缆、电缆管道、

---

① 吕小京. 试论新形势下城市电信工程规划中遇到的问题及对策 [J]. 信息通信，2011，05：143-144.

光接点等设施。电视台站工程的功能是制作、发射电视节目内容以及转播、接力上级与其他电视台的电视节目。电视线路工程的功能是将有线电视台（站）的电视信号传送给观众的电视接收器。

一般情况下，城市有线电视台往往与无线电视台设置在一起，以便经济、高效地利用电视制作资源。有些城市将广播电台、电视台和节目制作中心设置在一起，建成广播电视中心，共同制作节目内容，共享信息系统。

2.5.5 通信系统发展新趋势

(1) 三网融合

三网融合是将无线网络、电视网络、电信网络结合起来，形成一个共享的媒体终端，此终端将面对家庭或者个人用户。因此，在今后的城市通信工程规划中应当按照此趋势的技术特征来进行规划，以此保证规划的前瞻性。

(2) 智慧城市

智慧城市是以数字化、网络化和智能化的信息通信技术设施为基础，以社会、环境、管理为核心要素，以泛在、绿色、惠民为主要特征的现代城市可持续发展理念和实践，是对现代城市科学发展的战略认知和明智应对的具体方法。智慧城市既具有数字化、网络化和智能化的高科技的特点，更突出以绿色为灵魂、以人本为精髓的城市社会发展的本质特征，成为体现现代城市发展综合竞争力的关键要素[1]。本世纪的智慧城市可以对于包括民生、环保、公共安全、城市服务、工商业活动在内的各种需求做出智能的响应，为人类创造更美好的城市生活。

2.6 城市防灾设施系统的构成与功能

城市防灾工程系统主要由城市消防工程、防洪（潮汛）工程、抗震工程、防空袭工程及救灾生命线系统等组成。

2.6.1 城市消防工程

城市消防工程包含消防站（队）、消防给水管网、消火栓、消防通信设备、消防车道等设施（图2.6-1～图2.6-3）。其功能是日常防范火灾，及时发现与迅速扑灭各种火灾，以避免或减少火灾损失。

根据城市综合防灾规划的要求，城市消防站分为陆上消防站、水上（海上）消防站和航空消防站，陆上消防站分为普通消防站和特勤消防站，普通消防站有一级普通消防站和二级普通消防站。有条件的城镇，应形成陆上、水上、空中相结合的消防立体布局和综合扑救体系[2][3]。

---

① 上海社会科学院信息研究所 编著；王世伟，王兴全，李勇 主编．智慧城市辞典 [Z]．上海：上海辞书出版社．2011．
② 建标152-2011，城市消防站建设标准 [S]．
③ 城镇综合防灾规划标准（征求意见稿）[DB/OL]

图 2.6-1　消防站

图 2.6-2　消防栓

图 2.6-3　消防艇

图 2.6-4　防洪堤（左）
图 2.6-5　截洪沟（右）

2.6.2　城市防洪（潮、汛）工程

城市防洪（潮、汛）工程系统有防洪（潮、汛）堤、截洪沟、泄洪沟、分洪闸、防洪闸、排涝泵站等设施（图2.6-4、图2.6-5）。

城市防洪工程系统的功能是采用避、拦、堵、截、导等各种方法，抗御洪水和潮汛的侵袭，排除城区涝渍，保障城市安全。

2.6.3　城市抗震工程

城市抗震工程主要由避难疏散通道、避难疏散场所（含场地和建筑物）、生命线工程组成。其为保证震时人民生命和财产安全发挥着巨大的作用。其中避难疏散场地按照功能划分为：①临时性紧急避难场地，这类避难疏散场地要尽量靠近人员密集区；②固定避难场所，应配套水电等基本生活设施，拥有可安置更多人员的大空间。避难疏散通道应与避难疏散场地相连，应考虑两侧建筑物垮塌堆积后仍有足够的可通行宽度。生命线工程是指在地震发生后，保障紧急救援所需的供水、供电、通信等工程。

2.6.4　城市人民防空袭工程（简称人防工程）

城市人防工程包括防空袭指挥中心、专业防空设施、防空掩体工事、地下建筑、地下通道以及战时所需的地下仓库、水厂、变电站、医院等设施（图2.6-6）。遵循平战结合，合理利用地下空间的原则，地下商场、

图 2.6-6　具备人防要求的
　　　　　地下车库（左）
图 2.6-7　可供夏日乘凉的
　　　　　防空洞（右）

图 2.7-1　垃圾填埋场（左）
图 2.7-2　垃圾处理厂（右）

地下娱乐设施、地铁等均可属人防工程设施范畴。有关人防工程设施在确保其安全要求的前提下，尽可能为城市日常活动使用（图 2.6-7）。城市人防工程系统的功能是提供战时市民防御空袭、核战争的安全空间和物资供应。

2.6.5　城市救灾生命线系统工程

　　城市救灾生命线系统工程是维持城市居民生活和生产活动必不可少的城市基础设施，由城市急救中心、疏运通道以及给水、供电、通信等设施组成，其功能主要是提供医疗救护、运输以及供水、电、通信调度等物质条件。

2.7　城市环境卫生设施系统的构成与功能

　　城市环境卫生工程系统有城市垃圾处理厂（场）、垃圾填埋场。垃圾收集站、转运站、车辆清洗场、环卫车辆场、公共厕所以及城市环境卫生管理设施。城市环境卫生设施系统的功能是收集与处理城市各种废弃物，综合利用，变废为宝，清洁市容，净化城市环境。

　　随着技术和环保节能要求的发展，城市垃圾的资源化利用已经成为趋势。资源化利用的方式主要包括可回收垃圾的回收利用、可堆肥垃圾的资源化利用，垃圾焚烧余热利用、沼气回收利用等（图 2.7-3）。

　　由于餐厨垃圾占生活垃圾比重较大，并且餐厨垃圾含有丰富的营养

图 2.7-3 生活垃圾焚烧发
电厂（左）
图 2.7-4 垃圾回收站（右）

物质，具有较高的回收价值[1]，随着垃圾分类工作的进行，将餐厨垃圾进行单独处理，建设餐厨垃圾综合处理厂有很强的必要性（图 2.7-4）。如合肥市建设了餐厨垃圾处理厂，并在 2014 年 11 月，合肥市政府通过《合肥市餐厨垃圾管理办法（草案）》，以保障餐厨垃圾的合理和资源化处理。

---

① 王向会，李广魏，孟虹等．国内外餐厨垃圾处理状况概述 [J]．环境卫生工程，2005（2）：41—43．

城市基础设施规划与建设

3.1 城市基础设施规划的影响因素

城市基础设施规划编制需要重点考虑基础设施的规划建设标准、种类配置、设施规划布局、网络型制、工程管线布置与敷设方式等内容。这些内容的影响因素主要包括城市地理区位与自然环境、城市社会与经济环境、城市空间布局与建设需求等。

3.1.1 城市地理区位与自然环境

我国幅员辽阔、自然环境复杂、人口众多。城市的区位条件、地理环境、气候环境的不同，对城市基础设施的规划建设标准、种类配置、规划布局、网络型制选择、工程管线布置与敷设方式[①]等内容均有一定的影响。

（1）区位条件

1）区域区划

"区域"是一个普遍的概念,对于"区域"不同学科有不同的理解:地理学把"区域"作为地球表面的一个地理单元;经济学把"区域"理解为一个在经济上相对完整的经济单元;政治学一般把"区域"看作国家实施行政管理的行政单元;社会学把"区域"作为具有人类某种相同社会特征（语言、宗教、民族、文化）的聚居社区。"区划",即以一组一致性和相似性的地理、经济、社会指标划分出各种不同特征的均质区域[②]。区域区划是把区域内部的一致性、区域之间的差异性加以系统揭示和归纳的方法。

区域区划是城市基础设施规划的建设标准和负荷预测的基本要素。例如城市用水量标准与当地的气候条件、水资源量、城市性质、社会经济发展水平、给水设施条件、居住习惯等都有较大的关系。在城市给水设施系统规划中，城市所处的区域是城市用水量预测的基本依据（表3.1-1）。

城市居民生活用水量标准　　　　　　　　表3.1-1

地域分区	日用水量（L/人·d）	适用范围
一	80～135	黑龙江、吉林、辽宁、内蒙古
二	85～140	北京、天津、河北、山东、河南、山西、陕西、宁夏、甘肃
三	120～180	上海、江苏、浙江、福建、江西、湖北、湖南、安徽
四	150～220	广西、广东、海南
五	100～140	重庆、四川、贵州、云南

---

① 基础设施的建设标准是指单位人口、建筑面积或用地面积所需基础设施建设的容量；基础设施的种类配置是指一个城市或地区所需配置基础设施的类别；基础设施的规划布局是指基础设施在城市空间中的区位和选址；基础设施的网络型制选择是指基础设施管网在城市或地区所采用的压力等级和形式；基础设施的工程管线的布置和敷设方式是指基础设施管线的管径、材质和埋深等。

② 崔功豪．区域分析与规划 [M]．北京：高等教育出版社，1999．

地域分区	日用水量 (L/ 人 · d)	适用范围
六	75 ~ 125	新疆、西藏、青海

注:

1. 表中所列日用水量是满足人们日常生活基本需要的标准值。在核定城市居民用水量时,各地应在标准值区间内直接选定。

2. 城市居民生活用水考核不应以日作为考核周期,日用水量指标应作为月度考核周期计算水量指标的基础值。

3. 指标值中的上限值是根据气温变化和用水高峰月变化参数确定的,一个年度当中对居民用水可分段考核,利用区间值进行调整使用。上限值可作为一个年度当中最高月的指标值。

4. 家庭用水人口的计算,由各地根据本地实际情况自行制定的管理规则或办法。

5. 以本标准为指导,各地视本地情况可制定地方标准或管理办法组织实施。

数据来源:《城市居民生活用水量标准》GB/T 50331-2002

2) 自然资源

自然资源是指在一定的技术经济条件下,自然界中对人类有用的一切物质和能量,如土、水、气、森林、草原、野生动植物等。自然资源按其用途可分为生产资源、风景资源、科研资源等;按其属性可分为土地资源、水资源、生物资源、矿产资源等;按其能被人利用时间的长短,又分为有限资源和无限资源两大类,前者又分为可更新资源和不可更新资源[1]。自然资源是人类生存和发展的物质基础和社会物质财富的源泉,是可持续发展的重要依据之一。城市的自然资源条件影响着城市基础设施的种类配置、规划布局等方面。

在城市基础设施的种类配置方面,资源丰富地区可凭借"先天优势",建设发展新的基础设施类型,如在沿海城市,利用风力资源大力发展风能发电等。资源匮乏地区也可因"先天劣势",变换思路,提高科技水平,循环利用资源,开发新的基础设施类型,如在水资源匮乏的城市和地区,尽快推进建设中水和污水回用系统。

在城市基础设施的规划布局方面,资源条件影响到其规划布局的基础设施主要包括给水厂、水电站、火电厂、煤气厂等。城市基础设施尤其是水源、电源、气源等工程设施对资源条件的依赖性较大,其布局也受到资源条件的影响。例如,对于给水厂的布局,使用地表水的水厂应位于河流的上游位置,即水量相对较大的地区;使用地下水的水厂应考虑选择富水区,在富水区的中部或者下部地区。此外,水厂的布局和数量还要根据水资源的分布状态来决定。而对于电厂的布局,由于电厂的类型较多,如水电站、火电厂、热电厂、核电厂等,不同类型的电厂对资源的需求不同,如水电站的布局要考虑水资源状况;火电厂需要布局在煤矿附近且水资源较为丰富的地区;热电厂的布局需要考虑煤炭和石油资源的供应。

---

① 《环境科学大辞典》编辑委员会. 环境科学大辞典 [A]. 北京:中国环境科学出版社,1991.

（2）地理环境

1）工程地质条件

工程地质条件主要是指各种对工程建筑有影响的地质因素的总称，地质条件主要影响城市基础设施的规划布局和工程管线布置与敷设等内容。城市基础设施的规划布局，尤其是重大基础设施如给水厂、火电厂、水电站等设施，应尽量避开地质条件较差的地方，以免灾时破坏，影响城市安全。城市基础设施工程管线的布置和敷设应尽量避开地质条件较差的地方，如易发生滑坡、塌陷等地区。

2）地形地貌

地形地貌是指地表的起伏状态，或地表各种形态的总称。按地表形态可分山地、丘陵、高原、平原、盆地[①]。地形地貌要素主要影响基础设施的选址、规划布局、工程管线布置与敷设方式等内容。

地形地貌对基础设施选址具有较大的影响。如自来水厂应尽量布局在地势较高的位置，以减少不必要的加压泵站，降低运行费用。由于城市污水干管通常采用的是重力流管道，因此污水处理厂应布局在河流的下游，并考虑在城市地势最低的地方，这样可减少污水泵站的数量，降低运行成本。垃圾填埋厂一般应布局在地势较低的山沟、低洼地，这是因为山沟低洼地的环境容载较大。广播电视台、微波站应布局在地势较高的区域。水电站依靠水的位能发电，因此，水电站的选建位置一般是在水位落差较大的地方。

按工程管线输送方式，城市工程管线主要分为压力管线、重力自流管线和光电流管线。其中，重力自流管线受到地形地貌的影响较大。例如，城市雨水管线规划，首先需按照地形划分排水分区；在此基础上，进行管线布置，管线布置应合理利用自然地形就近排出雨水，保证雨水尽量以最短的距离靠重力流入附近的水体，尽量减少雨水泵站等设施的建设，避免内涝灾害的发生。

（3）气候环境

气候环境是指一个地区或地点多年的大气状态，包括平均状态和极端状态。它具体通过各种气象要素（气温、气压、空气湿度、降水量、风以及各种天气现象等）的各种统计量来表达[②]。气候环境要素主要影响城市基础设施的种类配置、规划布局、工程管线布置与敷设方式等内容。

在城市基础设施种类配置方面，由于气候环境的差异，北方地区通常需要配置集中供热基础设施；而南方对于排涝设施配置要求则相对较高。在电源设施种类选择方面，干旱地区的电厂以火电为主，滨河地区以水电为主，风力条件好的地区配置风力发电设施，地热资源充足的地区有地热电厂。

在城市基础设施的规划布局方面，火电厂、热电厂、制气厂、储电站、锅炉房、污水处理厂、垃圾处理厂等的布局与地区气候、风向都有很大的相关性。例如，在城市总体规划中，城市的风向玫瑰图所表达的风频和风速信息是考虑城市基础

---

① 《环境科学大辞典》编辑委员会. 环境科学大辞典 [A]. 北京：中国环境科学出版社，1991.

② 中国农业百科全书总编辑委员会农业气象卷编辑委员会. 中国农业百科全书编辑部 编. 中国农业百科全书·农业气象卷. 北京：农业出版社，1986.

设施布局的要素。污水处理厂应设于城市河流或地下水下游地段，且位于城市主导风向的下风向或侧风向和城市最低处。煤气厂、天然气门站、石油液化气气化站、燃气储气站等应设于城市下风向或侧风向上。垃圾处理场、垃圾填埋场也应设于城市的下风向。

在城市工程管线的布置与敷设方面，气候条件对管线地埋的深度产生影响，尤其是那些含有水分的工程管道。依据管道介质在寒冷情况下的冰冻程度，由于土壤冰冻深度随着各地的气候条件不同而变化，工程管线的覆土深度也会有所差别，如南方的冬季土壤冰冻层浅，给水排水等管道可以浅埋；而北方的冬季土壤冰冻层深，给水、排水等管道需要深埋。

3.1.2 城市社会与经济环境

城市社会与经济环境是指构成城市生存和发展的政治、经济、文化条件，包括经济基础、产业状况、科技水平、城市性质、人口规模、生活习惯、社会需求、政策导向等。城市的社会与经济环境条件不同，城市基础设施的规划建设标准、种类配置、网络型制等也不同。

（1）城市社会环境

1）城市性质

城市性质是指城市在一定地区、国家以至更大范围内的政治、经济、与社会发展中所处的地位和所担负的主要职能。城市性质主要影响城市基础设施规划的建设标准、种类配置、网络型制选择等方面。

城市等级越高，城市基础设施建设标准也越高。此外，还需考虑其他的城市因素，如历史文化因素（历史文化名城）、政策因素、战略因素[①]等来综合确定基础设施建设标准。

2）人口规模

人口规模指一个城镇现状或在一定期限内常住人口数量。城市人口规模是确定城市用地规模的主要依据，影响着城市基础设施规划的建设标准、种类配置、网络型制等方面内容。

城市基础设施建设标准的确定通常与城市人口规模紧密相关。根据城市人口规模将城市确定为特大城市、大城市、中等城市和小城市四个规模等级，一般而言，城市人口规模大的城市对城市基础设施需求量也大，在此情况下，规划需要考虑城市基础设施供给的稳定性、安全性和可替代性。第一，城市人口规模越大，城市基础设施供给的保证率就要越高。如供水的保证率，大城市要求水的保证率达到95%，中小城市达到75%，一般城镇略低一些，农村则更低一些。第二，城市人口规模越大，对城市空间防灾的安全性要求越高，对于基础设施的安全性要求也相应提高。而且，人类活动的增加，对环境可能带来负面影响，规划需考虑环境安全问题。

[①] 例如，在三峡工程所在地的宜昌市，由于其所处的国家战略地位，其基础设施建设标准相对于一般的地市级应有所提高。

第三，在人口规模较大的城市中，一些重要地区要配置可替代的基础设施，以保证这些区域在平时和灾时的正常运转，比如，供电、燃气、供热三者之间的替换。

第四，城市人口规模越大，对基础设施需求种类越多，需要基础设施提供多样化产品和服务，以满足不同消费者的需求。

3）生活习性

生活习性是指长期在某一种自然条件或者一种社会环境下所养成生活方式的特性。中国南北地理环境及经济发展迥异，导致不同地区公众的生活方式有着较大的差异性。生活习性具体包括活动频率、活动周期、活动节奏、聚会次数、洁净程度等因素。这些因素均对城市基础设施的建设标准、种类配置等内容产生一定的影响。

比如，由于公众生活习性不同，在我国的南方和北方地区，级别与规模相似的城市，在用水、用电需求方面存在差异。北方地区的居民在室外活动的时间比南方地区较少，城市居民生活的用电量和用水量都相对较低。而且，同一城市因季节不同，消耗量也不同。此外，每户居民消耗量也不同。从公共资源消耗公平性和成市角度考虑，不同消耗量等的收费标准也不同。哈尔滨的阶梯电价分为每月用电170度、171～260度、260度以上等三个收费档位；广州的阶梯电价则采用季节性方案执行夏季和非夏季两个标准，夏季（5月～10月）每月用电不超过260度、非夏季（11月～次年4月）每月用电不超过200度，为最低收费的用电档次；上海市居民的阶梯电价按年度电量为单位实施，每户月均用电量档次分为三档，分别是260度、400度和400度以上 [①]。

4）社会需求

城市的社会需求水平主要影响基础设施的配置标准和配置种类。一般而言，一个城市的平均生活水平越高，对基础设施的要求量就越大，且需求类型越丰富。在进行基础设施规划时，要根据该城市的现状建设水平和未来发展需求，进行基础设施配置标准和配置种类预测。

5）政策导向

社会政策可影响基础设施的建设标准、网络型制选择等方面。

在低碳、可持续发展理念的引导下，基础设施生态化建设是城市今后的发展趋势。以生态的理念进行基础设施的建设对基础设施规划建设标准提出了很多新的要求。如在用水量预测中，要适当降低水资源需求水平，增加中水系统，提高循环用水率，降低城市水资源的消耗。

长期以来，我国城市建设重防洪，轻排涝，防洪标准高而排涝标准低。近些年，很多城市频频出现雨季内涝的问题，造成了巨大的人员伤亡和财产损失。在这种情况下，自2014年1月1日起施行的《城镇排水与污水处理条例》（中华人民共

---

① 上海市居民的阶梯电价按年度电量为单位实施。1～12月抄见电量按第一档户均0～3120度(含)(260×12)；第二档户均3120～4800度（含），即可用1680度；第三档为户均超过4800度(400×12)的部分执行。第一档不加价，第二档每度电峰加价0.06元，谷加价0.03元；第三档每度电峰加价0.36元，谷加价0.18元。

和国国务院令第 641 号），要求县级以上地方人民政府应当根据当地降雨规律和暴雨内涝风险情况，结合气象、水文资料，建立排水设施地理信息系统，加强雨水排放管理，各地在加大力度建设、改造城市排水系统，以提高城镇内涝防治水平。

（2）城市经济环境

城市经济环境的构成要素包括城市的经济水平、产业状况和科技水平等，这些要素在不同程度上影响基础设施的建设标准、种类配置和网络形制的选择。

城市的经济水平和经济实力通常决定着城市的建设品质。随着市场化制度的逐步完善，市场越来越多地参与到基础设施的建设和运营中去，基础设施产品和服务（不包括承担普遍服务的基础设施）的定价原则已或多或少地与城市经济水平相关联。可以这样理解，城市的经济水平越高，城市的各项建设，包括基础设施的建设标准也越高，品质越好，种类越丰富。

经济水平不同的城市，基础设施规划种类配置就有不同，城市基础设施网络型制选择也就不同。如东部经济实力较强的城市，相对于中西部的城市，城市基础设施规划的投入较大，一般采用环状等网络型制。

城市的产业状况不同，对基础设施的需求不同，基础设施规划种类配置也不同。如以重工业发展为主的城市和以旅游发展为主的城市，城市基础设施种类配置会有较明显的差别。

技术进步、行业升级衍生出新的设施类型与业务种类，如通信技术的进步，使很多城市已经实现了无线城市、数字城市的目标，并朝着智慧城市方向迈进。可再生能源技术的进步，使得能源供应改变了传统的仅依存不可再生资源的方式，城市可以根据自身的资源条件使用太阳能、风能、潮汐能，也可以"变废为宝"，利用垃圾来获取能源。

3.1.3 城市空间布局与建设需求

城市空间布局通过城市用地组成的不同形态体现出来，其内容的核心是城市用地功能组织。而城市建设是通过建设工程对城市人居环境进行改造，对城市系统内各物质设施进行建设，城市建设的内容包括城市系统内各个物质设施的实物形态。在城市基础设施规划编制中，不同的城市空间布局与建设需求，对基础设施的规划布局、网络型制选择等方面均有一定的影响。

（1）城市空间布局

1）城市形态

城市形态是指城市整体和内部各组成部份在空间地域的分布状态。城市形态一般分为紧凑式和组团式两种（图 3.1-1）。城市结构与形态主要影响基础设施的规划布局、网络型制选择、工程管线布置与敷设方式等内容。

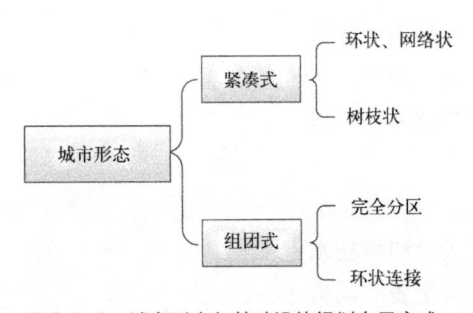

图 3.1-1　城市形态与基础设施规划布局方式

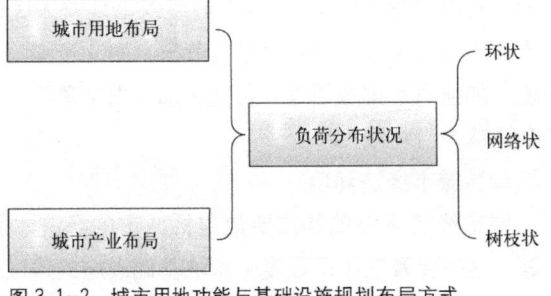

图 3.1-2　城市用地功能与基础设施规划布局方式

在紧凑式形态的城市中，基础设施规划布局主要有环状、网格状和树枝状三种方式，如燃气、电力、自来水管网的布局方式是环状或网格状的，安全性较高；污水、雨水的管网布局方式则是树枝状的。

在组团式形态的城市中，则分为两种方式：一种是完全分区各自成系统；另一种则是用一个专门环状的联系管道将各分区连接起来，既保证组团各为一套系统，又可以将其相互关联。

2）城市用地

承载不同功能的城市用地，由于其负荷分布状况不同，导致基础设施规划布局、网络型制以及工程管线布置与敷设方式有不同。如商业用地对基础设施需求量相对较高，因此基础设施的建设强度较高，负荷量就很高。

发展不同产业的城市用地，对城市基础设施的需求有所不同，城市基础设施的规划布局、网络型制以及工程管线布置与敷设方式也就有所差别。如钢铁、造纸等工业的用水量、用电量需求相对于高新工业，负荷量就会很高（图3.1-2）。

3）城市景观

城市空间景观环境品质越来越受到城市公众的关注。电线杆和线路的架空敷设会给城市景观效果大打折扣；变电站、垃圾回收站的布局也会影响城市景观。因此应重视工程设施设计同城市景观的相互融合。

首先，基础设施规划布局应考虑城市空间景现的要求，尽量避免或减小对城市空间景观的不利影响。如滨水城市的防洪设施规划布局，在保证防洪设施防洪功能的基础上，尽可能通过空间景观处理手法来增加防洪设施功能的多样性，提升城市的滨水景观品质。

其次，城市工程管线布置与敷设方式要考虑到城市空间屏障的影响。如跨越河流或山体的工程管线，布置与敷设方式更应考虑其安全性。

4）绿地分布

考虑到城市用地的集约利用，城市基础设施一般与城市绿地结合布置。一方面，为将来基础设施的扩展预留空间，另一方面，城市绿地起到了隔离防护的作用，能够较好地处理基础设施与周边的关系，减小基础设施对周边地区的不利影响。

（2）城市开发强度

1）人口密度

人口密度是单位面积土地上居住的人口数，它是表示人口分布密集程度的指标。人口密度主要影响基础设施规划的规划布局、工程管线布置与敷设方式等内容。人口密度越高，该地区的负荷密度越高，单位面积的基础设施的需求量越大，城市工程管线敷设的需求量就越大。

2）建筑容积率

建筑容积率指某一基地范围内，地面以上各类建筑的建筑面积总和与基地面积的比值，它是衡量建设用地使用强度的一项重要指标。一般而言，建筑容积率越高，单位面积土地的负荷就越大，单位面积土地上的活动对基础设施的需求量就越大。通常，在实际建设中，建筑容积率越高，建筑层数也较高，建筑对的基础设施管网的压力要求也就越高。

3）城市基础设施配套保证率

城市基础设施配套保证率是指某类设施配套要素值小于或大于某一数值的可靠程度，主要影响基础设施规划的规划布局、工程管线布置与敷设方式等内容。其数值越高，基础设施的配置量就越多，基础设施自身容量规模也越大。

（3）城市建设时序

城市建设时序，包括城市分期建设时序、城市产业发展时序、城市基础设施分期配套要求等。城市建设时序主要影响城市基础设施的规划布局、工程管线布置与敷设方式等内容。

1）城市分期建设时序。城市分期建设时序是指为充分考虑规划实施的可行性和弹性发展的可能性，而对城市建设进行分期控制。城市分期建设时序一般为近、中、远期，基础设施的规划布局在建设时序上应与城市分期建设时序一致，滚动开发。

2）城市产业发展时序。城市产业发展时序性是一个地区或城市产业开发过程中各产业部门发展的先后时间顺序。我国很多城市目前正处产业发展的转型期，对基础设施的需求类型和使用要求也会有所转变，对基础设施规划布局也有所影响。

3）城市基础设施分期配套要求。基础设施分期配套的要求还要考虑投入和产出的关系。如果基础设施规划建设投入过多而产出过少，这是极其不经济的。在城市基础设施分期配套要求上要坚持"适度超前"，主要内容体现在城市基础设施的规划布局、工程管线布置与敷设方式等内容上。

3.2 城市交通工程系统评价指标

评价城市交通工程系统服务水平的指标包括：人均道路面积、道路网密度、万人公交车辆数、公交站点与居民通达距离等。其中人均道路面积、道路网密度反映的是城市道路规划是否合理，是否与城市发展规模和需求相匹配；万人公交车辆数、公交站点与居民通达距离反映了城市在公共交通方面的投入程度以及城市公共交通的服务效率。随着城市人口的不断积聚，尤其在大城市，城市交通系统越来越综合化、立体化。因此，评价这类城市，应扩充相应指标类型。

3.2.1 人均道路面积

人均道路面积是指按城镇人口计算平均每人拥有的道路面积，单位为 m^2/人。计算公式为：人均道路面积＝城市道路总面积／城市总人口[1]。

人均道路面积表示城市道路设施对城市人口提供服务的能力，反映了城市交通设施的水平。城市人均道路面积的标准值宜在 $7 \sim 15m^2$/人。根据 2010 年相关数据，我国城市人均道路面积为 $4.75m^2$，北京市人均道路面积为 $5.63m^2$，上海市人均道路面积为 $5.08m^2$，天津市人均道路面积为 $8.7m^2$，重庆市人均道路面积为 $4.47m^2$[2]。相比而言，国外大城市的人均道路面积较大，根据 20 世纪 90 年代的数据，伦敦的人均道路面积最大，为 $26.3m^2$，而纽约、巴黎、汉城、华沙的人均道路面积分别为 $13.1m^2$、$9.3m^2$、$6.56m^2$ 和 $8.1m^2$。

3.2.2 城市道路网密度

城市道路网密度是指城市建成区或城市某一地区内平均每平方公里城市用地上拥有的道路长度[3]。计算公式为：城市道路网密度＝城市道路长度／城市建成区面积。

道路网密度表现了道路间距的大小和道路的分布水平，反映了交通设施的水平。道路网密度与城市规模、城市地形、城市道路网格局、城市结构等密切相关。城市道路网密度要兼顾城市各种生活的不同要求，密度过小则交通不便，密度过大则造成用地和投资的浪费，也影响道路的通行能力。

根据《城市道路交通规划设计规范》GB 50220—95，大、中城市道路网密度和小城市道路网密度适宜的指标分别见表 3.2-1、表 3.2-2。

大、中城市道路网密度规划指标　　　　　　　　　　表 3.2-1

项目	城市规模与人口（万人）		快速路	主干路	次干路	支路
道路网密度 (km/km²)	大城市	> 200	0.4 ~ 0.5	0.8 ~ 1.2	1.2 ~ 1.4	3 ~ 4
		≤ 200	0.3 ~ 0.4	0.8 ~ 1.2	1.2 ~ 1.4	3 ~ 4
	中等城市		—	1.0 ~ 1.2	1.2 ~ 1.4	3 ~ 4

---

[1] 道路面积是指快速路、主干路、次干路和支路等用地的面积，包括其交叉口用地的面积。
[2] 数据来源于第六次人口普查数据和《中国城乡建设统计年鉴 2010》
[3] 定义引自《城市规划基本术语标准》GB/T 50280—98

小城市道路网密度规划指标		表 3.2-2	
项目	城市人口（万人）	干路	支路
道路网密度（km/km²）	＞5	3～4	3～5
	1～5	4～5	4～6

　　根据《中国城乡建设统计年鉴 2010》，北京市中心城区道路网密度为 4.93km/km²，上海市中心城区道路网密度为 5.32km/km²，天津市中心城区道路网密度为 9.52km/km²，重庆市中心城区道路网密度为 7.69km/km²。

3.2.3　万人公交车辆数

　　万人公交车辆数是指每万人平均拥有的公共交通车辆标台数。每万人拥有公共交通车辆数是反映城市公共交通发展水平和交通结构状况的指标。计算公式为：万人公交车辆数＝城市公交车辆标台数／城区人口（以万人为单位）。

　　根据《城市道路交通规划设计规范》GB 50220—95，大城市应每 800～1000 人一辆标准车，中小城市应每 1200～1500 人一辆标准车。城市出租汽车数量，大城市每千人不宜少于 2 辆，小城市每千人不宜少于 0.5 辆，中等城市在其间取值。

　　根据 2010 年的统计数据，北京市每万人公交车的拥有量为 12.9 台，上海市万人公交车辆数为 7.1 台，深圳、广州、天津、成都、重庆万人公交车辆数分别为 11.5、7.2、6.1、5.4 和 2.2 台。

3.2.4　地铁的运营能力

　　衡量地铁的运营能力的要素包括运载力、运营时间、发车频率、总里程长度、人均里程长度和网络密度等。

　　相比地面公交，地铁具有运量大、速度快、准时到达的特点，其行驶速度一般不受外界交通的影响。地铁的行驶速度一般可以达到 40～60km/h，最快可以达到每小时 100km/h。地铁对城市交通改善具有多方面的意义，地铁的开通提高了主要集散点的可达性，可以有效避免人流量较大的地区出现地面交通的拥堵，对于缓解交通压力有着明显的作用；另外，地铁也提高了人们出行的质量，使得出行更加舒适、方便、省时；此外，地铁也改善了城市的客运交通系统结构，提高了客运交通的效率。

　　由于都市内交通运输拥塞，大众普遍要求"不需要太长等候时间就能搭乘"，为此地铁的运行间隔被设定 10 分钟以内。一些经济实力强、公交出行比率高的城市，如莫斯科在交通高峰时段可达到每隔一分钟就有一个班次。世界大部分的轨道交通线路，从早晨 4 点营运到凌晨零点。通常于早晨 4 点至 7 点发首班车，晚上 10 点至凌晨 1 点发末班车。少数的例外，如美国芝加哥和纽约地铁为 24 小时运营。

截至 2014 年年底，上海市的地铁总里程长度居全国各城市之首，为 548km。上海目前运行的线路有 14 条，日客流量超过 700 万人次。自 1993 年第一条地铁线路运营起，20 年间地铁运送乘客超过 130 亿人次。地铁对于上海市民的出行方式影响较大，目前已成为上海市民出行的首选。2014 年，地铁客流量已超过地面公交。上海地铁远期规划线路将超过 1000km。

除上海外，其他城市地铁发展也非常迅猛。截至 2013 年年底，广州地铁已有 9 条营运路线，总长为 260km；截至 2015 年 4 月，深圳地铁已有 5 条线路，运营线路总长 177km；预计到 2015 年底，北京轨道运营总里程增至 554km，线路 20 条。

3.2.5　公交站点与居民通达距离

公交站点与居民的通达距离反映公共交通的便利程度和公共交通的服务水平。一般来说，市中心地区客流密集，乘客上下频繁，站距宜小些平均站距为 500 ～ 800m；城市边缘地区站距可大些通常为 800 ～ 1000m；大城市或特大城市由于居民流动范围大，较中小城市可适当增加站距。

3.3　城市水务系统评价指标

3.3.1　城市给水工程系统评价指标

评价城市给水工程系统服务水平的指标包括：水质、自来水普及率、人均综合用水量、供水保证率、中水回用率等。其中，水质是供水的基础和保障；自来水普及率、人均综合用水量、供水保证率反映了给水系统服务水平；中水回用率反映了城市节约用水、循环用水、保护水资源的程度，也反映了城市可持续发展水平。随着水资源的紧缺，一些沿海城市将海水利用率纳入评价指标中。

（1）水质

水质是水体质量的简称。它标志着水体的物理（如色度、浊度、臭味等）、化学（无机物和有机物的含量）和生物（细菌、微生物、浮游生物、底栖生物）的特性及其组成的状况。

《地表水环境质量标准》GB 3838—2002 根据地表水的使用目的和保护目标，将地表水分为五类：Ⅰ类：主要适用于源头水，国家自然保护区。其水质良好，只需经简易净化处理（如过滤），消毒后即可供生活饮用。目前，我国城市地表水中Ⅰ类水质较少。Ⅱ类：主要适用于集中式生活饮用水、地表水源地一级保护区，珍稀水生生物栖息地，鱼虾类产卵场，仔稚幼鱼的索饵场等。其水质受到轻度污染，经常规净化处理（如絮凝、沉淀、过滤、消毒等），其水质即可供生活饮。Ⅲ类：主要适用于集中式生活饮用水、地表水源地二级保护区，鱼虾类越冬、回游通道，水产养殖区等渔业水域及游泳区。Ⅳ类：主要适用于一般工业用水区及人体非直接接触的娱乐用水区。Ⅴ类：主要适用于农业用水区及一般景观要求水域。

由于河床冲刷、矿物溶解、微生物繁殖等自然过程，以及城市污水、化肥、农药等人为影响，自然界的水源水质发生了变化，同时地下水、江河水、湖泊水和海水等水质又有着不同的特点。

1）地下水水质特点

地下水经过地层渗滤，悬浮物和胶体已基本或大部分去除，水质清澈，且水源不易受外界污染和气温影响，因而水质、水温较稳定，一般宜作为饮用水和工业冷却用水的水源。

以前，很多城市因大量抽取地下水作为主要水源，造成的地面沉降问题比较严重，因此，地下水一般不宜作为城市的主要水源。

2）江河水水质特点

江河水易受自然条件影响，水中悬浮物和胶态杂质含量较多，浊度高于地下水。我国各地区江河水的浊度相差很大，同一条河流由于季节和地理条件的影响，相差也较大。江河水的含盐量和硬度较低。江河水易受工业废水、生活污水及其他各种人为污染，因而水的色、臭、味变化较大，有毒或有害物质易进入水体。其水温不稳定，夏季常不能满足工业冷却用水要求。

3）湖泊及水库水质特点

湖泊及水库水，主要由河水供给，水质与河水类似。但由于湖（或水库）水流动性小，贮存时间长，经过长期自然沉淀，浊度较低。湖水有利于浮游生物的生长，所以湖水含藻类较多，使水产生色、臭、味。湖水也易受城市污水污染。由于湖水不断得到补给又不断蒸发浓缩，故含盐量往往比河水高。

4）海水水质特点

海水含盐量高且所含各种盐类或离子的重量比例基本上一致。海水须经淡化处理才可作为居民生活用水，但是海水淡化的成本非常高，是一般水质处理成本的 15 倍左右，如何降低海水淡化成本依然是世界性难题。

目前，由丁工业废水、生活污水、农药、化肥的污染，地表水源的水质不断恶化，大量有机物和重金属离子进入水体，极大地威胁着人体健康。所以保护水源、强化水处理工艺是解决这个问题的关键。

（2）自来水普及率

自来水普及率即供水普及率，是指城市供水覆盖范围内的人口数量与城市总人口的比率，表示城市供水设施的实际服务范围，反映城市供水普及与便捷的平均水平指标。目前，我国部分大城市，如北京、上海、天津、深圳、沈阳、大连、杭州、济南、武汉、重庆等，自来水普及率均已达 100%。

（3）人均日综合用水量

人均日综合用水量是指城镇用水人口平均每天的用水总量。据《中国城镇供水状况公报（2006-2010）》(住房和城乡建设部，2012 年) 统计，2010 年全国城镇人均日综合用水量为 275.5m^3/ 人·d。从各省的人均综合用水量指标来看，受产业结构、人口密度、气候条件、水资源秉赋等因素影响，各省级行政区的城镇人均日综合用水量差别较大。城镇人均日综合用水量大于全国平均水平的有广东、上海、江苏、浙江、宁夏、海南、广西、西藏、福建、湖南、湖北、青海12个省（自治区、直辖市）。

随着城市人口的集聚以及水资源的日益紧缺，在城市规划中，应以节约用水、循环用水为原则，科学合理计算和预测人均日综合用水量指标。

(4) 供水保证率

供水保证率是指预期供水量在多年供水中能够得到充分满足的年数出现的概率。供水保证率是评价供水工程和供水能力的重要指标，也是供水工程设计标准的一项重要指标，以百分率表示。

供水工程的水源以地表水、地下水为主。当水源为地表水时，由于天然来水变化的随机性和蓄水工程调蓄能力的限制，供水的保证率较低。当水源为地下水时，由于地下水库的调节能力较强，水量变化不大，供水保证率相对较高。但随着地下水的超采，供水工程的正常供水量也会受到影响，从而降低供水保证率。由于地下水更新速度较慢，加大开采深度将会造成很大的浪费，一旦供水保证率降低，其供水破坏的程度将大于以地表水为水源的供水工程。一般而言，地下水水质较好，有较高的可靠性，但不易更新恢复，而地表水每年更新，但水质易受污染且水量变化较大。因此，以地表水为主要水源，地下水为备用水源是有效地开发利用水资源，提高供水保证率的基本策略。

城市供水随着用水户的不同，其供水保证程度也不相同。居民用水的供水保证率较高，一般在95%以上。公共设施与居民生活密切相关，其供水保证率也在95%以上。工业用水的供水保证率在90%以上。农村供水（以农村人口、乡镇企业为对象的供水）由于地域广大并受经济条件、自然条件的限制，供水保证率相对较低。当水源短缺时，对供水保证率高的用水户应优先供给。

(5) 中水回用率

中水就是把排放的生活污水、工业废水回收，经过处理后，达到规定的水质标准，可在一定范围内重复使用的水。中水的水质介于"上水"（饮用的自来水）和"下水"（生活污水和工业废水）之间，故名"中水"。中水主要用于厕所冲洗、园林灌溉、道路保洁、洗车、城市喷泉、景观、冷却设备补充用水等。中水回用率主要是指经水处理后可回用的总水量占进入水处理的总水量的百分比。

中水回用一方面为供水开辟了第二水源，可大幅度降低"上水"（自来水）的消耗量；另一方面在一定程度上解决了"下水"（污水）对水源的污染问题，从而起到保护水源的作用[1]。目前，世界上无论是水资源丰富还是水资源紧缺的国家都将中水回用作为节约用水、加强环境保护的一项重要举措。新加坡、以色列的中水回用率非常高，堪称世界典范。欧美国家则将处理后的废水通过中水管道流入河流，成为地面水的补给水源。我国很多城市的中水使用率逐年上升，目前主要用于市政、景观河道、工业等方面。

---

[1] 参考：钱茜，王玉秋．我国中水回用的现状及对策 [J]．再生资源研究，2003（01）；许艳，余林波，赵洪启．中水回用现状分析及展望 [J]．环境科技，2009(1)；张文斌，蒋文闻．中水回用的困境及对策 [J]．生态经济，2007（11）．

3.3.2 城市排水工程系统评价指标

评价城市排水工程系统服务水平的指标包括：污水处理率、下水道普及率、雨污分流比例、排渍时间等。其中，污水处理率、下水道普及率反映了城市排水系统建设的普及情况与覆盖范围；雨污分流比例反映了城市排水系统建设的科学、完善程度；排渍时间是测度城市排除内涝的速度和能力。

（1）污水处理率

城市污水包括城市生活污水[①]和工业废水[②]。污水处理率指经过处理的生活污水、工业废水量占污水排放总量的比重。反应了城市污水处理的水平。污水处理率的计算公式为：污水处理率＝污水处理量÷污水排放总量×100%

其中：污水处理量是指污水处理厂和处理装置实际处理的污水量，以抽升泵站的抽升量计算，包括物理处理量、生物处理量和化学处理量；污水排放总量指生活污水、工业废水的排放总量，包括从排水管道和排水沟（渠）排放的污水量，按每条管道、沟（渠）排放口的实际观测的日平均流量与报告期日历天数的乘积计算（表3.3-1）。

2011年我国部分城市污水处理率一览表　　　　表3.3-1

城市名称	北京	南京	上海	深圳	无锡	天津	常州	合肥	杭州	宁波
污水处理率（%）	80.98	59.16	81	88.81	84.1	83	74.5	85.11	93.22	70.44

数据来源：《中国城市统计年鉴（2011）》

（2）下水道普及率

城市下水道指汇集和排放污水、废水和雨水的管渠及其附属设施所组成的系统，包括干管、支管以及通往处理厂的管道，无论修建在街道上或其他任何地方，只要是起排水作用的管道，都应作为排水管道统计。

下水道普及率即采用下水道排除污水的户数占总户数的比例，反映了城市污水治理水平的指标。

（3）雨污分流比例

雨污分流是一种排水体制，是指将雨水和污水分开，各用一条管道输送，进行排放或后续处理的排污方式。

由于雨水污染轻，经过分流后，可直接排入城市内河，经过自然沉淀，既可作为天然的景观用水，也可作为供给喷洒道路的城市市政用水，因此雨水经过净化、缓冲流入河流，可以提高地表水的使用效益。同时，让污

---

① 生活污水是指人们在日常生活中所使用过的水，主要包括从住宅、机关、学校、商店及其他公共建筑和工厂的生活间，如厕所、浴室、厨房、洗衣房、盥洗室等排出的水。生活污水中含有较多有机物和病原微生物等，需经过处理后才能排入水体、灌溉农田或再利用。
② 工业废水指工业生产过程中所产生或使用过的水，来自车间或矿场。其水质随着工业性质、工业过程以及生产的管理水平的不同而有很大差异。根据污染程度的不同，又分为生产废水和生产污水。生产废水是在使用过程中，受到轻度污染或仅水温增高的水。如机器冷却水，通常经某些简单处理后即可在生产中重复使用，或直接排入水体。

水排入污水管网，并通过污水处理厂处理，实现污水再生回用。雨污分流可加快污水收集率，提高污水处理率，避免污水对河道、地下水造成污染，明显改善城市水环境，还能降低污水处理成本。

（4）排渍时间

城市的排渍时间跟城市的排渍能力和排渍标准有关，也跟暴雨强度和降雨历时有关。一般来说，面对10年一遇24小时的暴雨，理想状况是在24小时内排出雨水。

3.4　城市能源系统评价指标

3.4.1　城市供电工程系统评价指标

评价城市供电系统服务水平的指标包括：电源结构、人均用电量、户均负荷量、供电保证率等。其中，电源结构反映了城市电源的合理性与用电的安全性；人均用电量、户均负荷量和供电保证率则反映了城市的供电能力和供电水平。

（1）电源结构

城市电源结构是指火力发电、水力发电、风力发电、地热发电和可再生能源发电在城市总用电量中所占的比重。在以前很长一段时间内，火力发电占据城市电源结构的主要比重。随着公众环保意识的增强，水电已经取代火电成为城市的主要电源。今后，合理的电源结构将以水电、核电为主，可再生能源发电作为有效补充。

（2）人均用电量

人均用电量反应城市对电力的需求水平，一般来说，经济越发达的地区，人均用电量越大，用电需求水平越高，对城市供电系统的服务水平要求就越高。

（3）户均负荷量

户均负荷量是指每户家庭的平均用电负荷量，与人均用电量指标反映的内容相似。城市生活用电统计、费用收缴、阶梯价格计算等一般按照户均负荷量统计。一般而言，每户家庭的电器越多，负荷量越大。由于各类用电的最大负荷并不是同一时间出现的，因此，实际最大负荷小于各类最大负荷之和。

（4）供电保证率

供电保证率即供电可靠率，是指在统计期间，对用户有效供电时间总小时数与统计期间小时数的比值，供电保证率越高，城市供电系统的服务水平也就越高。公式为：

供电可靠率＝（用户有效供电时间／统计期间时间）×100%＝（1－用户平均停电时间／统计期间时间）×100%

此外，对于金融系统、铁路系统、邮电设施、医疗卫生、学校、研究所、政府机关和军事设备等需要配置双电源的机构、场所，需用"双电源供电保证率"的指标测度双电源的配置水平。

3.4.2　城市燃气工程系统评价指标

评价城市燃气工程系统服务水平的指标包括：燃气普及率、管道燃气普及率。反映了城市的燃气供应情况和服务水平，也反映了城市燃料的清洁程度。

（1）燃气普及率

燃气普及率是指用燃气（天然气、煤气、液化石油气、生物质气等）做燃料的家庭占所有家庭的比例。城市的燃气普及率越高，城市的卫生条件越好。

当前，发达国家城市的燃气普及率一般为 85% ~ 100%，中等发达国家为 58% ~ 90%。在燃气结构方面，美国早在 50 年代初天然气即占燃气总量的 90%，日本在 1989 年天然气占燃气总量已达到 73%。通过多年的努力，2008 年我国城市燃气普及率已达到 89.55%，城市大气环境得到较大改善。

（2）管道燃气普及率

管道燃气是指采用管道将燃气输送给客户的一种供气形式。管道燃气有着安全稳定、环保清洁、使用方便等优点。管道燃气的普及率是指以管道燃气为供气形式的家庭占所有家庭的比例，一般来说，管道燃气的普及率越高，城市燃气系统的服务水平越高。

3.4.3　城市热力工程系统评价指标

评价城市热力工程系统服务水平的指标包括：热源结构、集中供热覆盖率。反映了城市的热力供应情况和服务水平。

（1）热源结构

当前，为大多数城市采用的城市集中供热系统热源有以下几种：热电厂、锅炉房、低温核能供热堆、热泵、工业余热、地热和垃圾焚烧厂[①]。其中，热电厂（包括核能热电厂）和锅炉房是目前城市使用最为广泛的集中供热热源。为满足环保、低碳的要求，我国城市的热源结构将发生一定的变化，即采用低温核能供热堆和垃圾焚烧厂作为集中供热热源将会增多。在有条件的地方建设热电二联供、冷热电三联供，将成为一种趋势，对城市环境保护较为有利。此外，地源热泵、海洋源热泵也成为一种新型能源供应方式，常用于区域供热，这也是节约能源和保护环境的方式。

（2）集中供热覆盖率

集中供热是集中集团式供热的一种形式。集中供热覆盖率是指被集

---

① 热电厂是指用热力原动机驱动发电机的可实现热电联产的工厂。其中用原子核裂变或聚变所产生的热能作为热源的热电厂是核能热电厂。锅炉房是指锅炉以及保证锅炉正常运行的辅助设备和设施的综合体。工作压力低于 15MPa，堆芯出口温度低于 198℃，以供热为目的的核反应堆称为低温核能供热堆。利用逆向热力循环产生热能的装置称为热泵。工业余热是指工业生产过程中产品、排放物及设备放出的热。地热是地球内部的天然热能。垃圾处理过程中，垃圾分类后将可燃部分进行焚烧，以减少垃圾量和产生热能的设施，称为垃圾焚烧厂。

中供热热源服务到的家庭占总家庭的比重。集中供热的覆盖率越高，对于环境的污染也就越小，同时对于能源的利用也就越充分，因而城市热力系统的服务水平也就越高。

3.5 城市通信工程系统评价指标

在互联网、移动通信尚未大规模发展之前，评价城市通信工程系统服务水平的指标通常包括：电话号线普及率，移动电话普及率、互联网普及率、有线电视普及率和邮政所服务半径等。

近些年来，移动电话和互联网迅速发展，已经成为城市通信工程系统的主要组成部分，并且在未来占得比重会越来越大，与此同时，安装固定电话的家庭户数在逐年下降。因此，电话号线普及率、有线电视普及率和邮政所服务半径作为传统的评价指标，已不足以全面的评价城市通信工程系统的服务水平。移动电话普及率和网络使用普及率已是评价通信工程系统必不可少的指标。

3.5.1 移动电话普及率

移动电话普及率是指每百人拥有的移动电话的数量，其中，个人拥有多部移动电话的按照其实际数量计算。移动电话普及率反映了移动通信事业的发展程度和服务水平，移动电话普及率越高，移动通信工程系统的服务水平也就越高。

根据 2013 年工信部《2013 年通信运营业统计公报》的统计数据，我国移动电话普及率突破 90 部／百人，达到 90.8 部／百人。全国共有 8 个省市的移动电话普及率超过 100 部／百人，分别为北京、上海、辽宁、江苏、浙江、福建、广东、内蒙古，其中辽宁、江苏首次突破 100 部／百人。

3.5.2 互联网普及率

21 世纪是信息量巨大的时代，城市各项事业的发展均与互联网密不可分。互联网的普及率不只是评价通信工程系统服务水平十分重要的指标，也是衡量城市现代性和竞争力必不可少的指标。互联网普及率越高，城市通信系统的服务水平就越高，城市的现代性和竞争力也就越强。

3.5.3 有线电视普及率

有线电视是一种使用同轴电缆作为介质直接传送电视、调频广播节目到用户电视的一种系统。有线电视普及率即有线电视用户占所有家庭的比例。有线电视的普及率越高，其服务水平也就越高。

截至 2012 年年底，我国有线数字电视用户已超过 1.4 亿户，有线数字化程度约 66%，广电共拥有有线电视用户 21459 万人，其中有线数字电视用户已达到 14303 万人，双向覆盖用户 7000 万人，双向用户 1900 万人，宽带用户 564 万人。

3.5.4 邮政局所服务半径

邮政所服务半径是指邮政所服务范围的距离。我国邮政主管部门制定的城市邮政服务网点设置的参考标准为：人口密度大于 2.5 万人 /km²，服务半径为 0.5km；人口密度在 2.0 万人 /km² 和 2.5 万人 /km² 之间时，服务半径为 0.51 ～ 0.6km；人口密度在 1.5 万人 /km² 和 2.0 万人 /km² 之间时，服务半径为 0.61 ～ 0.7km；人口密度在 1.0 万人 /km² 和 1.5 万人 /km² 之间时，服务半径为 0.71 ～ 0.8km。邮政所的服务半径越小，服务质量越高，使用起来也就越方便。

3.6 城市环卫工程系统评价指标

评价城市环卫工程系统服务水平的指标包括：城市垃圾处理率、垃圾无害化处理率、垃圾收集半径、垃圾转运时间、公共厕所服务半径和水厕与旱厕比例。其中垃圾处理率、垃圾无害化处理率、垃圾收集半径和垃圾转运时间反映了垃圾的处理及转运的情况；公共厕所服务半径等指标反映了城市保洁卫生的服务水平。

3.6.1 城市垃圾处理率

城市垃圾主要是指城市居民的生活垃圾、商业垃圾、市政维护和管理中产生的垃圾，而不包括工厂所排出的工业固体废物。城市垃圾的处理方式较为多样，主要的方式为填埋、堆肥、焚烧。在我国，目前填埋占70%，堆肥占20%，焚烧及其他处理方法占10%。城市垃圾处理率即城市垃圾处理量占垃圾产生量的比率。反映了城市垃圾处理水平和城市环境卫生设施的完善水平。

3.6.2 垃圾无害化处理率

城市生活垃圾无害化处理率指经无害化处理的城市生活垃圾数量占生活垃圾产生量的比率。无害化处理指通过卫生填埋、堆肥、焚烧等工艺方法对生活垃圾进行处理。该指标是城市环境的重要评价指标。根据 2011 年的数据，我国部分城市生活垃圾无害化处理水平见表 3.6-1。

2011 年我国部分城市生活垃圾无害化处理率一览表　　表 3.6-1

城市	上海	深圳	无锡	常州	合肥	杭州	宁波	温州	珠海	南京
生活垃圾无害化处理率（%）	84.90	94.60	100	100	99.97	100	100	75.20	92.34	80

数据来源：《中国城市统计年鉴 2011》

3.6.3 垃圾收集半径

垃圾收集点应满足生活垃圾的收集要求。生活垃圾收集点应放置有明确分类标志的垃圾容器或设置分类垃圾容器间。市场、交通客运枢纽及其他产生生活垃圾量较大的设施附近应单独设置生活垃圾收集点。垃圾收集点服务半径一般不应超过70m。一般来说，垃圾收集半径越小越方便，但是垃圾收集点也不能设置过多，否则不经济。

3.6.4 垃圾转运时间

垃圾转运时间是指垃圾从转运站转运到垃圾处理厂所用的时间。垃圾堆放时间越长，垃圾腐化变臭的程度越高，对环境的危害也就越大。所以垃圾转运时间越短，城市的环境卫生越好。

3.6.5 公共厕所服务半径

公共厕所是城市公共建筑的一部分，是市民反映敏感的环境卫生设施，其数量的多少，布局的合理与否，建造标准的高低，直接反映了城市的现代化程度和环境卫生面貌。城市环境卫生工程系统规划应对公共厕所的布局、建设、管理提出要求，按照全面规划、合理布局、美化环境、方便使用、整洁卫生、有利排运的原则统筹规划。公共厕所的建设投资较高，占地面积也相当可观，所以，如何既能满足城市居民和流动人口的需要，又能节省投资和用地是规划时应考虑的问题。一般来说，公共场所的服务半径越小，其服务水平越高。

3.7 城市防灾工程系统评价指标

在城市规划中，城市防灾工程系统通常包括：防洪工程、地质灾害防治工程、消防工程、防护隔离设施、重大危险源防治工程和人防工程六个子系统。对于防灾工程系统的防灾能力评价主要基于安全性、可靠性和应急能力三个因子。由于各个系统对于灾害防治的作用机制不同，在安全性、可靠性和应急能力方面的表现形式亦有所差异，需要针对性地进行评价。

3.7.1 安全性

防洪工程的安全性包括防洪工程设施的地质条件和工程结构，例如防洪工程所在区域的地质条件是否稳定以及防洪工程的结构是否满足要求。

消防工程系统的安全性包括设施所在基地安全性、设施本身的安全性和环境安全性。其中基地的安全性考虑地质情况和基地高程；设施的安全性考虑抗震等级和防洪能力；环境的安全性则主要考虑危险源对于设施的影响。

防护隔离设施的安全性包括基地安全性、场地安全性和环境安全性。基地安全性需要考虑地质情况和基地高程；场地安全性需要考虑抗震能力和防洪能力；环境安全性则需要考虑危险源的影响。

重大危险源安全性的评价依据包括危险源种类、影响范围和规模容量。其中，危险源种类需要考虑所存储物质的致灾密度和扩散速度,影响范围需要考虑灾害的潜在覆盖区域和区域的用地性质。

人防工程的安全性主要由外部条件构成,可以分为战争威胁、重要目标保密程度和自然灾害威胁三类。虽然和平与发展仍是当今世界的主题,但局部战争的威胁仍然存在,需要加大战争的防范力度,人防工程的安全保障需要进一步的加强。

3.7.2 可靠性

防洪工程的可靠性是指现状防洪工程能否满足城市防洪需要,包括工程设施的设防标准、防治范围以及对工程设施的日常维护情况。

消防工程系统的可靠性,是指消防工程是否满足城市消防工作的需求,主要考核指标包括其责任范围和人员装备。其中责任范围需要考虑各个消防站的覆盖区域和服务人口;人员装备则主要基于车辆数量、人员配置和消防装备进行评价。

防护隔离设施的可靠性包括防护隔离设施的技术指标和功能配置,其中技术指标包括隔离设施的长度和宽度;功能配置要考虑用地性质和植被选择。

重大危险源可靠性主要包括基地可靠性、设施可靠性和环境可靠性。其中基地可靠性包括地质情况与基地高程;设施的可靠性考虑抗震等级和防洪能力;环境可靠性考虑与其他危险源的空间关系。

人防工程的可靠性主要依赖于工程本身的质量,可以分为规模容量、功能类型、建设质量与空间布局。

3.7.3 应急能力

防洪工程的应急能力是指洪涝灾害事件发生时的应急反应能力,包括管理机构的专业性和应急预案的完备性。

消防工程系统的应急能力主要依赖于指挥机构以及消防站之间的管理及信息联络情况。

防护隔离设施的应急能力的评价需要基于管理机构的设置和日常维护的效果。

重大危险源的应急能力主要考虑管理机构、日常维护和应急预案。

人防工程应急能力包括灾时的应急反应机制、日常的维护管理以及责任单位的技术力量。

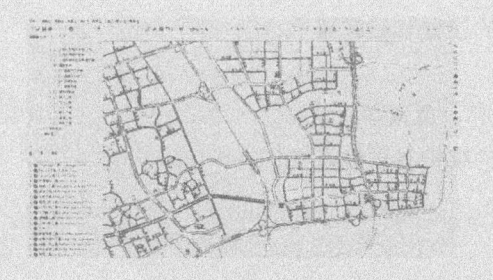

4　城市基础设施规划布局的基本要点

4.1 城市交通工程系统布局要点

4.1.1 航空设施布局要点

为了充分发挥航空运输在城市对外交通中的作用，在进行城市规划时应充分研究以下几个主要问题：合理确定机场与城市的位置关系和选定机场用地；解决城市与机场之间的交通联系，规定邻近机场地区的建筑（构筑）物的建筑限界。

（1）机场的用地要求

机场用地要有良好的工程地质和水文地质条件，应当平坦，不应选在矿藏和滑坡及洪水淹没区，最好不需进行大量的土石方填挖工程，使场地的坡度符合飞机安全起飞、降落的要求。

场地坡度还应满足排水的需要。此外，为保证飞机能安全地起飞和降落，在净空区域内不应存在妨碍飞机起飞降落的障碍物，机场场地应比周围地区略高一些，不应选择在低洼地带，并要有扩大的备用地。

（2）机场与城市的关系

在城市中选择机场位置时，除应满足机场本身的技术要求外，还应考虑机场周围地区的使用情况、机场与城市的距离等因素（图4.1-1）。

1）机场周围地区的使用情况

一个机场的活动，特别是飞机起飞、降落时发出的航空噪音，对机场邻近地区的干扰很大，尤其是目前常用的大型喷气式客机，对城市的干扰更大。因此，在选择机场场址时，应充分分析研究机场邻近地区现在和将来土地的使用情况，以免机场与邻近地区发生矛盾。

2）与其他机场的关系

由于航空事业的发展，一个城市中可能设有几个机场。国外一些大城市如纽约、巴黎、伦敦、莫斯科等的民航机场就有3～4个。国内一些大城市中也布置有若干不同性质的机场，如民用、军用、专业机场等。因此，在选择新机场、或扩建机场增加跑道时，必须考虑与其他机场的关系，防止在一个机场上着陆的飞机干扰其他机场上飞机的活动。如果两个机场之间的距离相隔太近，它们之间相互妨碍的程度很大，以致两个机场的容量比一个机场的容量还小。所以，在选择机场时，必须保证机场与机场之

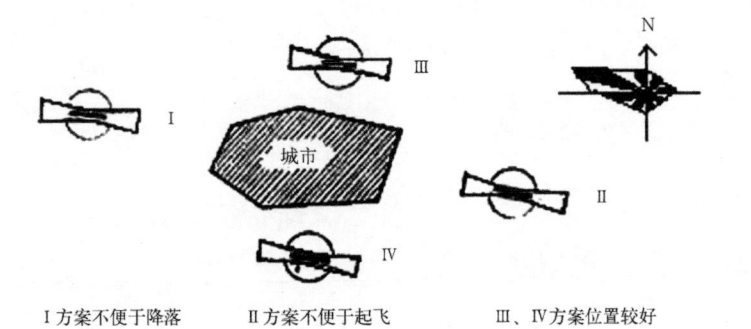

I 方案不便于降落　　　II 方案不便于起飞　　　III、IV 方案位置较好

图 4.1-1　机场位置与城市的关系

间有足够的距离。

此外，还应考虑机场的大气条件，机场与城市之间联系的交通条件、机场周围障碍物情况、供水、供电、燃料运输、公用设施条件以及机场建设费用是否经济和有无发展余地等。

综上所述，为了保证飞行安全和城市公众生活、学习、工作的安宁，飞机起飞、着陆时均不应穿越城市的上空。因此，机场在城市中的位置应设在城市主导风向的两侧为好。当机场位置只能设在城市主导风向的上、下风方向时，则要求机场应远离城市，使飞机起飞、着陆时的低空飞行阶段不直接在城市上空为宜。

3）机场与城市间的距离

就机场本身的使用和建设的要求，机场宜远离城市，这样既容易选址，又能避开城市对飞行的影响，保证机场的净空要求。此外，为了减少飞行对城市的干扰，亦应远离城市为佳。但从机场为城市服务的要求而言，机场与城市的距离愈近愈好。所以选择机场时，应恰当地处理上述几方面的矛盾，使其既能保证机场本身的要求和满足城市人民的安宁，又能很方便地为城市服务。同时，机场的位置亦不要妨碍城市的发展。这些是确定机场与城市之间距离的基本出发点。

机场与城市之间的距离，一般距城市边缘（应考虑城市今后的发展）约10km左右为宜。但距离的大小还与城市和机场之间的交通联系方式有关。有资料分析，机场与城市之间的距离分布情况是：10km以内的占14%，10～20km的占40%，20～30km的占18%，30～50km的占13%，50km以上的占4%。多数机场布置在距城市10～30km的范围以内。

为了充分发挥航空交通快速、节省旅途时间的优点，从城市到机场（或从机场到城市）途中花费的交通时间以控制在30分钟以内为宜。目前，国内外航空交通中特别注意解决城市与机场之间的交通联系，否则将会影响航空交通运输的发展。机场与城市之间的交通联系，一般采用以下几种方式：设专用道路、高速列车（包括悬挂单轨车）、专用铁路、地下铁道和直升飞机等。一般认为用汽车交通作为解决机场与城市之间的交通联系，是最方便的。但是当客运量很大时，还需采用大运量高效能的交通工具来综合解决。

4.1.2 水运设施布局要点

水路运输具有运输量大、运费低廉、投资少等特点，在交通运输中起着重要的作用。由于江河不仅提供了优越的运输条件，并为工业、农业和居民生活提供了水源。一些有水运条件的国家，常把运输量大、用水多的工厂沿河修建，建设工业港，甚至开挖运河引向已有工矿区。近年来，我国内河以及海洋运输均有发展，且随着国际贸易的发展，远洋运输发展更快。

港口是水陆运输的枢纽，在整个运输事业中占有十分重要的地位。正确选择港口位置，建设和改造港口、合理布置各项设施，是发展水路运输的必要前提，也是港口城市总体规划中一项重要的工作。

(1) 港址选择的基本要求

港口位置选择应与城市总体规划布局相互协调，既要满足港口在技术上的要求，也要符合城市发展的整体利益，合理地解决港口与居住区、工业区的矛盾，并使它们有机统一起来，尽量避免将来可能产生的港口与城市建设的矛盾。为了港口的发展，须保留一定的岸线和陆域。

港址应有足够的岸线长度和一定的陆域面积供布置生产及辅助设施之用，便于与铁路、公路、城市道路相连接，并有方便的水、电、建筑材料等供应。

水域条件是选址中一个重要因素。河港址选择要研究所在河段的河势情况，应选在地质条件较好、河床稳定且冲淤变化小、水流平顺，有较宽水域和足够的水深供船舶周转、停泊的河段，而不宜选在天然矶头或河岸凸嘴附近易发生冲淤的地方；对于海港来说，要满足船舶能安全和方便地进出港口，在港内水域及航道中安全运转航行；进港航道有足够的水深且能保持稳定，并尽量不受泥沙回淤的影响；港口水域要有防护，使不受波浪、水流或淤泥的影响；有方便的船舶停泊锚地和水上装卸作业锚地。

港址应尽量避开水上贮木场、桥梁、闸坝及其他重要的水上构筑物或贮存危险品的建筑物。港区内不得跨越架空电线和埋设水下电缆，两者应距港区至少100m 处，并设置信号标志。

(2) 岸线分配

岸线地处整个城市的前沿，分配使用合理与否，是关系到城市全局的大问题。港口由于岸线轮廓、陆域尺度的限制，现有建筑物的分布，主要货场的位置以及其他历史因素，往往使港区布局较为分散，岸线较长。在城市中，规划、分配岸线时，应遵循"深水深用，浅水浅用，避免干扰，各得其所"的原则，将有条件建设港口的岸线留作港口建设区，但城市的岸线不宜全部为港口占用，应留出一定长度的岸线供城市绿化游憩等用。

(3) 港口与工业布局的关系

沿江靠河的城市，较易解决水运交通和用水问题，给工业发展带来有利条件。城市的工业布点，应充分利用这些有利条件，把货运量大的工厂，如钢铁厂、水泥厂、炼油厂等，尽可能靠近通航河道设置，并规划好专用码头。以江河为水源的工厂、供城市生活用水的水厂，取水构筑物的位置应符合有关规定设置。港区污水的排放，应考虑环境保护要求，不可将不符合排放标准的废水直接排入河中，以免影响环境卫生，污染水源。

某些必须设置在港口城市的工业，如造船厂，则须有一定水深的岸线及足够的水域和陆域面积，应合理安排船厂位置和港口作业区，以免相互干扰。

4.1.3 铁路交通设施布局要点

(1) 铁路线路在城市中的布局

铁路线路的选线必须综合考虑到铁路的技术标准、运输经济、城市布局、自然条件、农田水利、航道以及国防等各方面的要求，因地制宜，制定具体方案。

首先，应满足铁路线路的运营技术要求。铁路线路除了应按照级别满足其定线技术要求外，还应做到运行距离短、运输成本低、建筑里程少和工程造价省。

其次，需解决铁路与城市的相互干扰。无论是把铁路布置得接近市中心，或布置在城市市区边缘，对城市都不可避免地或多或少产生一些干扰，如噪声、烟气污染和阻隔城市交通等。解决铁路与城市相互干扰，必须从铁路规划与技术和城市规划两方面来解决。

再次，为合理地布置铁路线路，减少它们与城市的干扰，一般有下列几方面措施：

1）铁路线路在城市中布置，应配合城市规划的功能分区，把铁路线路布置在各分区的边缘，使不妨碍分区内部的活动。当铁路在市区穿越时，可在铁路两侧地区内各配置独立完善的生活福利和文化设施，以尽量减少跨越铁路的频繁交通。

2）通过城市铁路线两侧植树绿化，既可减少铁路对城市的噪声干扰和废气污染，还可以保证行车的安全及改善城市小气候与城市面貌。铁路两旁的树木，不宜植成密林，不宜太近路轨，与路轨的的距离最好在10m以上，以保证司机和旅客能有开阔的视线。有的城市利用自然地形（如山坡、水面等）作屏蔽，对减少铁路干扰收到良好的效果（如图4.1-2）。

3）妥善处理铁路线路与城市道路的矛盾。在进行城市规划与铁路选线时，要综合考虑铁路与城市道路网的关系，尽量减少铁路线路与城市道路的交叉，这对于创造迅速、安全的交通条件和经济上有着重要的作用。

4）减少过境列车车流对城市的干扰，主要是对货物运输量的分流。一般采取保留原有的铁路正线而在穿越市区正线的外围（一般在市区边缘或远离市区）修建迂回线、联络线的办法，以便使与城市无关的直通货流经城市外侧通过。

5）改造市区原有的铁路线路。对城市与铁路运输相互有严重干扰而又无法利用的线路，必须根据具体情况进行适当的改造。如将市区内严重干扰的线路拆除、外迁或将通过线路、环线改造为尽端线路伸入市区等。

6）将通过市中心区的铁路线路（包括客运站）建于地下或与地下铁道路网相结合。这是一种完全避免干扰又方便群众较理想的方式，也有利于备战，但工程艰巨，投资很大。

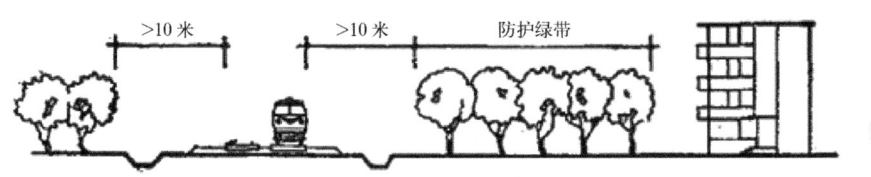

图 4.1-2　铁路在城市中的
　　　　　防护绿带

(2) 铁路站场在城市中的布局

车站是铁路运输的主要设备，它们的位置决定了铁路正线在城市的走向和专用线的接轨点，特别是客运站、货运站、编组站等专业车站对城市的影响更大。因此，正确选择站场位置是协调铁路与城市的关系，充分发挥铁路与城市的功能的关键。

1）铁路站场用地要求

A. 铁路站场用地必须高爽不受水淹，尽量设在平坦、直线段的宽阔处。

B. 力求避免铁路站场与城市干路交叉。

2）铁路客运站布局

客运站与城市居民关系密切，又是城市的大门，影响整个城市的布局，因此，它的布置与城市规划布局要很好配合，首先必须最大限度地满足方便旅客的要求，同时，还必须解决好城市交通的联系以及形成较好的建筑面貌与环境。

A. 客运站接近市区为客运站位置选择的主要原则之一。一般讲，在中小城市应将客运站设在城市市区边缘，在大城市应将客运站设在市中心区边缘，从我国多年实践经验来看是适宜的。国外有的城市还将客站设在市中心地下。

B. 车站与市中心的距离往往是衡量客运站是否方便旅客的一个标志。由于城市市区交通运输条件的差别，更确切的标准应该是以时间来衡量。根据一些城市的调查，认为客运站与市中心的距离在 2 ～ 3km 以内是较方便的。

C. 铁路客运站的位置要与城市道路交通系统密切配合。客运站应与城市生活性干路联接，使旅客能便捷地到达市区；站前广场应尽量避免与车站无关的城市其他交通干扰，以便旅客能迅速、安全地集散。

D. 铁路客运站是城市的重要建筑，应在实用、经济的前提下注意美观。特别应注意车站站屋与周围建筑群或自然环境的协调配合，形成具有地方风格的统一协调的站前空间环境。

厦门火车站就是火车站建筑设计融入闽南地域文化的积极尝试。厦门火车站主站房的外形就像一只展翅的白鹭，采用了"白鹭展翅、台海桥梁、钢琴之岛"的设计理念，内部装饰也处处体现厦门元素、闽南文化精髓（图 4.1-3）。

图 4.1-3 厦门火车站设计

3）铁路货运站布局

城市的货物运输中，除了部分属于单一货主的大宗货物采用专用线直接到发货主单位外，其他货物的运输都必须通过货运站转到货主手中。因此货运站是城市内外运输的衔接点，又是铁路货运的起讫点。它对城市生产和居民生活关系极为密切，对城乡物资交流、互相支援起主要作用。货站位置首先应满足货物运输的经济合理性，即加快装卸速度，缩短运输距离，同时要尽量减少对城市的干扰。

4）铁路编组站布局

编组站是铁路枢纽的重要组成部分，它虽不直接服务于城市的铁路设备，但由于占地广、对城市干扰大，因此，对城市规划有很大的影响。编组站应设在便于汇集车辆的位置，必须依据车流的方向加以考虑。

4.1.4 城市轨道交通设施布局要点

（1）线路

城市轨道交通规划线路控制宽度应考虑工程实施范围及工程实施影响范围，一般控制宽度为 30m。城市轨道交通规划线路的走向宜结合城市道路，其规划控制线可结合城市道路红线规划一并控制，并应结合地下市政管线的要求。城市轨道交通线路规划应遵循两个原则：其一，城市轨道交通线路位置应与城市规划相协调，与城市主客流方向一致，散点串联起来。此外，根据城市的条件、施工的方法，可采用地下线；地面线应采用专用道形式。

（2）车站

城市轨道交通车站一般由站台、站房、站厅、站前小广场、垂直交通及跨线设备等组成。其中站台是最基本的部分，不论车站的类型、性质有何不同，都必须设置。其余部分，在满足交通功能的前提下，可按需要设置。

车站的总体布局应按照乘客进出站的活动顺序，合理布置进出站的流线，使其不发生干扰，保持流线简捷、通畅，并为乘客创造便捷、舒适的乘降环境。站台是乘客候车及上下车的地方。站台布置的位置，因功能的要求，侧式站台布置在线路的两侧，岛式站台布置在上下行线中间。侧式站台的布置可分为横列和纵列两种，见图 4.1-4 和图 4.1-5。

在高架站或地下站中，侧式站台应采用横列布置。而地面站，在平交道口，纵列布置有其优越性。站房是根据运营管理工作的需要而设置的各种用房。站厅是乘客进出站台或集散、换乘的一个缓冲空间，与车站的出入口相衔接。站前小广场是车站进出口附近的站前空间，是车站与城市空间相联系的纽带，也是乘客进出车站的缓冲之地。垂直交通及跨线设备是为适应现代化城市立体交通的不同空间层次的车站疏导客流而设置的必要设施。车站设施必须统筹考虑，其布局必须合理、紧凑并节约城市用地，既要满足城

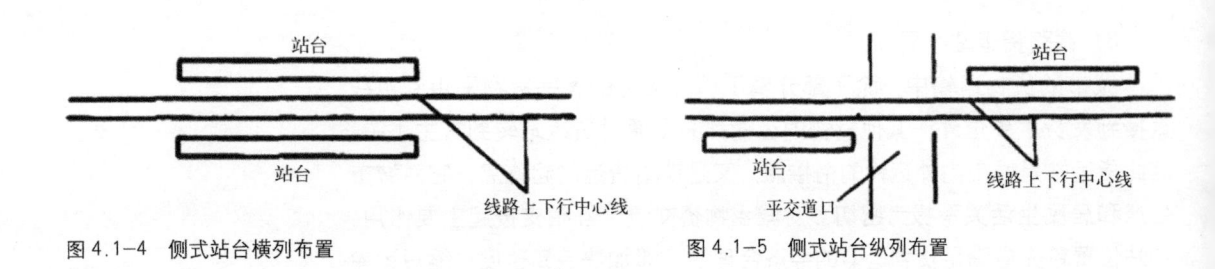

图 4.1-4　侧式站台横列布置　　　　　　　　图 4.1-5　侧式站台纵列布置

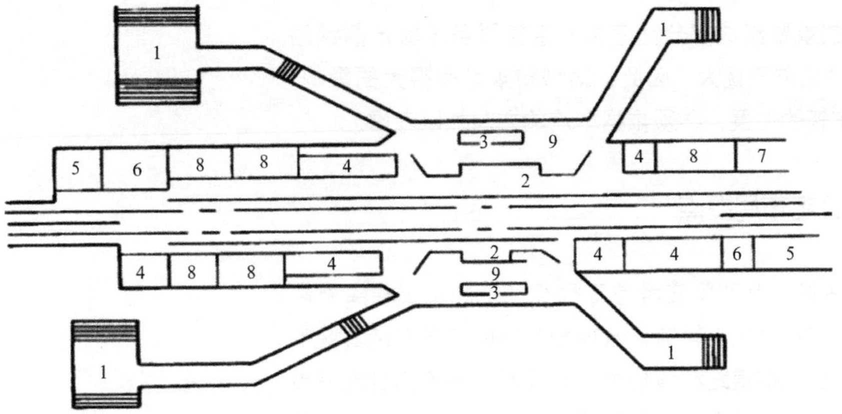

图 4.1-6　单层侧式车站平
面示意图

1－地面出入口；2－站台；
3－售票处；4－行车用房；
5－环控用房；7－通信信号用房；
8－其他设备用房；9－售票厅

市轨道交通的运营功能，又要起到美化城市景观的作用（图 4.1-6）。

（3）车辆基地

车辆基地一般包括车辆段、综合维修中心、材料总仓库、培训中心
等四个独立单位组成。一般在每条运营线路中应设一个车辆基地，有条件
的地方也可两条线合建一处。当运营线路长度超过 20km 时，可根据运营
情况，在适当位置增设一个停车场。

车辆基地选址原则：用地性质应符合城市总体规划要求；用地位置
应靠近正线，减少车辆出入线长度；用地面积足够，并具有远期发展余地；
有利于列车迅速进出基地；有利于铁路线路、电力线路、各种管道的引入
和对城市道路的连接；尽量避开工程地质及水文地质不良地段，有利于降
低工程造价；车辆基地的用地面积在 30hm^2 左右，长度一般为 1500m，宽
度在 200m 左右。

4.1.5　城市道路交通设施布局要点

（1）公路设施

公路站场可分为客运站场和货运站场。站场位置选择应该遵循两个
原则：第一，根据客货运输货物区域分布、流量流向构成、货物品种结构、
其他运输方式站场（港）的分布、生产性质以及城市交通主干道和对外主
要通道的分布等综合因素分析和论证而定；第二，结合城市布局、工业布

局、居民点的分布，根据客货运输的不同特点，分析客货流生成及其分布规律，采用定量和定性相结合的分析方法以及城市土地使用的可能性来确定各客货运站场的地理位置。

（2）城市道路交通设施

城市道路交通设施一般有公交停车场、车辆保养场、整流站、公共交通车辆调度中心等。城市公交场站设施布局，应根据公共交通的车种车辆数、服务半径和所在地区的用地条件设置。

公共交通停车场应大、中、小相结合，分散布置，一般大、中型公共交通停车场宜布置在城市的边缘地区。

公共交通车辆保养场应使高级保养集中、低级保养分散，并与公共交通停车场相结合。其用地指标见表 4.1-1。

公交保养场用地面积指标		表 4.1-1
保养场规模（辆）	每辆车的保养场地用地面积（m^2/辆）	
	单节公共汽车和电车	绞接式公共汽车和电车
50	220	280
100	210	270
200	200	260
300	190	250
400	180	230

电车整流站的服务半径宜为 1～1.5km。一座整流站的用地面积小于 1000m^2。

公共交通车辆调度中心的工作半径小于 8km，每处用地面积约 500m^2。

4.2 城市给水工程系统规划布局要点

4.2.1 取水设施布局要点

（1）地表水取水设施选址要点

地表水取水设施选址对取水的水质、水量、安全可靠性、投资、施工、运行管理及河流的综合利用都有影响。所以，应根据地表水源的水文、地质、地形、卫生、水力等条件综合考虑。选择地表水取水设施位置时，应考虑以下基本要求：

1）设在水量充沛、水质较好的地点，宜位于城镇和工业的上游清洁河段。取水构筑物应避开河流中回流区和死水区，潮汐河道取水口应避免海水倒灌的影响；水库的取水口应在水库淤积范围以外，靠近大坝；湖泊取水口应选在近湖泊出口处，离开支流汇入口，且须避开藻类集中滋生区；海水取水口应设在海湾内风浪较小的地区，注意防止风浪和泥沙淤积。

2）具有稳定的河床和河岸，靠近主流，有足够的水源，水深一般不小于
2.5～3.0m。弯曲河段上，宜设在河流的凹岸，但应避开凹岸主流的顶冲点；顺
直的河段上，宜设在河床稳定、水深流急、主流靠岸的窄河段处。取水口不宜放
在入海的河口地段和支流向主流的汇入口处。

3）尽可能减少泥砂、漂浮物、冰凌、冰絮、水草、支流和咸潮的影响。

4）具有良好的地质，地形及施工条件。取水构筑物应建造在地质条件好、
承载力大的地基上。应避开断层、滑坡、冲积层、流砂、风化严重和岩溶发育地段。

5）应考虑天然障碍物和桥梁、码头、丁坝、拦河坝等人工障碍物对河流条
件引起变化的影响。

（2）地下水取水设施选址要点

地下水取水设施选址要求选择在水量充沛、水质良好地下水丰水区，设于补
给条件好、渗透性强、卫生环境良好的地段，同时有良好的水文、工程地质、卫
生防护条件，以便于开发、施工和管理。

一般而言，为了涵养地下水源，应优先选择地表水作为城市主要水源，地下
水位辅助水源、备选水源。

4.2.2 净水工程设施布局要点

为了使水质适应生产和生活使用的要求、符合规定的卫生标准，净水工程设
施（给水处理厂）须将取出的原水加以净化，除去其中的悬游物质、胶体物质、
细菌及其他有害成分。

给水处理厂（简称水厂）厂址选择必须综合考虑各种因素，通过技术经济比
较后确定，其选址要点如下：

（1）水厂应选择在工程地质条件较好的地方。一般选在地下水位低、承载力
较大、湿陷性等级不高、岩石较少的地层，以降低工程造价，便于施工。

（2）水厂应尽可能选择在不受洪水威胁的地方，否则应考虑防洪措施。

（3）水厂周围应具有较好的环境卫生条件和安全防护条件，并考虑沉淀池料
泥及滤池冲洗水的排除方便。

（4）水厂应尽量设置在交通方便、靠近电源的地方，以利于施工管理和降低
输电线路的造价。

（5）水厂选址要考虑近、远期发展的需要，为新增附加工艺和未来规模扩大
发展留有余地。

（6）当取水地点距离用水区较近时，水厂一般设置在取水设施附近，通常与
取水设施在一起，便于集中管理，工程造价也较低。当取水地点距离用水区较远时，
厂址有两种选择：一是将水厂设在取水设施近旁；二是将水厂设在离用水区较近
的地方。第一种选择优点是：水厂和取水设施可集中管理，节省水厂自用水（如
滤池冲洗和沉淀池排泥）的输水费用，并便于沉淀池排泥和滤池冲洗水排除，特
别是浊度高的水源。但从水厂至主要用水区的输水管道口径要增大，管道承压较
高，从而增加了输水管道的造价和管理工作。后一种方案的优缺点与前者正好相

反。对高浊度水源，也可将预沉构筑物与取水设施合建在一起，水厂其余部分设置在主要用水区附近。以上不同方案应综合考虑各种因素，并结合其他具体情况，通过技术经济比较确定。

取用地下水的水厂，可设在井群附近，尽量靠近最大用水区，亦可分散布置。井群应按地下水流向布置在城市的上游。根据出水量和岩层的含水情况，井管之间要保持一定的间距。

4.2.3　给水管网规划要点

城市用水经过净化之后，还要铺设大口径的输水干管和各种配水管网，将净水输配到各用水地区。输水管道不宜少于两条。管网的布置一般有两种形式：树枝状和环状。

树枝状管网的管道总长度较短，一旦管道某一处发生故障，供水区容易断水。环状管网的利弊恰恰相反。配水管网一般敷设成环状，在允许间断供水的地方，可敷设树枝状管网。在实践中，可两者结合布置，即总体用环状，局部可用树枝状。

供水管网是供水工程的一个重要部分，它的修建费用约占整个供水工程投资的40%～70%。管网的合理布置，不仅能保证供水，并且有很大的经济意义。管网布置的基本要求如下：

（1）管网布置应根据城市地形、城市空间拓展方向、道路系统、大用水量用户的分布、水压、水源位置以及与其他管线综合布置等因素进行规划设计。一般要求管网比较均匀的分布在整个用水地区。输水干管通向水量调节构筑物和水量大的用户。干管应布置在地势较高的一边，环状管网环的大小，即干管间距离应根据建筑物用水量和对水压的要求而定。管道应尽量少穿越铁路和河流。过河的管道，一般要设两条，以保安全。

（2）居住区内的最低水头，一层房屋为10m，二层房屋为12m，二层以上每层增加水头4m。高层居住大多自设加压设备，规划管网时可不予考虑，以免全面提高供水水压。

工业用水的水压，因生产要求不同而异，有的工厂低压进水再进行加压。如果工业用水量大，可根据对水压、水质的不同要求，将管网分成几个系统，分别供水。

（3）地势高低相差较大的城市，为了满足地势较高地区的水压要求，避免较低地区的水压过大，应考虑结合地形，分设不同水压的管网系统；或按低地要求的压力送水，在高地地区加压。

（4）以节约用水为原则，用水量很大的工业企业应尽可能地考虑水的重复利用，如电厂的冷却用水循环使用，或供给其他工厂使用。进行管网规划时，必须多作方案比较，综合研究，得出比较经济合理的管网布置。

4.3 城市排水工程系统规划布局要点

4.3.1 污水处理设施选址要点

城市污水处理厂是城市污水处理的主要设施，恰当地选择污水处理厂的位置，对于城市规划的总体布局、城市环境保护、污水的合理利用、污水管网系统布局、污水处理厂的投资和运行管理等都有重要影响。其选址要点如下：

(1) 污水处理厂厂址选择应综合考虑城市地形、排水管道布局、水系规划等因素。污水处理厂应设在地势较低处，便于城市污水自流入厂内。

(2) 污水处理厂宜设在水体附近，便于处理后的污水就近排入水体。排入的水体应有足够环境容量，减少处理后污水对水域的影响。污水处理厂厂址必须位于给水水源的下游，并应设在城镇的下游和夏季主导风向的下方。厂址与城镇、工厂和生活区应有 300m 以上距离，并设卫生防护带。

(3) 污水处理厂布局应结合污水的出路，考虑污水回用于城市工业和农业的可能，厂址应尽可能与回用处理后污水的主要用户靠近。

(4) 污水处理厂选址应注意城市近、远期发展问题，应结合城市总体发展的要求一并考虑，规划的厂址用地应考虑保留扩建的可能性。

(5) 污水处理厂不宜设在易受水淹的低洼处；靠近水体的污水处理厂应不受洪水的威胁。

4.3.2 排水管网规划要点

(1) 地形、地貌是影响管道定线的主要因素，确定排水管网走线时应充分利用地形。排水管网布置应尽可能在管线较短和埋深较小的情况下，让雨污水自流排出。在整个排水区域较低的地方，在集水线或河岸低处敷设主干管及干管，便于支管自流接入。地形较复杂时，宜布置成几个独立的排水管网。

(2) 污水主干管的走向与数量取决于污水处理厂和出水口的位置与数量。如大城市或地形平坦的城市，可能要建几个污水处理厂分别处理与利用污水。小城市或地形倾向一方的城市，通常只设一个污水处理厂，则只需敷设一条主干管。若一个区域内几个城镇合建污水处理厂，则需建造相应的区域污水管道系统。

(3) 管线布置应简捷顺直，尽量减少与河道、山谷、铁路及各种地下构筑物交叉，并充分考虑地质条件的影响。排水管线一般沿城市道路布置。

(4) 管线布置考虑城市的远、近期规划及分期建设的安排，与规划年限相一致。应使管线的布置与敷设满足近期建设的要求，同时远期有扩建的可能。规划时，对不同重要性的管道，其设计使用年限应有差异，城市主干管的使用年限要长一些，并考虑扩建的可能。

(5) 城市排水管网规划中，应充分利用和保护现有水系，并注重排水系统的景观和防灾功能，将城市排水与水资源利用、防洪涝灾害、生态与景观建设结合起来，综合考虑，统筹协调。

4.4　城市供电工程系统规划布局要点

城市电力设施通常分为城市发电厂和变电所两种基本类型。城市电力供应可以由城市发电厂直接提供，也可由外地发电厂经高压长途输送至电源变电所，再进入城市电网。变电所除变换电压外，还起到集中电力和分配电力的作用，并控制电力流向和调整电压。

4.4.1　城市发电厂布局要点

城市发电厂包括火力发电厂、水力发电站、风力发电厂、太阳能发电厂、地热发电厂和原子能发电厂等。目前，我国作为城市电源的发电厂以火电厂和水电站为主，水电站布局往往距离城市较远，但一些火电厂需要在城市内部和边缘地区进行选址布局。

（1）火电厂布局要点

1）城市火电厂应位于城市的边缘或外围，布置在城市主导风向的下风向，并与城市生活区保持一定距离。

2）城市火电厂应有便利的运输条件，大中型火电厂应接近铁路、公路或港口，并尽可能设置铁路专用线。在城市附近有煤矿时，火电厂应尽可能靠近煤矿布局，或直接在矿区设置坑口电站。

3）火电厂生产用水量大，城市火电厂应考虑靠近水源，尽可能直接供水。

4）燃煤发电厂应有足够的贮灰场，贮灰场的容量要能容纳电厂10年的贮灰量。厂址选择时，同时要考虑灰渣综合利用场地或邻近使用灰渣为原材料的协作企业。

5）城市火电厂厂址选择应充分考虑出线条件，留有适当的高压线进出线走廊宽度。

6）城市火电厂选址应充分考虑防灾的要求，规划布局时要避开地质不良地区和易受洪涝灾害影响的地区。

（2）水电站布局要点

1）水电站一般选择在便于拦河筑坝的河流狭窄处，或水库水流下游处。

2）建厂地段须工程地质条件良好，地耐力高，非地质断裂带。

3）有较好的交通运输条件。

（3）原子能发电站（核电站）布局要点

1）站址靠近区域负荷中心。

2）站址要求在人口密度较低的地方。以核电站为中心，半径1km内为隔离区，在隔离区外围，人口密度也不宜过高。

3）站址应取水便利。

4）站址要有足够的发展空间。

5）站址要求有良好的公路、铁路或水上交通条件，以便运输电站设备和建筑材料。

6）站址要有利于防灾。站址不能选在断层、断口、折叠地带，以免发生地震时造成地基不稳定。最好选在岩石床区，以保持最大的稳定性。还应考虑防洪、防空、环境保护等条件。

4.4.2　城市变电所布局要点

（1）位于城市的边缘或外围，便于进出线。

（2）宜避开易燃、易爆设施，避开大气严重污染地区。

（3）应满足防洪、抗震的要求。220～500kV变电所的所址标高，宜高于百年一遇洪水水位；35～110kV变电所的所址标高，宜高于五十年一遇洪水水位。变电所所址应有良好的地质条件，避开断层、滑坡、塌陷区、溶洞地带、山区风口和易发生滚石场所等不良地质构造。

（4）不得布置在国家重点保护的文化遗址或有重要开采价值的矿藏上，并协调与风景名胜区、军事设施、通信设施、机场等的关系。

4.4.3　城市供电线路规划要点

（1）高压线路应尽量短捷，减少线路电荷损失，降低工程造价。

（2）高压线路与住宅、建筑物、各种工程构筑物之间应有足够的安全距离，按照国家规定的规范，留出合理的高压走廊地带。尤其接近电台、飞机场的线路，更应严格按照规定，以免发生通信干扰、飞机撞线等事故。

（3）高压线路不宜穿过城市的中心地区和人口密集的地区。并考虑到城市的远景发展，避免线路占用工业备用地或居住备用地。

（4）高压线路穿过城市时，须考虑对其他管线工程的影响，并应尽量减少与河流、铁路、公路以及其他管线工程的交叉。

（5）高压线路应尽量避免在有高大乔木成群的树林地带通过，保证线路安全，减少砍伐树木，保护绿化植被和生态环境。

（6）高压走廊不应设在易被洪水淹没的地方，或地质构造不稳定（活动断层、滑坡等）的地方。

（7）高压线路尽量远离空气污浊的地方，以免影响线路的绝缘而发生短路事故，更应避免接近有爆炸危险的建筑物、仓库区。

4.5　城市燃气工程系统规划布局要点

4.5.1　城市气源设施布局要点

城市燃气一般有四类：天然气、人工煤气、液化石油气和生物气。城市燃气选择采用燃气的种类，要考虑多方面的因素。大多数国家的主要气种经历了煤制气、油制气至天然气的使用过程。针对我国幅员辽阔、能源资源分布不均，各地能源结构、品种、数量不一的特点，发展城市燃气事业要贯彻多种气源、多种途径、因地制宜、合理利用能源的方针，从城市自身条件和环保要求出发，优先使用天然气，发展完善煤制气，合理利用液化石油气，大力回收利用工业余气，建立因地制宜、多气互补的城市燃气供给体系。

城市燃气气源设施主要是煤气制气厂、天然气门站、液化石油气供应基地等规模较大的供气设施。

(1) 煤气制气厂选址要点

1) 应具有方便、经济的交通运输条件，与铁路、公路干线或码头的连接应尽量短捷。

2) 宜靠近生产关系密切的工厂，并为运输、公用设施、三废处理等方面的协作创造有利条件。

3) 应有良好的工程地质条件和较低的地下水位，不应设在受洪水、内涝和泥石流等灾害威胁的地带。

4) 必须避开高压走廊；在机场、电台、通信设施、名胜古迹和风景区等附近选厂时，应考虑机场净空区、电台和通信设施防护区、名胜古迹等无污染间隔区等特殊要求，并取得有关部门的同意。

(2) 天然气门站和液化石油气供应基地的选址要点

1) 天然气门站和液化石油气供应基地属于甲类火灾危险性企业。站址应选在城市边缘，与相邻建筑物应遵守有关规范所规定的安全防火距离，应远离名胜古迹、游览地区和油库、桥梁、铁路枢纽站、飞机场、导航站等重要设施。

2) 应选择在城市所在地区全年最小频率风向的上风侧。

3) 应选址在地势平坦、开阔、不易积存燃气的地段，并避开地震带、地基沉陷洪水威胁和雷击频繁的地区，不应选在受洪水威胁的地方。

4.5.2 城市燃气输配设施布局要点

城市燃气输配设施一般包括燃气储配站、液化石油气气化站、混气站以及瓶装供应站、调压站等。由于燃气易燃易爆的特点，这些设施布局时除了满足系统本身的要求外，还要尽量保证设施与周边建筑或用地的安全距离，减少安全隐患。

(1) 燃气储配站布局要点

燃气储配站主要有三个功能，一是储存必要的燃气量，以利调峰；二是使多种燃气进行混合，达到适合的热值等燃气质量指标；三是将燃气加压，以保证输配管网内适当的压力。

对于供气规模较小的城市，燃气储配站一般设一座即可，并可与气源厂合设；对于供气规模较大且供气范围较广的城市，应根据需要设两座或两座以上的储配站，厂外储配站的位置一般设在城市与气源厂相对的一侧，即常称的对置储配站。在用气高峰时，实现多点向城市供气，一方面保持管网压力的均衡，缩小气源点的供气半径，另一方面也保证了供气的可靠性。

除上述燃气储配站布置要点外，燃气储配站站址选择还应符合防火规范的要求，并有较好的交通、供电、供水和供热条件。

（2）液化石油气气化站与混气站布局要点

1）液化石油气气化站与混气站的站址应靠近负荷区。作为机动气源的混气站可与气源厂、城市煤气储配站合设。

2）站址应与站外建筑物保持规范所规定的防火间距（表4.5-1）。

瓶装液化石油气供应站瓶库与站外建筑之间的防火间距（m）　表4.5-1

名称	Ⅰ级		Ⅱ级	
瓶库的总存瓶容积 V（m^3）	6＜V≤10	10＜V≤20	1＜V≤3	3＜V≤6
明火、散发火花地点	30	35	20	25
民用建筑	20	25	12	15
重要公共建筑	10	15	6	8
主要道路	10	10	8	8
次要道路	5	5	5	5

注：（1）来源：《建筑设计防火规范》GB 50016—2006；
　　（2）总存瓶容积应按实瓶个数与单瓶几何容积的乘积计算；瓶装液化石油气供应站的分级及总存瓶容积小于等于$1m^3$的瓶装供应站瓶库的设置应符合《城镇燃气设计规范》GB 50028—2006的有关规定。

3）站址应处在地势平坦、开阔、不易积存液化石油气的地段。同时应避开地震带、地基沉陷、废弃矿井和雷区等地区。

（3）液化石油气瓶装供应站布局要点

在城市经济实力有限、条件不允许的情况下（如居民密集的城市旧区），可采用液化气的瓶装供应方式，此时需要设置液化石油气的瓶装供应站。瓶装供应站的主要功能是储存一定数量的空瓶与实瓶，为用户提供换瓶服务，供气规模以5000～7000户为宜。瓶装供应站的站址选址有以下要点：

1）应选择在供应区域的中心，供应半径一般不宜超过1.0km。

2）有便于运瓶汽车出入的道路。

3）瓶库与站外建、构筑物的防火间距要符合规范要求。

（4）燃气调压站布局要点

城市燃气有多种压力级制，各种压力级制间的转换必须通过调压站来实现。调压站是燃气输配管网中稳压与调压的重要设施，其主要功能是按运行要求将上一级输气压力降至下一级压力。当系统负荷发生变化时，通过流量调节，压力稳定在设计要求的范围内。调压站布置要点：

1）中低压调压站供气半径应控制在0.5km以下。

2) 调压站应尽量布置在负荷中心。

3) 调压站应避开人流量大的地区，并尽量减少对景观环境的影响。

4) 调压站布局时应保证必要的防护距离。

4.5.3　城市燃气管网规划要点

城市燃气输配管网按布局方式分，有环状管网系统和枝状管网系统。环状管网即管网布局为环状，保证双向供气，系统可靠性较高；枝状管网即管网布局为枝状，系统可靠性较低。一般而言，输气干管的布局通常为环状，通往用户的配气管网的布局通常为枝状。

城市燃气输配管网可以根据整个系统中管网的不同压力级制来进行分类，可分为一级管网系统、二级管网系统、三级管网系统和混合管网系统等。

在选择输配管网的形制时，主要考虑两方面的因素，即管网形制本身的优缺点和城市的综合条件。管网形制本身优缺点包括供气的可靠性、安全性、适用性和经济性；城市综合条件方面要考虑气源的类型、城市的规模、市政和住宅的条件、自然条件和近远期结合问题。

城市燃气管网的布局要点是：

(1) 应采用短捷的线路，供气干线尽量靠近主要用户区。

(2) 应减少穿跨越河流、水域、铁路等工程，以减少投资。

(3) 高压、中压管网宜布置在城市的边缘或规划道路上；高压管网应避开居民点；连接气源厂（或配气站）与城市环网的枝状干管，一般应考虑双线。中压管网是城区内的输气干线，网路较密。为避免施工安装和检修过程中影响交通，一般宜将中压管道敷设在市内交通流量不十分繁忙的干道上。

4.6　城市热供热工程系统规划布局要点

4.6.1　城市热源布局要点

将各种能源形态转化为符合供热要求的热能的装置，称为热源。热源是城市集中供热系统的起始点；集中供热系统热源的选择，规模确定和选址布局，对整个系统的合理性有决定性的影响。

当前，大多数城市采用的城市集中供热系统热源有热电厂、锅炉房、低温核能供热堆、地热、热泵、工业余热、垃圾焚烧厂等。

热电厂是指用热力原动机驱动发电机的可实现热电联产的工厂，热电厂与锅炉房是使用最为广泛的集中供热热源。热泵一般用于区域供热。

工业余热是指工业生产过程中产品、排放物及设备放出的热。垃圾处理过程中，垃圾分类后将可燃部分进行焚烧，以减少垃圾量和产生热能的设施，称为垃圾焚烧厂。在一些发达国家的城市，采用低温核能供热堆和垃圾焚烧厂作为集中供热热源的较多，对城市环境保护较为有利。

地热是地球内部的天然热能。因此，在有条件的地区，利用工业余热和地热作为集中供热热源是节约能源和保护环境的好方式。

(1) 城市热电厂规划布局要点

热电厂是在凝汽式电厂的基础上发展而来的。它主要针对汽轮发电机组能量损失大的缺陷，将一部分或全部温度压力适合的蒸汽引出，用于城市供热。热电厂以减少部分发电量为代价，提高了一次能源的总体利用率。其选址要点如下：

1) 应尽量靠近热负荷中心。如果热电厂远离热用户，压降和温降过大，就会降低供热质量，并使热网投资增加，远离热负荷中心将显著降低集中供热的经济性。

2) 要有方便的水陆交通条件。

3) 要有良好的供水条件，供水条件对厂址选择往往有决定性影响。

4) 要有妥善解决排灰的条件。如果大量灰渣不能得到妥善处理，就会影响热电厂的正常运行。

5) 要有方便的出线条件。大型热电厂一般都有十几回输电线路和几条大口径供热干管引出，特别是供热干管所占的用地较宽，一般一条管线要占3～5m的宽度，因此需留出足够的出线走廊宽度。

6) 要有一定的防护距离，厂址距人口稠密区的距离应符合环保部门的有关规定和要求，厂区附近应留出一定宽度的卫生防护带。

7) 厂址应避开滑坡、溶洞、塌方、断裂带等不良地质的地段。

(2) 区域锅炉房规划布局要点

热电厂作为集中供热系统热源时，投资较大，对城市环境影响也较大，对水源、运输条件和用地条件要求高，相比之下，区域锅炉房作为集中供热热源显得较为灵活，适用面较广。区域锅炉房位置的选择应根据以下要求分析确定：

1) 便于燃料贮运和灰渣排除，并宜使人流和煤、灰车流分开。

2) 有利于减少烟尘和有害气体对居住区和主要环境保护区的影响。全年运行的锅炉房宜位于居住区和主要环境保护区的全年最小频率风向的上风侧；季节性运行的锅炉房宜位于该季节盛行风向的下风侧。

3) 蒸汽锅炉房布局时要位于供热区地势相对较低的地区，以有利于凝结水的回收。

4.6.2 城市供热管网规划要点

根据热源与管网之间的关系，热网可分为区域式和统一式两类。区域式网络仅与一个热源相连，并只服务于此热源所覆盖的区域。统一式网络与所有热源相连，可从任一热源得到供应，网络也允许所有热源共同工作。相比之下，统一式热网的可靠性较高，但系统较复杂。

根据输送介质的不同，热网可分为蒸汽管网和热水管网。蒸汽管网中的热介质为蒸汽,热水管网中的热介质为热水。一般情况下,从热源到热力站 (或冷暖站) 的管网更多采用蒸汽管网,而在热力站向民用建筑供暖的管网中,更多采用的是热水管网。

按平面布置类型分,供热管网可分为枝状管网和环状管网两种。枝状管网结构简单,运行管理较方便,造价也较低,但其可靠性较低。环状管网的可靠性较高,但系统复杂,造价高,不易管理。在合理设计,妥善安装和正确操作维修的前提下,热网一般采用枝状管网布置方式。

在城市内布置供热管网时,应满足以下要求:

(1) 供热管网布局要尽量缩短管线的长度,尽可能节省投资和钢材消耗。

(2) 主要干管应该靠近大型用户和热负荷集中的地区,避免长距离穿越没有热负荷的地段。

(3) 供热管道要尽量避开主要交通干道和繁华的街道,以免给施工和运行管理带来困难。

(4) 地下敷设时必须注意地下水位,沟底的标高应高于近 30 年来最高地下水位 0.2m,在没有准确地下水位资料时,应高于已知最高地下水位 0.5m 以上,否则地沟要进行防水处理。

4.7 城市通信工程系统规划布局要点

4.7.1 城市邮政通信设施布局要点

城市的主要邮政设施包括邮政通信枢纽和邮政局所。邮政通信枢纽一般设置在规模较大、交通便利的城市飞机场、火车站、长途汽车站等附近,负责邮件的分拣转运;邮政局所设置主要考虑方便市民用邮,要根据人口的密集程度和地理条件所确定的不同的服务人口数、服务半径、业务收入等要素来确定其布局数量与位置。

(1) 邮政通信枢纽规划选址要点

1) 枢纽应在火车站一侧,靠近火车站台;

2) 有方便接发火车邮件的邮运通道;

3) 有方便出入枢纽的汽车通道;

4) 周围环境符合邮政通信安全;

5) 在非必要而又有选择余地时,局址不宜面临广场,也不宜同时有两侧以上临主要街道。

(2) 邮政局所规划选址要点

1) 局址应设在闹市区、居民集聚区、文化游览区、公共活动场所、大型工矿企业、大专院校所在地。车站、机场、港口以及宾馆内应设邮电业务设施;

2) 局址应交通便利,运输邮件车辆易于出入;

3）局址应有较平坦地形，地质条件良好。

4.7.2　城市信息设施布局要点

(1) 电信局所规划布局要点

规划电信局所时，一般是在理论上计算出来的线路网中心基础上，综合考虑用地、经济、地质、环境等影响因素来确定选址。电信局址选择，必须符合环境安全、业务方便、技术合理和经济实用的原则。在实际勘定局址时，还应综合各方面情况统一考虑，一般应注意以下几点要求：

1）电信局所的位置应尽量接近线路网中心，便于电缆管道的敷设。

2）电信局址的环境条件应尽量安静、清洁和无干扰影响，应尽量避免在高压电力设施附近、较大的振动或强噪声、空气污染区或易爆、易燃的地点附近选址，不要将局所设在有腐蚀性气体或产生粉尘、烟雾、水气较多等厂房的常年下风侧。

3）电信局址要求地质条件良好，地形应较平坦，不会受到洪涝灾害影响的地点，应注意避开雷击区。

4）要尽量考虑近、远期的结合，以近期为主，适当照顾远期，对于局所建设规模、局所占地范围、房屋建筑面积等，都要留有一定的发展余地。

5）要考虑电信技术设备维护管理方便，同时考虑合设的营业部门便于为群众服务。

(2) 微波站址规划要点

1）广播电视微波站必须根据城市经济、政治、文化中心的分布，重要电视发射台（转播台）和人口密集区域位置而确定，以达到最大的有效人口覆盖率。

2）微波站应设在电视发射台（转播台）内，以保障主要发射台的信号源。

3）选择地质条件较好，地势较高的稳固地区作为站址。

4）站址通信方向近处应较开阔、无阻挡以及无反射电波的显著物体。

5）站址能避免本系统干扰（如同波道、越站和汇接分支干扰）和外系统干扰（如雷达、地球站，有关广播电视频道和无线通信干扰）。

(3) 城市通信网规划要点

城市通信线路材料目前主要有：光纤光缆、电缆和金属明线等。城市通信线路敷设方式有架空、地埋管道、直埋、水底敷设等方式。城市通信管道线路规划应注意以下要点：

1）管道路由应尽可能短捷，避免沿交换区界线、铁路、河流等的地带敷设。

2）管道宜建于光缆、电缆集中的路由上，电信、广电光电缆宜同沟敷设，以节省地下空间。

3）管道应远离电蚀和化学腐蚀地带。

4.8 城市环卫工程系统规划布局要点

4.8.1 垃圾卫生填埋场

卫生填埋场的选址是环境卫生工程系统规划中的一项重要内容，它对城市布局、交通区位、项目的经济性等都有影响。场址选择应达到以下的目标：最大限度地减少对环境的影响；尽量减少投资费用；尽量使建设项目的要求与场地特点相一致；尽量得到当地社区的支持与认可。

卫生填埋场距大、中城市城市规划建成区应大于 5km，距小城市城市规划建成区应大于 2km，距居民点应大于 0.5km，且四周宜设置宽度不少于 100m 的防护绿地或生态绿地。卫生填埋场址选择应考虑以下的因素：

（1）垃圾性质：依据垃圾的来源、种类、性质和数量确定可能的技术要求和场地规模，应有充分的填埋容量和较长的使用期，不应少于 10 年，一般为 15～20 年。

（2）地形条件：能充分利用天然洼池、沟壑、峡谷、废坑，便于施工；易于排水，避开易受洪水泛滥或受淹地区。

（3）水文条件：离河岸有一定距离的平地或高地，避免洪水漫滩，距人畜供水点至少 800m。底层距地下水位至少 2m；厂址应远离地下水蓄水层、补给区；地下水应流向厂址方面；厂址周围地下水不宜作水源。

（4）地质条件：避开坍塌地带、断层区、地震区、矿藏区、灰岩坑及溶岩洞区。

（5）土壤条件：土壤层较深，但避免淤泥区，容易取得覆盖土壤，土壤容易压实，防渗能力强。

（6）交通条件：要方便、运距较短，具有可以使用的全天候公路。

（7）区位条件：远离居民密集地区，在夏季主导方向下方，距人畜居栖点 800m 以上。远离动植物保护区、公园、风景区、文物古迹区、军事区。

（8）基础设施条件：场址处应有较好的供水、排水、供电、通信条件。填埋厂排水系统的汇水区要与相邻水系分开。

4.8.2 生活垃圾焚烧厂布局要点

当生活垃圾热值大于 5000kJ/kg，且生活垃圾卫生填埋场选址困难时，宜设置生活垃圾焚烧厂。我国的城市生活垃圾焚烧厂宜位于规划城市建成区边缘或以外，综合用地指标（含防护隔离地区）不应少于 $1km^2$，其中绿化隔离带宽度不应少于 10m 并沿周边设置。

4.8.3 生活垃圾堆肥厂布局要点

生活垃圾中生物可降解的有机物含量大于 40% 时，可设置生活垃圾堆肥厂。生活垃圾堆肥厂应位于城市规划建成区以外，其中绿化隔离带宽度不应小于 10m 并沿周边设置。

4.8.4 垃圾转运站布局要点

把用中、小型垃圾收集运输车分散收集到的垃圾集中起来，并借助于机械设备转载到有大型运输工具的中转设施，称为垃圾转运站。转运站选址应可以靠近服务区域中心或垃圾产量最多的地方，周围交通应比较便利。垃圾转运站服务半径与运距应符合下列规定：

（1）采用人力方式进行垃圾收集时，收集服务半径宜为 0.4km 以内，最大不应超过 1.0km；

（2）采用小型机动车进行垃圾收集时，收集服务半径宜为 3.0km 以内，最大不应超过 5.0km；

（3）采用大、中型机动车进行垃圾收集运输时，可根据实际情况扩大服务半径；

（4）当垃圾处理设施距垃圾收集服务区平均运距大于 30km 且垃圾收集量足够时，应设置大型转运站，必要时设置二级转运站；

（5）供居民直接倾倒垃圾的小型垃圾收集、转运站，其收集服务半径不大于 200m。

4.9 城市防灾工程系统规划布局要点

4.9.1 消防站规划要点

（1）城市消防站的配置要点

·1）消防站责任区的面积宜为 4 ～ 7km^2；

2）1.5万～5万人的小城镇可设1处消防站，5万人以上的小城镇可设1～2处；

3）沿海、内河港口城市，应考虑设置水上消防站；

4）一些地处城市边缘或外围的大中型企业，消防队接警后难以在 5 分钟内赶到，应设专用消防站；

5）易燃、易爆危险品生产运输量大的地区，应设特种消防站。

（2）城市消防站布局要点

1）消防站应位于责任区的中心；

2）消防站应设于交通便利的地点，如城市干道一侧或十字路口附近；

3）消防站应与医院、小学、幼托以及人流集中的建筑保持50m以上的距离，以防相互干扰；

4）消防站应确保自身的安全，与危险品或易燃易爆品的生产储运设施或单位保持 200m 以上间距，且位于这些设施的上风向或侧风向。

4.9.2 防洪堤设置要点

许多城市傍水而建，当城市位置较低以及地处平原地区的城市，为了抵御历时较长、洪水较大的河流洪水，修建防洪堤是一种常用而有效的方法。例如在武汉、株洲等城市，修筑防洪堤已成为主要的工程措施。

根据城市的具体情况，防洪堤可在河道一侧修建，也可在河道两侧修建。

在城市中心区的堤防工程，宜采用防洪墙，防洪墙可采用钢筋混凝土结构，也可采用混凝土和浆砌石防洪墙。

堤顶和防洪墙顶标高一般为设计洪（潮）水位加上超高，当堤顶设防浪墙时，堤顶标高应高于洪（潮）水位 0.5m 以上。

堤线选择就是确定堤防的修筑位置。这与城市总体规划和河道情况有关。对于城市而言，应按城市被保护的范围确定堤防走向。对河道而言，堤线就是河道的治导线。因此堤线的选择应与城市总体规划和河流的治理规划协调进行。

堤线选择应注意以下几点：①堤轴线应与洪水主流向大致平行，并与中水位的水边线保持一定距离。这样可避免洪水对堤防的冲击和在平时堤防不浸入水中。②堤的起点应设在水流较平顺的地段，以避免产生严重的冲刷，堤端嵌入河岸 3 ~ 5m。③设于河滩的防洪堤，为将水引入河道，堤防首段可布置成"八"字形，这样还可避免水流从堤外漫流和发生淘刷。④堤的转弯半径应尽可能大一些，力求避免急弯和折弯，一般为 5 ~ 8 倍的设计水面宽。⑤堤线宜选择在较高的地带上，不仅基础坚实，增强堤身的稳定，也可节省土方，减少工程量。

4.9.3　人防设施规划要点

（1）避开易遭到袭击的重要军事目标，如军事基地、机场、码头等；

（2）避开易燃易爆品生产储运单位和设施，控制距离应大于 50m；

（3）避开有害液体和有毒重气体贮罐，距离应大于 100m；

（4）人员掩蔽所距人员工作生活地点不宜大于 200m。

另外，人防工程布局时要注意面上分散，点上集中，应有重点地组成集团或群体；便于开发利用，便于连通，单建式与附建式结合，地上地下统一安排，注意人防工程经济效益的充分发挥。

4.9.4　避难疏散通道和避难场地布局要点

（1）疏散通道规划布局要点

城市内疏散通道的宽度不应小于 15m，一般为城市主干道，通向市内疏散场地和郊外旷地，或通向长途交通设施。

对于 100 万人口以上的大城市，至少应有两条以上不经过市区的过境公路，其间距应大于 20km。

城市的出入口数量应符合以下要求：中小城市不少于 4 个，大城市和特大城市不少于 8 个。与城市出入口相连接的城市主干道两侧应保障建筑一旦倒塌后不阻塞交通。

计算避震疏散通道的有效宽度时，道路两侧的建筑倒塌后瓦砾废墟影响可通过仿真分析确定；简化计算时，对于救灾主干道两侧建筑倒塌后的废墟的宽度可按建筑高度的 2/3 计算，其他情况可按 1/2 ~ 2/3 计算。

紧急避震疏散场所内外的避震疏散通道有效宽度不宜低于 4m，固定避震疏散场所内外的避震疏散主通道有效宽度不宜低于 7m。与城市主入口、中心避震疏散场所、市政府抗震救灾指挥中心相连的救灾主干道不宜低于 15m。避震疏散主通道两侧的建筑应能保障疏散通道的安全畅通。

(2) 疏散场地规划布局要点

避震疏散场所的规模应符合以下标准：紧急避震疏散场所的用地不宜小于 0.1hm²，固定避震疏散场所不宜小于 1hm²，中心避震疏散场所不宜小于 50hm²。

紧急避震疏散场所的服务半径宜为 500m，步行大约 10min 之内可以到达；固定避震疏散场所的服务半径宜为 2 ~ 3km，步行大约 1h 之内可以到达。

新建城区应根据需要规划建设一定数量的防灾据点和防灾公园。避震疏散规划应充分利用城市的绿地和广场作为避震疏散场所；明确设置防灾据点和防灾公园的规划建设要求，改善避震疏散条件。

城市抗震防灾规划应提出对避震疏散场所和避震疏散主通道的抗震防灾安全要求和措施，避震疏散场所应具有畅通的周边交通环境和配套设施。

避震疏散场所不应规划建设在不适宜用地内。避震疏散场所距次生灾害危险源的距离应满足国家现行重大危险源和防火的有关标准规范要求；四周有次生火灾或爆炸危险源时，应设防火隔离带。避震疏散场所与周围易燃建筑等一般地震次生火灾源之间应设置不小于 30m 的防火安全带；距易燃易爆工厂仓库、供气厂、储气站等重大次生火灾或爆炸危险源距离应不小于 1000m。避震疏散场所内应划分避难区块，区块之间应设防火安全带。避震疏散场所应设防火设施、防火器材、消防通道、安全通道。

避震疏散场所每位避震人员的平均有效避难面积，应符合：

1) 紧急避震疏散场所人均有效避难面积不小于 1m²，但起紧急避震疏散场所作用的超高层建筑避难层（间）的人均有效避难面积不小于 0.2m²；

2) 固定避震疏散场所人均有效避难面积不小于 2m²。

避震疏散场地人员进出口与车辆进出口宜分开设置，并应有多个不同方向的进出口。人防工程应按照有关规定设立进出口，防灾据点至少应有一个进口与一个出口，其他固定避震疏散场所至少应有两个进口与两个出口。

城市抗震防灾规划对避震疏散场所应逐个核定，规划应列表给出名称、面积、容纳的人数、所在位置等。当城市避震疏散场所的总面积少于总需求面积时，应提出增加避震疏散场所数量的规划要求和改善措施。

4.10　城市地下管线综合布置要点

4.10.1　城市工程管线分类

根据性能、用途、输送方式、敷设形式、弯曲程度等，城市工程管线有不同的分类。

（1）按性能和用途分类

我国通常的城市工程管线主要包括下面 6 类管线。

1）给水管道：包括生活给水、工业给水、消防给水等管道。

2）排水管渠：包括工业污水（废水）、生活污水、雨水、降低地下水等管道和明沟。

3）电力管线：包括高压输电、高低压配电、生产用电、电车用电等线路。

4）电信管线：包括电话、电报、有线广播、有线电视等线路。

5）热力管道：包括蒸汽、热水等管道。

6）燃气管道：包括天然气、煤气、液化石油气、生物质气等管道。

（2）按输送方式分类

1）压力管道：指管道内流动介质由外部施加力使其流动的工程管道，通过一定的加压设备将流动介质由管道系统输送给终端用户。给水、燃气、供热管道一般为压力输送。

2）重力自流管道：指管道内流动着的介质有重力作用沿其设置的方向流动的工程管道。这类管线有时还需要中途提升设备将流体介质引向终端。污水、雨水管道一般为重力自流输送。

3）光电流管线：管线内输送介质为光、电流。这类管线一般为电力和通信管线。

（3）按敷设方式分类

1）架空敷设管线：指通过地面支撑设施在空中布线的工程管线。如架空电力线、架空电话线以及架空供热管等。

2）地铺管线：指在地面铺设明沟或盖板明沟的工程管道，如雨水沟渠。

3）地下敷设管线：指在地面以下有一定覆土深度的工程管道。地下敷设管线又可以分为直埋和综合管沟两种敷设方式。而根据覆土深度不同，地下管线又可分为深埋和浅埋两类。

（4）按弯曲程度分类

1）可弯曲管线：指通过某些加工措施易将其弯曲的工程管线。如电信电缆、电力电缆、自来水管道等。

2）不易弯曲管线：指通过加工措施不易将其弯曲的工程管线或强行弯曲会损坏的工程管线。如电力管道，电信管道，污水管道等。

各种分类方法反映了管线的特征，是进行工程管线综合时，管线避让的依据之一。

4.10.2 城市工程管线综合布置原则

（1）布局原则

1）规划中各种管线的位置采用统一的城市坐标系统及标高系统。如存在几个坐标系统，必须加以换算，取得统一。

2）管线综合布置应与道路规划、竖向规划协调进行。道路是城市工程管线的载体，道路走向是多数工程管线走向的依据和坡向的依据。竖向规划和设计是城市工程管线专业规划的前提，也是进行管线综合规划的前提，在进行管线综合之前，必须进行竖向规划。

3）管线敷设方式应根据管线内介质的性质、地形、生产安全、交通运输、施工检修等因素，经技术经济比较后择优确定。

4）管线带的布置应与道路或建筑红线平行。

5）必须在满足生产、安全、检修等条件的同时节约城市地上与地下空间。当技术经济比较合理时，管线应共架、共沟布置。

6）应减少管线与铁路、道路及其他干管的交叉。当管线与铁路或道路交叉时应为正交。在困难情况下，其交叉角不宜小于45°。

7）在山区、管线敷设应充分利用地形，并应避免山洪、泥石流及其他地质灾害的危害。

8）管线布置应全面规划，近远期结合。近期管线穿越远期用地时，不应影响远期用地的使用。

9）管线综合布置时，干管应布置在用户较多的一侧或管线分类布置在道路两侧。

10）综合布置管线产生矛盾时，应按管线避让原则处理。

11）工程管线与建筑物、构筑物之间以及工程管线之间水平距离应符合规范规定。当受道路宽度、断面以及现状工程管线位置等因素限制难以满足要求时，可重新调整规划道路断面或宽度。在一些有历史价值的街区进行管线敷设和改造时，如果管线间距不能满足规范规定，又不能进行街道拓宽或建筑拆除，可以在采取一些安全措施后，适当减小管线间距。

12）在同一条城市干道上敷设同一类别管线较多时，宜采用专项管沟敷设。

13）在交通运输十分繁忙和管线设施繁多的快车道、主干道以及配合新建地下铁道、立体交叉等工程地段、不允许随时挖掘路面的地段、广场或交叉口处，道路下需同时敷设两种以上管道以及多回路电力电缆等情况下；以及道路与铁路或河流的交叉处开挖后难以修复的路面下以及某些特殊建筑物下，应将工程管线采用综合管沟集中敷设。

14）敷设主管道干线的综合管沟应在车行道下，其覆土深度必须根据道路施工和行车荷载的要求、综合管沟的结构强度以及当地的冰冻深度等确定。敷设支管的综合管沟，应在人行道下，其埋设深度可较浅。

15）电信线路与供电线路通常不合杆架设。在特殊情况下，征得有关部门同意，采取相应措施后（如电信线路采用电缆或皮线等），可合杆架设。同一性质的线路应尽可能合杆、如高低压供电线等。高压输电线路与电信线路平行架设时，要考虑干扰的影响。

16）综合布置管线时，管线之间或管线与建筑物、构筑物之间的水平距离，除了要满足技术、卫生、完全等要求外，还须符合国防的有关规定。

（2）管线避让原则

1）压力管让自流管；

2）易弯曲的让不易弯曲的；

3）管径小的让管径大的；

4）分支管线让主干管线；

5）临时性的让永久性的；

6）工程量小的让工程量大的；

7）新建的让现有的；

8）检修次数少的、方便的，让检修次数多的、不方便的。

在上述原则中，（1）、（2）主要针对不同种类的管线产生矛盾的情况，（3）、（4）主要针对同一种管线产生矛盾的情况。

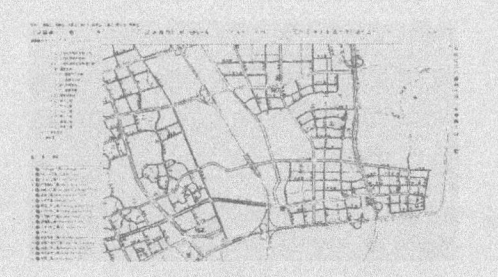

5 城市基础设施在不同城市空间的规划与建设策略

5.1 城市新区（新城、集中新建地区）的基础设施规划与建设策略

5.1.1 城市新区的特征

我国很多城市因工业化推进城市化，城市化带来的经济、人口和用地规模的扩大，城市新区或新城应运而生。城市新区是有组织疏解城市人口和承接城市产业转移的重要载体，通过居住、公共服务设施等相关功能的服务配套，在原有的城市中心之外形成新的、相对独立的城市中心。

我国城市新区具有国外新城的基本特点，但也有其独特性，主要表现为：出于特定的政策目标进行规划和建设，一般设有一级政府或准政府机构，是在政府有组织的干预和推动下开发的；远离原有城区，在地域空间上一般为城乡结合部，开发规模较大；新区在产业、城市功能等方面相对较为独立，但与原有城区存在着紧密的社会、经济联系。城市新区由于经济实力、政策条件、功能定位、技术发展等优势，其基础设施建设相对于原有城区具有无法比拟的优势条件。

（1）建设定位。城市新区是城市空间新的拓展区域，往往也是城市新的经济增长点。因此，城市新区的定位通常都较高，很多都是国家级、省市级的新区、高新技术产业开发区、经济技术开发区等。它们往往代表着一个城市新的形象和标杆。在城市新区中基础设施的建设定位通常都会比老城区高。很多先进的大型和综合型的基础设施都建设在城市新区。

（2）规划指导。城市新区的开发建设通常都会采用政府控股的城市开发投资公司作为投资主体，成立管委会作为政府派出机构进行管理。新区的开发建设都是在相关规划的引导和控制下进行的。相对于老城区，新区的基础设施大部分都是在总体规划、基础设施专项规划等相关规划指导和控制下新建的。

（3）政策支持。城市新区的设立和建设都有土地征用、银行信贷、财政税收等方面的优惠和扶持政策。城市新区基础设施的发展应充分利用优惠的政策支持，完善城市基础设施的投资运营机制，推出市场化的运营模式，吸引民间资本的投入，创新基础设施建设和运营的投融资模式。

（4）管理主体。城市新区一般会设置一级政府或准政府机构，管理主体单一、明确，简化了行政层级，避免了多头管理的乱象，提高了行政效率。

（5）空间条件。城市新区一般都位于老城区的外围，这些地区通常都是未城市化地区或部分城市化地区，用地条件、用地规模都较好。而用地周边的邻避效应、景观效应等约束性因素也较少。因此，相对于老城区，城市新区具有建设新型、大型、综合型基础设施的空间条件。

（6）经济条件。城市新区都是在城市经济发展到一定阶段才出现的城市空间增长类型。城市新区的建设都是在较好的经济条件下进行的，新区的基础设施建设不仅要弥补老城区由于各种原因遗留下来的"欠账"，还应适度地超前配置和建设。而以前由于经济条件不能实现的先进的基础设施建设理念，如基础设施的集约化、地下化、生态化等在城市新区中必须加以考虑。

（7）技术条件。随着科学技术的发展，新材料、新技术、新工艺不断的推动基础设施建设的更新和完善，新型的基础设施类型不断的涌现。城市新区的基础设施建设应充分利用后发优势，引进基础设施先进的配置标准和建设模式，更好地为城市新区服务。

5.1.2 我国若干城市新区（新城）简介

1992 年 10 月 11 日，国务院批复设立上海市浦东新区。浦东新区作为中国第一个国家级新区，范围包括黄浦江以东到长江口之间的三角形区域，南面与奉贤区、闵行区接壤，西面与徐汇、黄浦、虹口、杨浦、宝山隔黄浦江相望，北面与崇明县隔长江相望。全区面积 1210km^2，占上海市土地面积 1/5 左右。

2005 年天津滨海新区被写入"十一五"规划并纳入国家发展战略，成为国家重点支持开发开放的国家级新区。滨海新区是天津市下辖的副省级新区、国家级新区和国家综合配套改革试验区，国务院批准的第一个国家综合改革创新区。滨海新区位于天津东部沿海地区，环渤海经济圈的中心地带，总面积 2270km^2。

2010 年 6 月 18 日，重庆两江新区成为中国内陆地区第一个国家级开发开放新区。两江新区辖江北区、渝北区、北碚区 3 个行政区部分区域，以及北部新区、保税港区、两江工业开发区 3 个功能区，江北嘴金融城、悦来国际会展城、果园港等 3 个开发主体，规划总面积 1200km^2。

2010 年 12 月，甘肃省设立兰州新区。2012 年 8 月，国务院批复为国家级新区，是西北地区第一个国家级新区。兰州新区南北长约 49km，东西宽约 23km，面积约 1700km^2。兰州新区位于秦王川盆地，是兰州、白银两市的接合部，地处兰州、西宁、银川 3 个省会城市共生带的中间位置，也是甘肃对外开放的重要窗口和门户，是丝绸之路经济带和欧亚"大陆桥"的重要连接点。

2014 年 1 月 6 日，国务院正式批复陕西设立西咸新区。西咸新区是经国务院批准设立的首个以创新城市发展方式为主题的国家级新区。西咸新区位于陕西省西安市和咸阳市建成区之间，区域范围涉及西安、咸阳两市所辖 7 县（区）23 个乡镇和街道办事处，规划控制面积 882km^2。

2014 年 1 月 6 日，国务院印发了《国务院关于同意设立贵州贵安新区的批复》同意设立国家级贵州贵安新区。贵安新区位于贵州省贵阳市和安顺市结合部，区域范围涉及贵阳、安顺两市所辖 4 县（市、区）20 个乡镇，规划控制面积 1795km^2。

2014 年 6 月 23 日，《国务院关于同意设立大连金普新区的批复》，同意设立大连金普新区。大连金普新区是中国第 10 个国家级新区，也是东北三省地区唯一一个国家级新区。大连金普新区位于辽宁省大连市中南部，由大连市行政区划调整后的金州新区（市辖区）、保税区（功能区）、普湾新区（功能区）三区共同组成的，其中金州新区 1040km²，保税区 251km²，普湾新区 1008km²，总面积约 2299km²。

2014 年 10 月 2 日，四川天府新区获批成为国家级新区，天府新区成为云贵川渝地区的第 3 个国家级新区。天府新区涉及成都高新区南区、双流县、龙泉驿区、新津县，资阳市的简阳市，眉山市的彭山区、仁寿县，规划面积 1578km²，其中成都规划范围为 1293km²，约占整个天府新区规划面积的 81%。

广州珠江新城位居天河、越秀及海珠三区的交接处，东起华南快速干线，西至广州大道，南临珠江，北达黄埔大道，总规划用地面积 6.44km²，核心地区约 1km²。珠江新城地处繁荣的天河北商务区的南面，是广州天河 CBD 的主要组成部分，广州天河 CBD 是国务院批准的三大国家级中央商务区之一，是华南地区最大的 CBD，主要服务于珠三角经济圈。珠江新城承担着广州总部经济核心的地位和责任，成为国际金融、贸易、商业、文娱、外事、行政和居住区。2015 年 09 月，广州天河 CBD 成为广东省粤港澳服务贸易自由化示范平台。

钱江新城位于浙江省杭州市城区的东南部，钱塘江北岸，距离西湖风景区约 4.5km，距萧山国际机场约 18km。一期所辖范围为：东临钱塘江，南靠复兴地区，西依秋涛路，北至钱塘江二桥、艮山西路，占地面积约 15.8km²。二期占地面积 5.2km²，占地范围为西至杭甬高速，东靠和睦港，北至艮山东路，南临钱塘江。钱江新城集行政办公、金融、贸易、信息、商业、旅游、居住等功能于一体，发挥着中央商务区所具有的综合服务、生产创新和要素集散等作用。重点将发展银行、保险、证券、信息、咨询等行业，鼓励发展物流、商业、文化体育、住宅等产业，吸引全球的大公司、大集团总部入住新城。在新城内，建设市民中心、国际会议中心、杭州大剧院等大型公共建筑，兴建商务、金融办公等现代化写字楼，并有高档酒店、购物中心、餐饮娱乐配套。布局分布上分商务办公区、证券金融中心、行政办公区、文化休闲区、商业娱乐综合区、滨江游憩区和精品商住区。钱江新城核心区经济文化辐射力直指中国东部沿海发达地区。

5.1.3 城市新区基础设施规划与建设需注意的问题

依据城市新区（新城）与老城市中心之间的空间位置关系，可分为城内型、近郊型和远郊型三种类型，一般以近郊型为主要的类型。近郊型新区（新城）一方面位于老城城市化的直接辐射范围之内，另一方面还可以充分利用老城原有的基础设施，在发展上具有先天的优势条件。但这些有利的优势条件，还受到经济的、体制的、投资主体的等诸多因素的影响，如何综合协调基础设施规划与建设中的种种矛盾，提高社会资源的利用效率，提升社会的运营效率，都是值得深入探讨的问题。

城市新区（新城）在进行基础设施规划与建设时，需考虑以下几点：①致力于提高人居环境品质，适当提高设施配套标准；②鼓励生态技术、高科技技术在城市基础设施规划与建设中的使用；③结合新区（新城）的规模及发展规律，分期建设，远近结合；④综合考虑新城与老城的需求，根据实际情况承担部分老城区的基础设施服务功能，缓解旧有基础设施系统的压力；⑤处理好新区（新城）

与原有城市中心基础设施的衔接与协调。

5.1.4 相关案例分析

城市新区承担了城市创新和改革的使命，城市基础设施规划、建设、管理和运营中的各种新方法、新技术、新思路均可以在新区内大胆地尝试和探索，比如生态、集约、地下化、智慧城市建设等。

天津滨海新区地下能源供应系统。于家堡金融起步区供冷中心项目位于家堡金融起步区，东至融义路、南至金昌道、西至新华路、北至金隆道。占地面积为 4956.8m²，建筑面积达到 10583.9 万 m²，项目为地下两层建筑，其中地下一层为设备间，地下二层则是巨大的蓄冰槽。供冷中心将在夜间充分利用电能进行制冰，不但有助于削峰填谷，优化电力资源配置，减轻盛夏季节电网负荷，而且还能够享受到夜间的低谷电价，减少供冷成本，提高区域能源效率。该项目供冷面积达 119.39 万 m²，满足起步区所有楼宇的集中供冷需求，为目前亚洲地区最大规模的供冷中心。

杭州四堡特大型全地下式污水泵站。四堡污水泵站位于杭州市京杭运河与钱塘江交汇处东北角，主要将四堡污水系统的污水转输至七格污水处理厂，最大设计转输污水规模 124.4 万 t/d。占地 10550m²。由于地属杭州钱江新城 CBD 核心区，且位于京杭运河与钱塘江交汇处，规划要求对该泵站景观基础严格要求，泵站周围全为绿化带隔离，并且地面不得设置构筑物，需与周边环境融为一体。

上海中心 110kV 地下智能变电站。在 2013 年 12 月 30 日，位于上海中心大厦地下二层的 110kV 变电站顺利启动，由于上海中心大厦位于浦东新区陆家嘴金融中心，该地区原本供电压力很大，加之上海中心大厦建筑面积近 60 万 m²，用电高峰时负荷预计可达 4 万 kW，因此，需建设地下变电站以满足上海中心用电需求，这是国内建设的首座专门为单个楼宇用户独立设立的 110kV 电站等级的地下智能变电站。

上海虹桥商务区核心区地下能源中心。该（一期）能源中心在南、北区各设一个能源站，为商务核心区南北两个半区分别供能，两站总建筑面积约 1.97 万 m²。该能源中心采用了区域集中供能系统，实行热、冷、电三联供，提升能源的利用效益。

上海世博园真空垃圾管道系统。该系统服务于整个浦东世博园核心区，2010 年建成，投资 0.6 亿，处理量为 40t/d，管道埋深 3～3.5m；管道直径 500mm。

广州珠江新城真空管道生活垃圾收集系统，是服务珠江新城核心区 39 栋商业建筑和大型广场真空管道生活垃圾收集系统，项目投资为 2 亿，处理量为 100t/d，为国内首个建在大型商业办公区的真空管道生活垃圾收集系统。系统由垃圾管道网络与中央垃圾压缩站组成，占地面积 2020m²，设计使用年限 30 年。

图 5.1-1　上海静安 500kV
地下高压变电站①

5.2　城市旧城保护与更新中的基础设施规划与建设策略

5.2.1　旧城基础设施存在的主要问题和建设任务

（1）旧城基础设施存在的主要问题

新型城镇化发展目标下，城市的历史文化底蕴要保持和传承，城市发展方式逐渐由外延式增长转为内涵式发展，承载城市记忆和历史文化底蕴的旧城是今后城市发展和更新所关注的重点。城市的旧城普遍存在着人口集密、建筑质量差、交通出行不便、居住环境质量低劣等问题。而旧城基础设施普遍存在供电不稳、水压不足、雨水积留、污水难排等一系列问题。

（1）配套不全。一些中小城市的旧城缺乏管道燃气，只能使用蜂窝煤、罐装石油液化气，有着较大的安全隐患；不少北方旧城缺乏集中供热设施，有的家庭采用小煤炉采暖，供热效率低且造成了大气污染；南方旧城缺乏系统的雨水排放设施，积涝现象十分严重。

（2）效能低下。由于空间、资金、施工难度等问题，大部分旧城现有基础设施陈旧，运行不力。电力线路老化、容量小、线耗大，且凌空架设，不仅影响旧城景观，而且直接威胁木结构房屋安全和人身安全，并造成旧城电力供应不足、电压不稳。管道砌筑方式、砌筑材料落后，使管道漏水率非常高，效能低下。雨水排放不畅，长期积留浸泡；污水无处排放、臭气笼罩、环境恶化。

（3）服务覆盖范围小。目前，很多城市的旧城基础设施的服务范围远未达到全覆盖，有的地区甚至没有基础设施管线的敷设，服务"盲区"环境质量极其恶劣，成为城市的脏、乱、差的重灾地区，甚至成为城市犯罪的滋生地。

（4）建设管理混乱。不少城市已对旧城环境进行整治，加强基础设施的改造和建设。但由于多头建设，各自为政，头痛医头，脚痛医脚，造成重复开挖，甚至加剧灾情。

（5）建设资金缺乏。旧城基础设施改造困难，建设成本非常高。长期以来，我国旧城改造的基础设施建设投入资金少，欠债过多。同时，缺

---

① 资料来源：基于网络图片整理

乏经营城市的理念，城市基础设施的投入与土地价值的增价相分离，基础设施建设成为"消费性"投入，旧城改造的基础设施建设投入更少。

（2）旧城基础设施建设任务

复兴旧城，延续城市的历史文化，适应当前和未来社会发展的需要，必须对旧城进行科学合理的保护、更新、完善。因此，从城市基础设施规划建设着手，切实有效地解决旧城复兴存在的矛盾。旧城基础设施规划建设有以下几大主要任务：

（1）确保安全。由于旧城基础设施系统建设不完善，设计标准偏低，更新维护不及时，方法技术落后等问题，使旧城存在很大的安全隐患，成为城市灾害易发区域。基础设施系统如给水、电力、电信等是城市生命线系统；燃气系统的问题极易引发次生灾害。因此，基础设施不仅要系统完善，供给能力较强，更要提高其设防能力，使其成为灾害来临时城市的保障系统。所以，基础设施应是保障旧城安全的重要设施，而不应成为旧城安全的隐患。

（2）提升环境品质。在城市建设改造中，我们要通过系统、完善、先进的基础设施建设来提升旧城基础服务的供给能力，在此基础上逐步完善公共设施系统以提升居民的生活环境品质，使生活在此的居民产生自豪感，从而自觉维护旧城环境。

（3）传承旧城风貌。基础设施的规划建设要以延续旧城肌理、维系旧城风貌特色为原则，通过配置、改善旧城基础设施系统，提升旧城的活力，增加旧城的魅力。

5.2.2 旧城基础设施规划对策

改善提升旧城市中心的基础设施，应研究旧城市中心的基础设施支撑能力和增容可能性，合理控制旧城市中心开发强度，妥善处理新增基础设施与原有基础设施的衔接。近些年，作为国家及历史文化名城的北京、上海、天津、杭州、苏州等城市，一方面大力提高城市建设水平的基础设施配套水平，另一方面不断完善对旧城、历史文化风貌保护区的保护措施，探索出适应于历史文化风貌区的基础设施配置新方法和新思路，积累出了一定的经验。通过对基础设施建设经验的总结，无一例外都是将保护历史风貌、保障安全为原则，以提升质量品质为目标，因地制宜、分类优化、逐步完善的。

（1）拓展设施种类，增加设施配置

拓展旧城的基础设施种类，满足现代生活和生产的需要，逐步形成雨污分流的排水体制，建立完善的污水收集和处理系统。南方旧城当务之急要建立完备的雨水排放系统；北方旧城应建立集中供热系统，减少大气污染；水资源贫乏地区的旧城因地制宜地建设中水系统。为确保旧城安全，必须建立管道燃气系统。建立高效的通信系统，适应现代信息交流，做到光缆到小区，光缆到户。

由于受到各种因素的限制，有些不能采用城市大系统设施配置的旧城，可因地制宜配置中小型过渡性设施，近远结合，逐步过渡。在原水水质较差的旧城，对城市自来水进行深度处理，建立社区级的净水站，提高饮用水质量。在地形复杂、近期难以接入城市大污水处理系统的旧城，首先建立中小型污水处理厂或社区无动力污水处理站，尽快地处理旧城或本社区的污水。在近期难以接入城市大燃气系统的旧城，先建立石油液化气气化站，或社区、组团级的液化气瓶组气化站，尽快实现燃气管道化。近期难以接入城市集中供热系统的旧城，可建立社区级的集中锅炉房，解决旧城大气面源污染问题。

从安全层面考虑，要增加设施配置数量，增大设施的容量。当发生灾害以后，很多生命线系统供给不足的原因在于容量不大，从而导致了最后缺水、缺电等问题。因此，冗余设计是防灾规划需要重点考虑的内容。要满足旧城对给水用量与水压、供电用量与电压、电压燃气用量与气压、供热用量与热值、快捷通信、排水畅通等方面的需求。

(2) 合理配置设施，完善管网型制

受地形、空间、建筑风貌等因素限制，旧城基础设施布置要比新区的布置难度大。因此，旧城改造中的基础设施布置必须深入实际，合理布置，有机组合。在狭小的空间中，布置好所有的设置，使各类设施之间相互不干扰，合理分布，充分发挥各个设施的效能。

旧城现有基础设施管网大多为枝状、单回式管网，设施使用保证率低。因此，需要完善旧城的管网型制。旧城规划的供电系统尽可能采用环状、多回路输配电网；给水系统尽可能采用环形干管网；根据旧城规模，燃气系统采用多级燃气输配管网；系统地提高旧城基础设施的使用保证率。

(3) 优化管线敷设，更新管道材料

由于历史的原因，旧城的管线数量少且敷设不合理。大部分旧城的电力、通信线路架空敷设，给水、燃气管线有架空、地铺及地埋，不仅影响管线自身安全，有碍旧城的景观，而且严重威胁了旧城安全。因此，旧城改造应优化管线敷设，各种管线原则上应地埋，有利于管线安全，改善旧城景观和风貌。

需要注意的是，旧城道路狭窄，尤其是街巷更为狭窄，按常规的管线综合技术规定，街道内布置电力、电信、燃气、自来水、污水、热力等管线设施，至少需要6m、7m的街道宽度。旧城街道一般仅4～5m宽，甚至2m宽，解决这些问题的最好方式就是建设管线共同沟。

还有些旧城，由于受经济条件、古城（镇）风貌、地质条件、道路两侧建筑质量等因素的限制，无法采用常规的共同沟。那就需要根据实际情况，规划设计经济、简洁、实用的简易共同沟来敷设管线。

在材料选择方面，采用塑料管、纤维夹沙玻璃钢管等新管材，更新旧城现状管线，减少管道堵塞、浸漏，提高管道使用效益，而且便于施工。

(4) 完善道路系统，保持旧城风貌

旧城交通规划要在保持旧城肌理、维系旧城风貌前提下，通过打通断头路、改造丁字路、增加必要道路等方式完善路网系统；结合绿化空间与公共空间，梳理慢行系统，提高旧城的活力和魅力；在宽度不符合规范的路段，优化交通管制，设置单行道；对不符合消防要求的巷道，扩宽道路改造确保消防安全。

对此，杭州的做法是重新规划布局历史街区内的道路系统。对于历史文化街区内道路的改造以"限制为主、梳堵结合、依靠周边、内部改善"为原则，对街区内道路系统进行重新规划布局，疏散过境交通，在主要出入口处设置停车设施，减轻街区内道路负荷，逐步恢复原有道路的历史文化特色^①。

（5）扩大基础设施服务范围，有针对性解决疑难问题

扩大旧城基础设施服务范围，使整个旧城置于基础设施服务范围内。针对各旧城突出的问题进行重点研究，寻找对策，解决疑难问题。由于雨期频繁，雨量大而集中，旧城地势较低，新区高程提升以及街道路面高程高于街区等因素所致，南方的旧城水淹严重。因此，控制旧城改建道路的路面标高，避免造成庭院和建筑受淹。对于采取了增加排涝设施等手段而仍不能彻底解决水淹问题的旧城，可在旧城内低洼而无保留建筑的地带，挖塘造园，开辟可蓄水的公共绿地，暂时积蓄难以排出的雨水，待洪峰过后再排。从而保护旧城内其他地区不受淹，同时又可美化旧城景观环境，提供居民日常休憩场所。

目前，大部分旧城现状为合流制排水系统，为保证环境质量，逐步过渡到分流制排水体制。在难以做到分流制的地区，尽可能缩小合流制范围，并将该范围合流雨污水接入城市污水管网，确保旧城水体质量。

大部分旧城建筑毗邻相接，无消防通道，则应结合各旧城实况，选择建筑较疏地带，或建筑质量较差的地段，开辟必要的消防通道和小型绿地，确保旧城消防安全，便于居民出行和休憩。

5.2.3 旧城基础设施建设实施策略

在优化旧城基础设施规划与设计的同时，必须形成合理的旧城改造政策导向，开拓融资渠道，建立扎实有效的建设管理机构，加强公众参与的权益和监督。

（1）形成旧城改造合理的政策导向

科学保护旧城，合理改造旧城，发扬光大旧城，应制定既开放又严密的法规条例、实施细则，提供优惠条件，正确引导旧城基础设施建设，减少建设的盲目性和投机性。

例如，1989 年，周庄镇政府制定了《老镇区建设管理办法》，连续十多年用财政拨款配置消防设施，进行河道水系统疏浚整治；1998 年又制定《古镇保护暂行规定》，规定照明线、电话线、有线电视线必须地埋，

---

① 楼舒. 杭州历史文化街区基础设施改造若干问题的探索 [J]. 城市，2014（08）：42—44

生活污水必须经过处理方可排入水体，严禁向河道扔垃圾、倒粪便。从而加快了周庄三线地埋工程的进展，促进污水收集管网和处理设施的建设，保证河道水系定期疏浚整治。

又如，绍兴市对红旗路等历史街区的基础设施建设，采取构筑管线共同沟（含电力、电信、有线电视、路灯线路），安装分户水表、电表，敷设给水和排污管网，安装消防栓，添置利用河水消防的手推式消防车等；并制定了建设资金扶助政策。房屋修缮、户内污水管配置，居民与政府共同出资；允许业主适当提高改造后房屋的房租，提高房屋产权人出资改造基础设施的积极性，保障产权人的合法权益。同时，鼓励居民在旧城改造施工期间，腾空房屋；政府补贴居民二次搬迁费、房屋周转费、电话和有线电视月租费以及腾空期间的水电费。规定居民不得擅自移动、拆除、改变已建成的基础设施，不得擅自安装影响历史街区风貌的设备等。通过各种政策导向和措施，保护、完善旧城。

(2) 拓宽基础设施建设的融资渠道

拓宽旧城基础设施建设的融资渠道，筹集足够的资金进行旧城基础设施建设。采取利用国内外贷款，发行债券，创新财政投融资制度，使用者参与投资、BOT等多种渠道筹集资金。其中创新财政投融资制度，即采取有偿使用国民高储蓄率、邮政储蓄等国家控制的民间资金，作为基础设施建设的新财源。使用者参与投资，有助于调动他们参加建设和保养基础设施的积极性，提高建设项目的效率。

(3) 采用循序渐进的改造建设模式

在不能采用城市大系统设施配置的旧城，要因地制宜配置中小型过渡设施，近远结合，逐步过渡。如周庄基础设施改造，由于第一个阶段缺乏资金，所以，此阶段并不是直接建成大型污水处理厂，而是在每个街区都设置无动力的污水处理站，也就是大型的化粪池，这样以来，把街区里面的污水适当处理再排放。待今后资金充裕，再建大型的污水处理厂。

(4) 建立扎实有效的建设管理机构

建立由城市建设主管部门直接领导下的旧城改造综合常设性建设管理机构，负责旧城保护改造中的宣传、协调、监督、审批等具体工作，统筹旧城改造规划，组织分期实施，有序、持续地进行旧城改造和基础设施建设，并对每一步工作的后果负责。例如，绍兴市采用上述方法进行 5 个历史地段的保护改造修缮工作，获得良好的效果。

(5) 加强居民参与的权益和监督

居民参与旧城基础设施建设，加强他们的参与权益和监督力度，有助于提高旧城基础设施建设的效率。鼓励使用者从建设项目规划设计阶段、融资阶段、施工阶段和使用阶段，全过程、全方位地参与旧城基础设施建设。在建设项目规划设计阶段，使用者提出对基础设施项目的需求，有助于明确项目的实用性。在建设项目融资阶段，使用者参与投资，有助于控制建设项目的标准和可行性。建设项目实施阶段，使用者配合实施单位，解决房屋腾空、人口疏散等问题，监督施工质量和进度。建设项目使用阶段，使用者积极参与维护和修缮基础设施，提高设施的使用寿命和效益。

旧城基础设施规划与建设需要政府各部门、社会各界多方配合，从政策、资金筹措、管理和监督等方面，提供强有力的支持和保障。

5.2.4 旧城基础设施改造中的重点问题

（1）如何在有限的空间布置基础设施管线

1）研究小型、非常规基础设施的适用性。2003年，北京市城市规划设计研究院主持编制的《北京旧城历史文化保护区市政基础设施规划》中，采用非标准设计检查井、特殊管材、小型热力站、新型化粪池、小型闸阀、煤气调压设施以及小型消防车等措施，减小管线之间及与建筑物之间的水平间距。从而使市政管线能够在满足管理、城市安全条件下引入到区内。

2）利用城市公共空间敷设基础设施管线。受制于空间限制，周庄的街道不能容纳所有的管道。经笔者研究，污水管道可敷设在河床下，即把河道的水抽干后，在河床下敷设污水干管，然后把街区里的污水管道接上去，其上面再覆土，再放水，这样就解决了周庄街巷空间对管线布局的限制。这是水网密布地区基础设施布局的探索实践。

3）合理建设简易共同沟。在不同的地区，可根据不同的建设条件、地域条件，建设适用于当地的简易共同沟。具体可参见前文所述。

（2）旧城防涝对策

1）改造道路标高

控制旧城改造道路的路面标高，保证街坊内的道路标高高于城市道路，避免造成庭院和建筑受淹。上海就经历了这样的阶段，由于道路经历了多次整修，导致周边道路标高高于街坊内部的标高，暴雨来临时极易引发内涝，正因为此，在经历了多次内涝后，上海将道路进行改造，通过铲挖使其标高低于街坊内部的道路。

2）增加蓄水设施

在必要的区域，挖塘做公园，开辟可储水的公共绿地，临时接纳不能及时排出的雨水，是延缓内涝发生的比较好的办法。

日本拥有许多这样的雨水利用公园，这些公园具有螺旋形下凹式雨水池，下雨的时候，通过雨水收集系统将公园及其周边的雨水收集起来，注入雨水池。雨停以后，通过渗透作用让雨水慢慢渗入地下或将收集的雨水回收处理回用。这既起到了景观的作用，又对雨水收集起到了一定的作用，还具有防止内涝的防灾功能。

3）因地制宜的排水体制

很多旧城区现状为合流制排水系统，要逐步过渡到分流制的排水体系。但是，对于难以做到雨污分流的地方，要尽可能缩小合流制的范围，再把合流制范围的污水排到城市污水管道。因为小范围的合流制系统产生的雨污也不会非常多，对于城市污水处理能力也不会有太大的影响。

在降雨量非常小的干旱地区，如新疆哈密，一年降水量为 30mm，蒸发量是 3000mm，即蒸发量是降水量的 100 倍。哈密平时使用的自来水是从天山上流下的雪水通过戈壁滩渗透过来的。对于这类地区，如果涉及雨污分流系统，由于降雨量较小，初期雨水将会非常脏，也会将雨水管道淤塞，结果可能适得其反。因此，这类区域应该设计为雨污合流的排水体制。

（3）避难场所的规划布局

旧城建设密度较高，建筑质量较差，人口较为密集，在城市灾害爆发日益频繁的今天，避难场所规划布局是需要特别注意的。应选择建筑较疏、或建筑质量较差的地段，开辟必要的消防通道和小型绿地，确保旧城的消防安全，同时便于居民出行和休憩。

杭州市在历史街区周边道路等交通环线上设置消防车道，在街区内部适宜位置设置宽 2 米的消防应急通道，以利于火灾施救与人群疏散，并采用适用于窄小的传统街巷的小型消防车，在街区内增设消防栓、灭火器等消防设施，建立智能化的火灾报警和防护系统，以降低火灾损失。[①]

5.3 城市空间特色营造中的基础设施规划与建设策略

5.3.1 城市滨水空间特色的基础设施规划策略

（1）规划策略

水系对滨水城市的作用至关重要。水系的形态决定了城市空间格局，影响着城市的功能结构，塑造了城市特色景观。基础设施系统的构建需要考虑水系的因素，力求打造良性互动的水城关系。

滨水城市空间的基础设施规划以协调水城关系为手段，在满足功能需求的同时，构建水岸良性互动的空间布局，主要规划要点包括：①设施配建满足防洪需求。基础设施的布局需要考虑洪水水位的变化，应根据城市的防洪规划，将主要设施配置在洪水危险区以外，保障设施安全；②合理处理防洪设施布置方式。根据城市的防洪需求，确定防洪标准，综合采用蓄排结合的防洪手段，合理布局防洪设施；③增强防洪设施的多用性。除发挥正常的防洪功能以外，通过一定的规划设计手法发掘防洪设施的潜在使用价值，发挥其在城市给排水、内涝防治、景观塑造等方面的作用；④科学组织滨水交通。滨水交通应与滨水空间基础设施的建设相结合，在满足安全及功能要求的同时，塑造优美的滨水环境。

（2）上海外滩改造案例

上海外滩滨水区位于上海市中心地带，是城市中心最重要的公共活动空间，是上海最具亮点的历史文化风貌区。这里风情万种的西洋建筑闻名于世，浓缩了中国近代政治、经济、社会文化的发展和变迁。

---

① 楼舒.杭州历史文化街区基础设施改造若干问题的探索 [J].城市.2014（08）：42—44.

改造前的外滩地面公共空间建设于 20 世纪 90 年代初期，由于种种历史原因，其地面环境存在诸多问题：地面大量的车流交通割裂了水岸与腹地的畅达忽略了游客、市民的观景需求和活动舒适性；"亚洲第一弯"（上海市延安路高架外滩下匝道）削弱了历史建筑风貌特色的彰显；防汛墙以一堵墙的形式阻隔了人与水滨的互动。

凭借 2010 年世博会在上海举办的契机，2007 年 8 月，上海市政府启动了"外滩综合改造工程"，通过实施外滩通道建设、滨水区改造、截渗墙改造、新延东排水系统改造、公交枢纽和地下公建开发等 7 大工程项目，对外滩实施一体化、全方位的系统改造。

"外滩综合改造工程"的标志性项目就是拆除"亚洲第一弯"，新建外滩地下通道。新外滩地下通道通过在地下建设一条双向 6 车道快速通道，将地面原先的双向 11 车道缩减为 4 条机动车道和 2 条备用车道，把外滩从车行交通中解放出来，更多的为人服务。由此，人行的空间显著增加，行人可从地面过街。外滩西侧的人行道最宽处宽达 12m，在较宽阔的路面中央还设有安全岛，以保障行人交通安全。

依据不同的区域特征构建的多层观景空间。在地面层（地面标高 +3.5m）和空箱平台层（地面标高 +6.9m）之间增设高度为地面标高 +4.7m 的平台广场，构建了一个三层观景空间系统，既丰富了外滩的空间体验，又缓解了行人在防汛空箱附近所产生的压抑感。而多层观景平台之间的联系是通过舒适、便捷的大坡道，形成自然、安全、便捷的人流交通组织体系。同时，在滨江沿线增设两处舒缓的坡道，分别由九江路小广场和延安路广场起坡，将 +3.5m 标高的地面空间与 +6.9m 标高的空箱顶部空间联系起来。两条坡道以金融广场为中心呈对称布置，坡道宽 5m，长约 60～80m，坡度控制在 5%～6%。不同坡度和长度的坡道为行人提供了步移景异的趣味性观景体验[①]。

外滩防汛墙是上海地区重要的防汛设施，北起外白渡桥，南至新开河，全长 1679m。主体结构是上世纪 90 年代初建造的，基本结构形式为高桩码头式空厢。厢内能停放 300 多辆汽车，厢面是绿化景点和沿江步行道。以前是上海青年情侣约会的地方，俗称情人墙。这次改造将原有的黄浦公园至新开河的黄浦江边，全长约 1700m 的钢筋混凝土防洪墙全部拆除，代之以亲水栏杆。这些措施加强了城市与滨水区之间的人行交通联系、空间联系、视线联系。

改造之前，外滩地区沿黄浦江分布着延安东路排水系统及延安东路泵站、新开河排水系统及新开河泵站以及外滩雨水泵站。这些排水设施除外滩雨水泵站在 1992 年建成外，其他多建于 20 世纪五六十年代，且均为

---

① 吴威,祝红娟,张莉 . 上海外滩滨水区综合改造工程设计 [J]. 上海建设科技,2009 (06)：8–10.

合流制系统。目前已运行了近半个世纪，虽然几经翻修，但一直没有进行较彻底的改造。借助外滩地下通道工程的实施，对外滩地区的排水系统进行彻底的系统改造和提升。

规划提出将原延安东路排水系统、新开河排水系统和外滩雨水泵站合并，建设新的系统总管和"合并泵站"，废除现有的延安东路泵站、新开河泵站和外滩雨水泵站。这样既符合总体规划，又满足环保要求，也是降低工程建设负面影响的较好尝试。泵站三合一后，泵站将集合人力、物力、财力、管理等生产要素进行统一配置，集约化管理，在原有基础上可大幅度降低运行管理成本，达到提高效率与效益、保障运行安全的目的。通过泵站设计污水截流倍数的调整，提高了排水标准，减少了 COD 等污染物对黄浦江的排放，改善了环境质量，更大限度地保护了黄浦江；排水设施的改造和整合，确保了外滩和周边地区的防汛安全，对于重现地区历史风貌、改善区域环境提供了重要保障[1]。

5.3.2 山地城市空间特色与基础设施规划策略

（1）规划策略

山地城市的空间特色是建立在其自然环境及生态基底之上的，因此，在山地城市的建设中尤其要注意生态环境的保护。山地城市空间的特色可以用一句话来概括，即丰富变化。原本的自然条件赋予山地城市丰富的景观和空间，在规划建设时，要注意扬长避短，保护环境，重点关注城市三维空间的营造。

山地城市空间的基础设施规划需要考虑两个重要因素：地形的影响及生态环境的保护。具体的规划策略包括：①正确处理城市道路与竖向关系。城市道路的走向、坡度、断面等技术要素必须与地形相结合，通过道路竖向设计，顺应地势变化，考虑防灾需求，降低建设成本，塑造特色山地景观；②合理选择城市给水、排水网络型制。山地城市的空间形态往往是不规则的，不同城市区域的自然条件及发展情况各不相同，城市的给排水体制需要结合各地区的现实情况具体安排；③科学进行城市工程管线敷设。山地城市发展空间有限，地形地质条件复杂，对于工程管线的敷设方式需要在科学论证的基础上合理安排。

（2）相关案例分析

以笔者主持编制的某山区城市修建性详细规划为例。如图 5.3-1 所示的地形坡度变化大地段的公路，可分别采用如图 5.3-2、图 5.3-3 所示的复式断面，以利提高公路的安全系数，减少工程量。若仅为双向二车道的公路，则只需采用图5.3-2 的断面。

在地形变化大的城市可采用车行道与两侧人行道不在同一高程上的各种复式断面（图 5.3-4 ～图 5.3-6），有利于行人与道路两侧用地和建筑物的联系，车行道和人行道宽度根据道路等级、车流量、人流量来确定，从而提高道路效能；同时，也应尽量考虑减少道路建设对地形地貌的改变，减少工程量。

---

① 王莉.上海外滩地区排水系统的集约化改造方案探索 [J]. 中国市政工程，2008（01）：12-13.

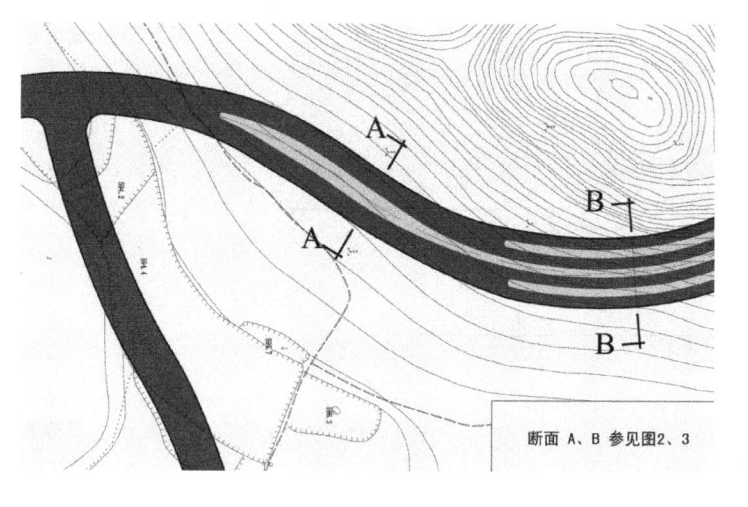

图 5.3-1　地形变化大地带
公路线型平面图

断面 A、B 参见图2、3

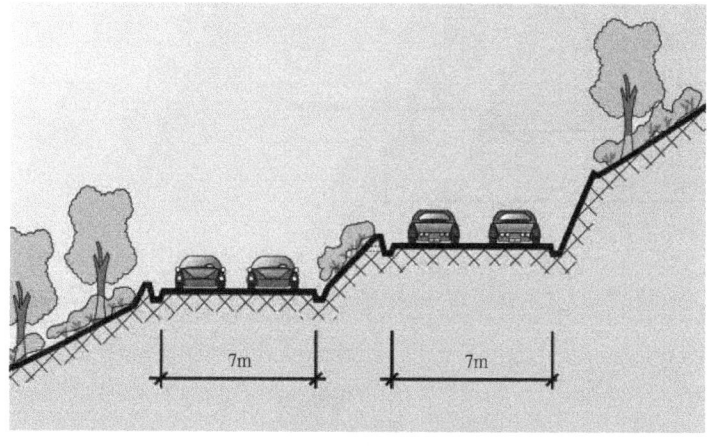

图 5.3-2　公路复合式断面
A 示意图

7m　　7m

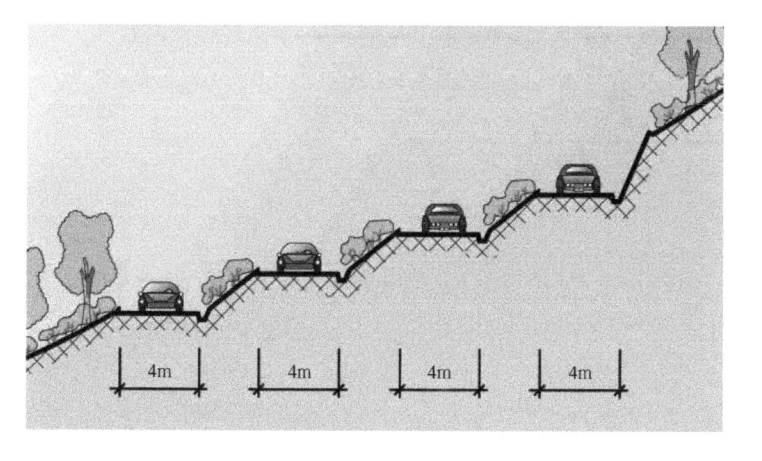

图 5.3-3　公路复合式断面
B 示意图

4m　　4m　　4m　　4m

　　在地形坡度大的山区城镇，合理布置与道路相交的人行梯道，便于
居民出行。在道路宽度受限制的地段，应根据地形设置可供车辆回转的场
地，保证城市道路的通畅和便捷。

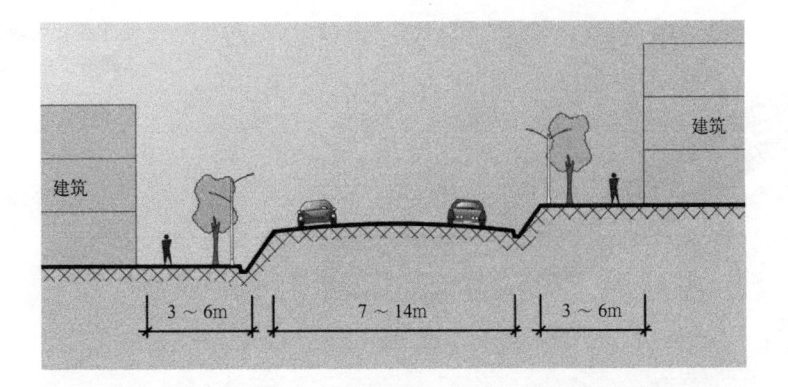

图 5.3-4　城镇道路复式断
面示意图

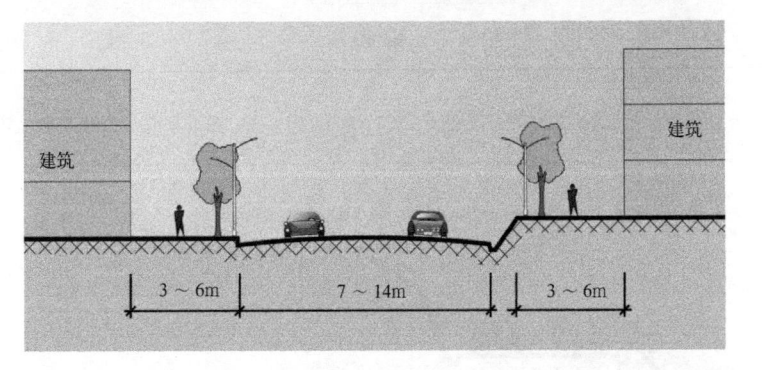

图 5.3-5　城镇道路复式断
面示意图

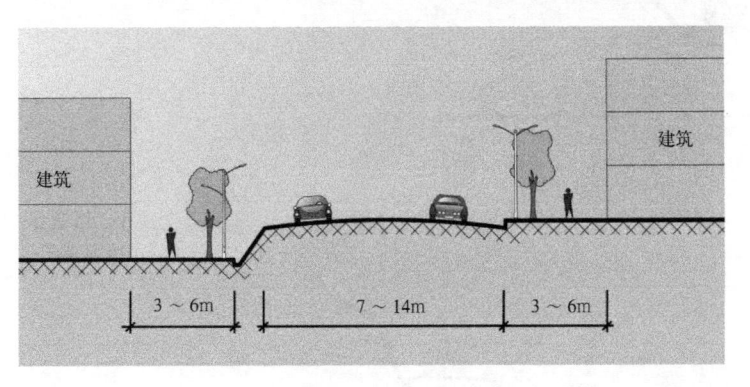

图 5.3-6　城镇道路复式断
面示意图

6　我国城市基础设施规划与建设的趋势

6.1　城市基础设施规划与建设的趋势研判

在新型城镇化规划要求下，城市的发展方式正在经历转型，从以前的重量不重质的粗放式发展模式转变为内涵式、精细化的发展模式。城市基础设施是城市功能运转的支撑基础，由于社会经济发展历程的原因，城市发展在很长一段时间内存在着"重经济增长、轻基础设施投入"、"重新建、轻运营维护"的情况，比如马路拉链问题，影响了城市道路的交通通行能力；城市内涝频现，折射出了城市脆弱的排水系统建设问题；城市地下管线电子档案缺失，增加了地下管线管理维护的难度。由此，影响了城市正常的生产生活，并对城市基础设施的可持续发展造成一定的影响。

从 2013 年至 2015 年，国家对城市基础设施的规划与建设给予了高度重视，陆续出台相关的政策文件，重点聚焦在综合管廊、海绵城市、内涝防治、地下管线普查与管理等方面。我国城市基础设施的发展建设目标可以概括为安全、友好、集约、综合这四个方面。其中，安全的城市基础设施是城市基础设施系统发展的首要目标，既要确保城市资源、能源的节约、循环、可持续使用，也要确保城市生命线系统的安全，保障城市安全；友好的城市基础设施即景观、环境友好，尤其是那些既需要建设，又难以落地的邻避基础设施，其建设模式如何与周边环境相和谐，这是今后城市发展所必须面对和研究的关键问题；集约的城市基础设施是基础设施用地模式发展的必然；大型、综合的基础设施是城市资源、能源供应安全与可持续的保障，也是城市基础设施建设的方向，上述目标都应在智慧城市基础设施框架下进行。

结合国内外的建设经验，我国城市基础设施发展与建设主要有以下 6 方面的趋势。

6.1.1　地下化趋势

目前，我国城市地下市政管线以外的基础设施基本建于地面以上，存在如下弊端：易受外界环境影响甚至损坏，维护成本增加；受土地权属的限制，扩容较困难；对城市用地的分割，导致土地使用率降低；由于基础设施（如变电站、污水处理厂、垃圾焚烧厂等）的负外部性，易产生邻避效应；基础设施的景观质量普遍较低等。

城市基础设施的地下化建设可以较好地消除上述弊端，同时又有着如下优势：节约用地，提高地上土地使用效率；提升城市景观品质，减少邻避效应；确保基础设施本身的安全可靠；便于管理与维护。城市经济、社会、环境的多方需求是城市市政设施地下化建设的驱动力。

6.1.2　集约化趋势

长期以来，我国城市基础设施的供地方式和土地利用方式较为粗放，如基础设施用地独立、缺乏整合、土地开发强度普遍较低等。原因在于：规划编制技术方法陈旧、缺失；邻避基础设施建设的技术要求；土地供应机制；多部门管理等方面。现阶段，城市土地资源的日趋紧缺对基础设施的集约化建设提出了新的要求。

为了改变基础设施用地紧张的局面，未来基础设施将更多采取集约化建设的模式，通过与其他构筑物地下室的整合、与绿地广场地的地下公共空间的整合以及基础设施场站之间的整合等方式进行集约建设。

6.1.3　生态化趋势

随着城镇化、工业化进程的加快，以环境、生态为代价的人类各种活动所引发的问题开始出现，如频发的雾霾天气、水污染事件等，严重危害了人类的健康，影响了城市的可持续发展；与经济增长同时出现的资源短缺，尤其是水等不可再生资源的短缺，将会严重威胁人类的生存。在此形势下，党的十八大报告提出："把生态文明建设放在突出地位，融入经济建设、政治建设、文化建设、社会建设各方面和全过程，努力建设美丽中国，实现中华民族永续发展。"

水、能源是不可再生资源，对其进行节约、循环使用是今后城市可持续发展的基本要求，如中水系统的建设、可再生能源（太阳能、风能、潮汐能、生物质能等）的利用、循环经济的发展等，是减少人对生态环境消耗的有效途径。目前，我国正在全力推进海绵城市 [①] 的建设，旨在解决城市严重内涝以及雨天水环境恶化的问题，同时将雨水资源加以充分利用。

6.1.4　综合化趋势

地下综合管廊为各类市政管线创造了一种"集约化、综合化、廊道化"的铺设环境，使道路下部的地下空间资源得到高效利用，使管线的运营与管理能在可靠的监控条件下安全高效地进行。地下综合管廊已成为现代都市基础设施建设的理想模式，也是目前国内各地都在密切关注、大力推进的重点建设项目。

6.1.5　大型化趋势

当城市规模发展到相当庞大，原有的公用设施系统已很陈旧，靠分散地改建或增建一些小型系统，可能无法从根本上扭转市政公用设施建设的落后局面，建设大型的市政设施系统能较好解决设施能力不足的问题，这既有利于体现规模效益，降低运行成本，又有利于基础设施建设的生态化和集约化。目前，城市基础设施大型化建设的趋势体现在：供电系统的电压等级大型化、排水系统的管径大型化和处理规模的大型化、供热系统的规模大型化和供热蒸汽高压化、区域性垃圾转运站的大型化等。如，由于广州老城区地下管线错综复杂，不具备雨污分流的条件，改造难度大，原有的排水管网能力不足，造成内涝频发，为了解决该种情况，广州计划采取建设大型地下排水隧道的方法来较为彻底地解决广州老城区排水能力不足以及内涝问题。

---

① 海绵城市的理念源于 1990 年代低影响开发技术在美国马里兰州、波特兰市和西雅图市的实践和推广，最初应用于景观设计。2013 年的中共中央城镇化工作会议上正式提出建设自然积存、自然渗透、自然净化的"海绵城市"理念；2014 年底住建部发布《海绵城市建设技术指南－低影响开发雨水系统构建》，随后财政部发布《关于开展中央财政支持海绵城市建设试点工作的通知》，确定国内首批 16 个试点城市。

6.1.6 智慧化趋势

信息技术发展的突飞猛进，极大地改变了公众的工作生活方式。与此同时，城市也面临着环境污染、交通堵塞、能源紧缺、住房不足等方面的挑战。在新环境下，如何解决城市发展所带来的诸多问题，实现可持续发展，成为城市规划建设的重要命题。

"智慧城市"成为解决城市问题的一条可行道路，也是未来城市发展的趋势。自 IBM 首次提出智慧城市概念以来，全球很多城市都在打造智慧城市。为规范和推动智慧城市的健康发展，我国住房和城乡建设部启动了国家智慧城市试点工作。智慧基础设施是智慧城市的重要组成部分，对其规划方法和建设方式的探索和实践将是今后的重点课题。

6.2 城市基础设施地下化规划与建设策略

《东京宣言》提出，21 世纪是人类地下空间开发利用的世纪，城市发展空间由地面及上部空间向下延伸，是世界城市发展的必然趋势。基础设施的地下化建设不仅可以提升基础设施的安全性、减缓对地面环境的影响，提升基础设施的可维护性和耐久性，甚至可以直接从地下获取能源。从长期综合效益衡量，可实现城市经济效益、社会效益、环境效益的全面提升。

6.2.1 国内外城市地下基础设施的建设概况

纵观国内外地下空间开发利用的情况和趋势，城市地下空间建设较为成熟的有美国、加拿大、欧洲、日本、我国的香港及北（京）上（海）广（州）深（圳）等大城市。地下空间开发利用与城市的自然、社会、经济等方面密切相关。国内城市地下空间的开发以 1997 年《中华人民共和国人民防空法》的颁布实施为契机，首先大规模开发地下人防设施，之后随着城市地铁的建设、土地价值的上升以及土地集约利用的要求，各地掀起了新一轮地下空间开发建设的热潮。

(1) 巴黎以排水管道为主的综合管廊建设

早在公元前 3 世纪，古罗马帝国就修建了规模庞大的地下给排水设施系统，而大规模的地下空间开发利用始于 18 世纪末的工业革命。工业革命使得城市工业迅速发展，城市内出现了大量工厂，大量农村人口进入城市，城市的卫生状况却不容乐观，污水横流，垃圾散落，导致城市瘟疫盛行。为解决此问题，1833 年，法国巴黎大规模建设给排水管道系统，至今巴黎下水道长度已达 2400 多 km，埋深在地下 50m，下水道空间十分宽敞，高在 2m 以上，中间是宽约 3m 的排水道，两旁有各 1m 的供行人行走的道路，在排水渠顶部布置有其他管线，如给水管、热力管、电缆、压缩空气管，这是综合管廊的最初形式，也带动了巴黎地下空间的开发建设。继巴黎共同沟之后，西欧各国开始考虑将各类管线设施整合起来，包括燃气管、自来水管、污水管、电力及电话电缆等纳入一个共同沟中，共同沟的产权均为市政府所有，起到协调、整合各管线部门的作用。

（2）北欧国家的地下大型市政设施廊道

北欧国家的地下空间开发建设水平在世界处于领先地位，研发了诸多大型、先进的地下基础设施系统。北欧国家主要包括瑞典、挪威、芬兰、丹麦，这些国家的经济发达且注重环境保护，由于这些国家的地质情况好、岩层坚固，具有开发地下空间的先天优势，加之当时的冷战背景，北欧诸国建设了许多核避难场所，同时作为抵御寒冷气候的手段，在地下建设了规模较大的休闲娱乐场所，一方面推动了地下空间的大规模、深层开发，另一方面促进了北欧国家的地下空间开发建设水平的快速发展。

在瑞典，出于对景观和环境的要求，瑞典的污水处理厂全部在地下；瑞典南部地区有长约80km的大型供水系统，依靠重力流建设在地下30～90m深度；考虑地面垃圾转运给城市环境带来的负面影响，瑞典是全世界第一个研究并建设地下管道运输垃圾的国家。真空管道垃圾收集系统由瑞典ENVAC公司开发，该套ENVAC系统1961年最早用于医院垃圾收集，从1967年开始在住宅区装配使用，目前在全世界已经广泛采用。

（3）日本地下市政设施系统的集约建设

日本国土面积为37.8万 km^2，人口为1.29亿，是世界上人口密度最大的国家之一。为了使城市的各项功能能够正常高效运转，日本很早就开始注重地下空间资源的开发，在地下建设市政公用设施，并建设了各种用途的、不同直径的隧道，其中40%左右是排污隧道和输水隧道；此外，还建设有与能源相关的地下设施，如输电线隧道等；建设了地下核电站、地下水力蓄能发电站和地热发电站等。20世纪90年代，日本大部分城市的地下浅层空间的开发已近饱和，逐渐转向深层利用，于2000年公布了《大深度地下空间利用特别措施法》。

日本是目前世界上综合管廊建设最先进的国家。日本的城市共同沟建设起步于1923年关东大地震后东京都的复兴事业，在这场大地震中，生命线系统遭受了严重的破坏，共同沟是作为灾后城市重建内容之一，旨在提高生命线系统的安全性能。于1926年开始修建综合管廊，1963年，日本颁布实施世界上第一部共同沟法《共同沟特别措施法》，至21世纪初，日本建设的综合管廊长度达总500多公里。其中，东京临海副都心地下综合管廊，是目前世界上规模较大的将各种基础设施融为一体的综合管廊，该管廊建于地下10m，长16km，宽19.2m，高5.2m，容纳了上水管、中水管、下水管、煤气管、电力电缆、通信电缆、通信光缆、空调冷热管、垃圾收集管九大管线。为了防止地震对综合管廊的破坏，采用了先进的管道变型调节技术和橡胶防震系统。

（4）我国城市地下基础系统的建设概况

自1997年以来，我国地下空间开发以人防为主要功能，之后，国内一些大城市陆续开始进行地铁建设，以地铁为驱动力，逐渐开始进行大规模地下空间开发利用。目前各地的开发热点集中在地铁、地下综合体、地下交通枢纽、地下综合管廊等方面。我国城市中常见的地下市政设施场站场有：地下净水厂、地下污水处理厂、地下污水和雨水泵站、地下雨水蓄滞池、地下变电站、地下垃圾转运站等。随着城市发展方式的转型以及基础设施建设技术的进步，会出现更多在地下建设的基础设施，如地下水库、大型地下雨水蓄滞池、地下深遂、地下储（热）冷库、地下储气库、地下垃圾真空管道、地下邮政物流管道、地下综合管廊等。

香港地面建设空间资源紧缺，而岩洞资源丰富，早在20世纪90年代，为确保可用土地的持续需求，香港政府对将岩洞用作大型人造地下空间的可行性进行了调查研究，之后随着对环境问题的日益关注，加速了对地下空间的开发利用的进程。如在1990年开展的岩洞计划研究和场地勘探研究垃圾转运站评估了在岩洞中建设污水处理、燃料储存、配水库垃圾转运站等设施的可能性，评估结果认为在岩洞内建设地下市政设施的潜力很高。相关部门计划将岩洞发展纳入《香港规划标准与准则》内的市政土地，用途包括数据中心、垃圾收集站、环卫停车场、变电站、污水处理厂、净化水厂、配水库、电力站以及废物转运设施等。

上海中心城人口密度高，基础设施的负荷大，而服务半径小，需配置更多的基础设施，而在中心城基础设施选址困难，需考虑在地下建设变电站、垃圾转运站等设施。目前，上海市地下市政公用设施的种类有市政管线、电力隧道、（半）地下水库、（半）地下泵站、共同沟、（半）地下变电站、地下垃圾转运站。以变电站建设为例，从1987年在中心城建成的第一座35kV地下变电站开始，至2007年500kV地下变电站建成，上海中心城已建成约30座全地下变电站，10余座半地下变电站。

上海地下变电站数量统计情况（2008年数据）　　　　　表6.2-1

电压等级	全地下	半地下
35kV	4	2
110kV	22	6
220kV	3	2
500kV	1	—
小计	30	10

北京市为了应对地下水位下降，水资源短缺以及汛期雨水的内涝问题，建设了地下水库、地下调蓄池等。北京西郊地下水库利用旧河道、平原水库、深井、废弃砂石坑，进行建设和回灌，使得永定河河床地下水位上升约 2 ~ 3m。《北京市雨洪控制与利用设施建设规范》要求，每公顷建设用地须建设 300m³ 蓄水池，至 2015 年，已在下凹式立交桥处建成 34 个调蓄设施，蓄水能力总计达 14 万 m³。在地下变电站建设方面，早在 2006 年，由北京电力公司运行的地下变电站已达 30 座。

6.2.2　城市基础设施的地下化建设模式

（1）独立式：基础设施独立地下建设

独立式的建设模式体现在用地独立和设施独立。城市邻避型基础设施或有安全风险的基础设施建设常采用此建设模式。如深圳布吉地下污水处理厂，其建设缘起是在寸土寸金的布吉街道，由于布吉河流域污水系统不完善，导致布吉河水质严重超标，不得不建立污水处理厂，其选址是在旧工业厂房拆迁后的地块上，采用独立地下式建造模式，地面上布局体育设施，既缩小了污水处理厂的用地面积和防护面积，又降低了邻避效应。

（2）附建式：基础设施与其他建筑、空间结合建设

附建式即为某建筑服务而附建的市政公用设施，一般建设在建筑的地下或附近地下空间。如，上海中心大厦地下二层建设的110kV变电站即采用此建设模式。上海中心大厦高632m，建筑面积近60万m²，在用电高峰时负荷预计达4万kW，加之大厦所处的小陆家嘴地区商务楼云集，供电压力原本就较大，因而需要在上海中心大厦附建一座地下高压变电站，保障大厦电力供应。深圳市华强广场集写字楼、酒店、商业、公寓、大型地下停车场于一体，用地面积约为2.6hm²，建筑面积24.2万m²（其中地下室约7.2万m²），为了满足该区域的用电需求，在地块的西侧结合商业裙楼，在地下110kV华强变电站，其上部为消防通道，变电站的检修场地结合建筑通道及周边道路布置。日本东京新宿最大的地下垃圾转运站即配合周边的高档住宅区采用附建式建设模式，每日垃圾处理量达200t。

在建设时序上，附建式要求地面与地下同步建设，也即需要在规划设计之初就考虑地下市政设施的建设。如深圳市前海合作区共划分了22个开发单元，每个单元用地规模约20～50hm²，共规划14座220kV变电站（含3座地铁专用变），其中2座独立占地，其余12座采用附建式，附建在各单元内，按建筑面积进行控制。

今后，在城市内部建设的小型变电站、给水泵站、通信机房、邮政快递、垃圾压缩站等的建设会更多选择此种模式。

（3）综合式：基础设施的综合建设

综合式模式主要指不同城市基础设施的综合建设、城市基础设施与其他设施的综合建设。这是我国今后城市基础设施建设的方向和趋势。综合管廊是地下管线的综合式布局的典型模式。城市基础设施的综合布局模式如位于上海市静安区康定路以北，西苏州河以东的昌平路泵站及调蓄池是国内首家全地下式调蓄池、排水泵站、变电站三位一体的排水工程。此外，城市基础设施与其他地下设施如交通设施、商业或人防设施综合建设也是很多城市目前采用的建设模式。

6.3　城市基础设施集约化规划与建设策略

目前，基于用地集约使用背景下的城市基础设施的整合发展成为紧凑型城市发展研究领域的热点。上文提及的城市基础设施地下化建设趋势与集约化建设趋势是相辅相成的，基础设施地下化建设即城市集约化建设的一种方式。

需要注意的是，城市基础设施规划与建设的集约发展可能面临诸多难题，比如不同类型基础设施之间缺乏整合、各自为政；传统供地模式导致基础设施建设缺乏集约用地的意识，而现行规划与建设规范已不能满足快速城市化背景下的基础设施规划建设需求。因此，在加强城市基础设施统筹规划的基础上，突破常规的规划模式，进行基础设施用地的整合是实现集约发展的重要途径。

6.3.1　城市基础设施的地上空间集约建设模式

（1）基础设施相互整合

1）同类基础设施的整合

这主要指不同层级、不同权属的同类基础设施和管线的整合。

A. 不同层级的同类基础设施和管线的整合。例如，对于供电设施的整合，可以考虑将 220kV 变电所与 110kV 变电所整合，10kV 配电间与 10kV 公用开闭所的整合。如上海世博会浦西园区规划的 1 座 110kV 变电站与南市 220kV 变电站整合。对于管线的整合，例如高压走廊，可以将多回路线路同杆（塔）并架（简称"同杆多回"）。苏州工业园区科技创新区把 220kV 和 500kV 高压线归并，高压走廊的占地比归并前减少了 594 亩；天津市要求除在中心城区、滨海核心区、各功能区、新城（除工业用地）外，其他地区的电力架空走廊应尽可能沿现有高压线路架设，并且最大限度归并走廊。

B. 不同权属的同类基础设施的整合。例如，通信基础设施的共建共享。移动、联通、电信三家运营商共同建设基站，合理有效地分配使用，尽量满足不同运营商在不同时期的发展需求，降低成本，实现运营商之间的共赢。

2）不同类型基础设施的整合

这主要指那些用地没有矛盾和相互影响的设施类型，如市政综合楼和市政综合园。

A. 市政综合楼是将同一地区需配套的基础设施整合于一幢楼。可将 10kV 公用开闭所、垃圾中转站、公厕、通讯基站等集中建设。例如，合肥市高新技术产业园区的市政综合楼可容纳 1 座污水提升泵站，1 座 10kV 开闭所、1 座垃圾转运站、小型公厕以及环卫设施用房、环卫车停车场等，总用地面积 2310m²，总建筑面积 1713m²，共节约用地约 4200m²。

B. 市政综合园如环境园或静脉园，即将破碎分选、生活垃圾处理、污泥粪便处理、危险废物处理、污水处理、废气处理等诸多功能组合在一起，系统布局、优化设计后所形成的技术先进、环境优美、基本实现污染物"零排放"的环境友好型环卫综合基地。2006 年，深圳市编制了《深圳市环境卫生设施系统布局规划（2006—2020）》，要求在全市建设老虎坑、清水河、白鸽湖和坪山等 4 座环境园。又如，在合肥市平板显示产业基地规划中，规划设置 1 座市政综合基地，布置电力、热力、污水处理厂、再生水厂、垃圾转运等基础设施，同时建设基础设施走廊，整合高速公路、防护绿化带、高压走廊等，节约建设用地。

C. 邻避型基础设施的集约布局。如将垃圾焚烧厂与发电厂集约布局，建设综合性城市垃圾焚烧发电厂，集垃圾焚烧、发电、供热于一体，垃圾焚烧后产生的热能被转化为电能供给用户，可实现垃圾无害化、减量化、资源化处理目标。这是目前很多城市垃圾处理的主要趋势。

（2）基础设施与城市空间的整合

1）市政基础设施与道路交通设施整合

市政基础设施和道路与交通设施用地的兼容性较好，整合方式有两种，一种是与停车场、公共汽车首末站、公交保养场等交通场站用地整合；另一种是与城市道路用地整合，如在高架桥下建设变电站、公共开闭所、环卫设施等。

2）基础设施与绿地广场等开放空间整合

绿地、广场在为公众提供休闲、游憩场所的同时，也可与基础设施整合布局。基础设施结合绿化景观布置的主要优点，一是建设量较小，若基础设施需要更新，费用也较少；二是绿化景观可减少基础设施带来的噪声、臭气等负外部性。

A. 基础设施布局在绿地公园地下。这种方式效果好、利用较为普遍。如台北市迪化污水处理厂在扩建时，政府考虑在保护环境的基础上建设公园以方便市民。建成后，该厂占地面积约 7hm²，大部分污水处理设施建在地下，地面公园为 4.6hm²，有网球场、旱冰场、露天篮球场、儿童游戏区和温水游泳馆。除游泳馆外的所有运动设施免费对市民开放。

B. 城市高压走廊下防护绿带的利用。高压走廊由于电磁辐射，对居民区、工业区等都有一定影响，因此，高压走廊下一般为防护绿地。上海漕河泾开发区有一高压线走廊从北到南纵穿开发区，该走廊中间地段厂区比较集中，开发区总公司斥资近 1000 万元对高压线下方的空地进行改造，打造了漕河泾开发区公园。走廊南北两端分别开辟了苗木基地，经营苗木大棚等。经过十余年的发展，此防护绿地已经成为城市景观带，适当引入了娱乐健身设施，如篮球场、网式足球场、网球场、小型高尔夫练球场，还有时尚咖啡酒吧等休闲设施，并一直在不断完善升级（图 6.3-1）。

图 6.3-1 上海漕河泾开发区高压线走廊下的城市公园

6.3.2　城市基础设施的地下空间集约建设模式

结合地下空间开发建设基础设施的做法非常普遍，在美国、瑞典、日本等国家有利用地下空间建设区域能源中心、地下污水处理厂、地下垃圾清运系统的先进经验；国内很多城市都有结合地铁建设、旧城改造、新区建设等建设地下基础设施的成熟经验。

（1）结合建筑地下空间建设

我国《35kV～220kV城市地下变电站设计规定》（DL/T5216—2005）要求，在城市电力负荷集中但地上变电站建设受到限制的地区，可结合其他工业或民用建（构）筑物共同建设地下变电站。

（2）地下能源中心

虹桥商务区是上海市新建的第一个低碳商务区，目标是要对世博后上海推进低碳实践具有示范意义和引领作用。2012年，上海虹桥商务区地下能源中心建成，以低碳理念建设，采用分布式能源系统，实行热、冷、电三联供，该能源中心在南、北两区各设一个能源站，为商务核心区南、北两个分区提供能源，两站总建筑面积约19700m²，可满足约190万m²的建筑需求。

天津于家堡金融起步区的集中供冷中心项目，是目前亚洲地区最大规模的供冷中心，该项目供冷面积达119.39万m²，可以满足起步区所有楼宇的集中供冷需求。供冷中心为地下两层建筑，地下一层为设备间，地下二层为巨大的蓄冷槽，蓄冰槽为长方形，深度达到6m，总面积约为2800m²，采用的是冰蓄冷方式，即利用夜间多余的电能进行制冰，供白天制冷，这种做法大大降低了盛夏季节电网负荷。供冷中心地上空间也被充分利用，打造成可供休憩的公园场所。

6.3.3　基础设施用地的出让条件与供地方式

城市基础设施集约化建设理念的落地需要相关体制机制的优化和完善。

在集约用地控制方面。规划管理中通常对用地强度的控制多用于居住用地、商业办公用地、工业用地等，而对基础设施用地强度的控制较弱。针对这一情况，北京市于2008年开展了《北京市城市建设节约用地标准》研究，对市政设施项目的用地标准进行控制。上海于2007年也实施了此类控制标准。2014年9月1日施行了国土资源部颁布的《节约集约利用土地规定》，其中第七条规定，基础设施布局"涉及土地利用的内容，应当体现节约集约用地要求，与土地利用总体规划做好衔接。对不符合土地利用总体规划应当及时调整和修改，核减用地规模，调整用地布局。"第十一条，"鼓励线性基础设施并线规划，集约布局。"

在土地的有偿使用方面，由于基础设施具有公共性，长期以来，用地主要通过划拨方式出让。在市场经济条件下，越来越多的基础设施开始拥有商品经济的属性，已由非经营性项目向准经营性项目或经营性项目转化，如供水、排水、污水处理和垃圾处理以及高速公路、轨道交通等交通设施和路网建设。随着投资方式与投资主体的多元化，城市基础设施的供地方式也发生着转变。2008 年，国务院下发的国发〔2008〕3 号文件《国务院关于促进节约集约用地的通知》第十条指出，深入推进土地有偿使用制度改革。即对城市基础设施以及各类社会事业用地要积极探索实行有偿使用，对其中的经营性用地先行实行有偿使用。其他建设用地应严格实行市场配置，有偿使用①。2014 年实施的《节约集约利用土地规定》第十六条指出，"对城市基础设施逐步实行有偿使用。"

此外，为进行基础设施综合开发，还需要建立以基础设施建设为平台、城市经营性用地与非经营性基础设施用地综合储备的新型土地储备机制，即以基础设施建设为平台，对一定地块范围内商业开发与基础设施用地统筹储备，统一征拆，统一安置，综合布局商业开发与基础设施项目，以达到用地集约、投资节约的目的。对老城区内具有综合开发条件的现状基础设施，也可以单独纳入土地储备，充分挖掘利用土地的潜在资源，达到综合利用、集约高效的目的。目前，在合肥市实施的一些整合开发的案例中，是在经营性用地开发中，由土地产权单位提供用地作为基础设施建设的场地，或是由产权单位一次性代建，市政单位再以成本价再购买其建筑的使用权。在建设过程及后期管理中，还需要土地、房产方面的配套政策支持。

6.4 基于安全的城市基础设施规划与建设策略

近年来，我国各类城市灾害频发，给城市造成了重大人员伤亡和财产损失，已经引起了各级政府和社会公众的广泛重视，城市综合防灾日显重要。城市基础设施系统是确保城市正常运转、城市安全防灾的保障体系，是抗灾与救灾的支撑系统。同时，基础设施本身也是致灾因子，燃气、供热管网一旦破裂，将对城市产生不同程度的损害，因此，在灾害来临时，基础设施自身的安全性是至关重要的。2013 年 6 月，《城市综合防灾规划标准》已经编制完成，报送住房和城乡建设部审批颁布。城市安全越来越成为城市发展首要问题，如何增强城市的综合防灾能力将成为很多城市关注的重点，其中，提升基础设施的综合防灾能力至关重要。

6.4.1 安全和宜居的城市建设用地的选择

安全、宜居的城市建设用地是安全城市建设的基础和保障，也是综

---

① 原文是："深入推进土地有偿使用制度改革。国土资源部要严格限定划拨用地范围，及时调整划拨用地目录。今后除军事、社会保障性住房和特殊用地等可以继续以划拨方式取得土地外，对国家机关办公和交通、能源、水利等基础设施（产业）、城市基础设施以及各类社会事业用地要积极探索实行有偿使用，对其中的经营性用地先行实行有偿使用。其他建设用地应严格实行市场配置，有偿使用。要加强建设用地税收征管，抓紧研究各类建设用地的财税政策。"

合防灾能力的首要影响因素。城市用地选择以用地适宜性评定为基础，综合考量社会、经济、文化、环境等因素，选择适宜城市建设的土地。

建设用地的选择应满足如下基本要求：首先，城市建设用地必须在无地质灾害或轻易发地带；其次，城市建设用地必须避开洪、涝地带，还应尽量避免选择在发生地震后可能形成堰塞湖的下游冲刷地带上。若因用地条件限制，规划建设用地只能布置在此类地带，则必须预留防洪防冲用地，并预配置相应的防洪防冲设施，确保规划建设用地的安全性；再次，城市建设用地应有宜居的环境，确保居民的居住安全和生活质量。

6.4.2　安全和通畅的城市交通系统建设

安全、通畅的城市交通系统是保证灾时救灾力量和救灾物资的输送、受伤和避难人员的转移疏散、基础设施检测维修以及灾后通行能力的基础。

(1) 建设安全系数高的区域公路系统

根据城市地形地貌和水文地质条件以及现有公路状况，梳理城市对外交通，开辟贯穿城区的多条对外快速公路。公路应尽可能避开地势险恶、地质条件差的地带。并根据地形地貌和地质状况，灵活选用公路横断面。在地形地貌复杂地区，公路可采用复式横断面形式，尽可能减少对地形地貌的改变，避免因公路工程建设引发或隐发滑坡、倒塌等地质灾害。采取各种方法和措施，提高公路的安全系数，确保公路交通畅通。

(2) 建设可供直升机起降的场地

从救灾角度考虑，由于灾区城市地面交通易受阻，因此，每个有条件的城市均应安排直升机起降场地。首先要合理布局各类学校，利用学校室外运动场地，作为直升机起降的场地。山地城市的学校用地受地形限制，若无法设置运动场、足球场，则是可合理布置篮球场，将两个球场平行布置，可作灾时直升机停机坪。其次是合理利用城市公园、广场、较大型停车场作临时直升机停机坪。因此，绿化种植、广场四周建筑应避免影响直升机起降。在建设用地条件受到极端限制情况下，可考虑设置大型建筑物屋顶停机坪。

(3) 合理保护和利用通航河道

应充分利用通航河道，组织水路交通，形成陆、水、空综合交通体系。在陆路交通受阻情况下，可由水路构通灾区与外界的交通联系，满足日常和灾时的交通运输要求。

6.4.3　疏散应急通道和防灾避难场所合理布局

(1) 合理确定城市疏散应急通道

城市综合防灾规划应结合道路交通规划，根据对外公路走向和位置、城市布局、人口分布状况，明确城市疏散应急通道的数量和走向。作为疏散应急通道的道路，应根据道路两侧建筑物的高度，以灾时建筑倒塌仍保证救灾车辆正常通行为前提，确定道路宽度和相应的道路横断面。

（2）建设完备、可靠的防灾避难场所

为保证城市居民在最短时间内到达防灾避难场所，可采用带块结合的防灾避难场所系统。即根据城市居住人口、公共设施分布状况，确定并布局可作防灾避难场所的道路、公共绿化带、广场、学校，以及居住区内绿地。为提高防灾避难道路的效能，道路绿带宜采用单侧道路绿化带，增加绿带宽度，便于设置较宽的带状防灾避难场地，有利于居民就近快速到达避难场所。防灾避难场所布局以各类人员在步行 3min 以内到达附近避难场所，步行 5min 以内到达大型集中避难场所为标准，进行空间分布。防灾避难场所规划应与公共设施、绿地系统、居住区规划建设有机结合，充分发挥此类场所的综合功能。

6.4.4　安全和可靠的市政基础设施系统建设

城市综合防灾规划应根据城市基础设施现状防灾能力评价结果，结合基础设施系统整体防灾地位，提出提升基础设施防灾能力的规划策略。总体而言，提升城市基础设施防灾能力需考虑以下几个方面：

（1）增加应急保障基础设施的供应源。采用城市多水源、多电源、多种通信方式，确保灾时和灾后应急保障基础设施的正常运行。

（2）恰当提高城市基础设施的设防标准。根据城市基础设施现状防灾能力评价结果，科学加强现有的重点设防基础设施的防护力度，提高其防灾能力，减少其致灾度。

（3）适当增加城市基础设施的容量。根据评价结果，适当增加给水、供电、电信等应急保障基础设施的容量，使其在灾时受损的情况下能保持正常的供给，确保抗灾、救灾工作正常进行。

（4）完善基础设施防灾应急管理体系。针对城市现行各类基础设施运行管理体系存在的问题，制定统筹指挥，彼此协调、快速有效的管理体系和制度。

（1）给水工程系统

1）自身安全规划对策

水源合理选址：选择安全可靠的城市供水水源，取水设施和净水设施要避开综合灾害风险区。

管网合理布局：建设具有较高安全性的供水分区，做好不同水厂供水网络之间的互连措施，并且在管网中设置必要的应急关闭阀，阻止破坏蔓延。输水干管要双管，配水管呈环网供水。供水系统规划布局应注意考虑与地震断裂带走向的关系，主干管网应顺应地震波传播方向，尽量平行于地震断裂带的方向，垂直于断裂带的管网应重点设防。

提高设防等级：为尽可能保护整个系统，应使主要设备相对分散布局，并提高设防等级。主要设备包括管道连接设备、电器设备、配水管网提升加压设备。提高设防等级是应对灾害最有效的方式，规划时应考虑适度提高现有供水管网的设防等级。

更新改造：水厂应在上游设置若干原水监测点，及时掌握原水水质的监测分析数据，加大供水系统安全排查的力度，明确系统中年久失修、位于危险区域的重要管网、设施，评估其风险，并在近期建设规划中提出改造意见。

2）应急保障规划对策

水量冗余设计：城市供水规模预测应综合考虑生产用水、生活用水和应急用水量，同时应适当提高系统冗余度以应对灾后管网漏损量的增加。

水源冗余设计：规划应保持多个水系的水源，以提高城市供水系统的安全性，应对水源水系遭受各种污染风险的可能。相比地下设施地表设施更易受损，同时地表水源遭受堰塞湖溃堤、突发性环境事件等事故污染的可能性也更高，因此，地下水源与地表取水系统相比，具有更强的耐灾能力，一旦恢复供电即可快速恢复供水。

应急供水设施：灾后使用临时供水设施是不可避免的，因此，建立由水厂、应急水源、应急供水管网、应急供水车组成的应急供水系统，应保证灾时不易被破坏，或经过简单修复即可基本运行。应急供水系统提高一度设防；规划时应统筹考虑城市集中供水水源与自备水源等各种水资源，明确应急供水水源，保障灾后应急供水的效率。供水系统中的清水池、高位水池可适当扩大容积；避难疏散场所、人防工程应配套蓄水水库或应急水池；消防车无法通过处应设置消防水池等，以便在供水系统不能正常工作的情况下满足人民生活和应急救灾的用水。

应急配套设施：供水系统依赖电力供应，因此，应当以重力流优先，减少对电力设施的依赖，确保灾时的连续供水。供水厂配备双电源，尽可能自备适当规模的独立发电设备，以满足灾时最低限量不间断供水的需求。

(2) 供电工程系统

1）自身安全规划对策

电源合理选址：电源选址应充分考虑各类灾害防御的要求，避开地质不良地区和洪涝灾害影响地区等灾害威胁区域；协调与通信设施、机场等的关系。火电厂应布置在城市主导风向的下风向，并与城市生活区保持一定距离；核电站应布置在人口密度低的地方，并设置半径1km的隔离区；变电站宜避开易燃、易爆设施，避开大气严重污染地区及严重烟雾区。

供电线路合理布局：供电线路环状布局、分区域控制，在各区域连通部位应设置急切断装置，确保发生灾难时及时切断连接。逐步将架空线路与配电设施改为地埋敷设，降低外力破坏可能性。高压走廊不应设在易被洪水淹没的地方、地质构造不稳定（活动断层、滑坡等）的地方或空气污浊的地方及其他受灾害影响区域；与各种建、构筑物，尤其是电台、机场等重要设施之间应有足够的安全距离，留出合理的高压走廊地带；不宜穿过城市的中心地区和人口密集的地区，并应尽量减少与河流、铁路、公路以及其他管线工程的交叉。

提高设防：根据供电系统各组成部分在城市供给和安全中的作用，适当提高部分重要供电设施的防灾设防标准。提高未满足防灾要求的设施的防灾能力。

更新改造：及时更新老旧落后的配电房、变压器等。

2）应急保障规划对策

冗余设计：确保输变电设备的多重化、多路线化，保障在非常时期也能无障碍地运行。充分利用区域电力资源，增加电源可替代性。逐步实现中心区双电源供电，边缘区双回路供电。

应急供电设施：应急供电系统由电厂、变电站、应急电源、输电管网及部分配电管网组成，为城区重要建筑设施（政府、治安、消防和综合医院等）、生命线系统、救灾设施及避难场所提供电力资源，确保防灾救灾工作顺利进行。应急供电设施提高一度设防。室外避难场所内可设置应急供电设施，可包括多路电网供电系统或太阳能供电系统或小型发电机等。

应急配套设施：在市内按防灾分区储备一定量的供电设施，包括供电设备、设施以及供电和通信线路遭受破坏后恢复所需的物资、器材准备，储备适当数量的供灾害时使用的供电设备修复用的器械器材，例如高压发电车和高空作业车等。

监测预警：通过加强电网调度，强化负荷预测和调度管理，重视设施的管理、维护和改良措施、巡视和测定措施以及灾害发生时减轻损失和应急修复措施；从发电、输送、变电、配电等全过程，实行 24 小时的监管措施。

（3）通信工程系统

1）自身安全规划对策

通信设施合理选址：要求地质条件良好，地形平坦，不会受到洪涝灾害等各类灾害影响，同时应注意避开雷击区。电信局应尽量避免在高压电力设施附近、较大的振动或强噪声、空气污染区或易爆、易燃的地点附近选址，不要将局所设在有腐蚀性气体或产生粉尘、烟雾、水气较多等厂房的常年下风侧；微波站通信方向近处应无阻挡、无干扰。

通信线路合理布局：重要设施地埋敷设。避免沿交换区界线、铁路、河流等的地带敷设；应远离电蚀和化学腐蚀地带。

提高设防：根据通信设施系统各组成部分在城市供给和安全中的作用，适当提高部分重要通信设施的防灾设防标准；提高未满足防灾要求的现有设施的防灾能力。

2）应急保障规划对策

冗余设计：重要传输干线采取多路由、多手段、等保护手段；长途传输通路多路由化和双路由化，市内中继线双路由化。采用非常规的、多种通信方式组合的技术手段（有线、无线、卫星、集群通信等）来提高通信能力，如在有线通信基础上加大光缆通信比例。

应急通信设施：应急通信系统是指支撑应急业务数据采集和应急指挥协调所需的通信基础设施，主要包括卫星通信、无线数字集群、无线移动视频、移动应急指挥系统等。系统承担的任务总体包含 3 个方面：一是平时为公用通信网提供补充服务；二是为突发事件提供通信保障，这也是应急通信主要承担的任务职责；三是为战时作战提供支持。应急通信系统提高一度设防。配置应急通信设备，如应急通信车[①]、便携式卫星通信系统、应急通信基站、应急修复光缆、其他应急修缮专用设备等。

监测预警：建立应急指挥专用平台[②]。整合 120、110、119、应急、公安、消防、地震、防汛、市政、气象等应急指挥专用平台，建设通信应急指挥中心、应急指挥调度平台、应急资源数据库等，使其具备指挥、调度、管理、监测、采集等多种功能的指挥调度能力，实现统一接警。

(4) 燃气工程系统

1) 自身安全规划对策

设施合理选址：应有良好的工程地质条件和较低的地下水位，不应设在受洪水、内涝、泥石流和雷击等受各类灾害威胁的地带。煤气厂必须避开高压走廊；靠近其他重要设施时应考虑重要设施的防护需求。天然气门站和液化石油气供应基地应选择在城市所在地区全年最小频率风向的上风侧和地势平坦、开阔、不易积存燃气的地段。

管网合理布局：对供给区域内的街区进行分区供给，实行局域化供气，在灾时采用街区分片切断的方法，控制受灾情况和供给中断的比率，防止燃气系统发生次生灾害。一般而言，输气干管的布局为环状，通往用户的配气管网的布局为枝状，管网应减少穿、跨越河流、水域、铁路等工程。新建地下燃气管道走廊宜设在道路非机动车道下。

提高设防：适当提高燃气设施的防灾设防标准，如城市燃气系统中的 CNG 母站、门站和高压管道等。

2) 应急保障规划对策

整体安全防护：在重要燃气设施周边，应规定安全防护距离，重要设施应设置防护隔离阻燃带。高压、中压管网宜布置在城市的边缘或规划道路上，高压管网应避开居民点。重要燃气设施管网应远离人员密集的重要公共设施用地。

应急供气设施：罐装液化石油气站设置燃气安全储备库，可作为灾时应急气源。

冗余设计：连接气源厂（或配气站）与城市环网的枝状干管，一般应考虑双线。

监测预警：设置监控点，加强检测数据的分析总结。储气、调压等设施配备自动检测、自动切断，自动放散装置及灭火设施。

(5) 排水工程系统

1) 自身安全规划对策

污水处理厂合理选址：污水处理厂不宜设在易受水淹的低洼处，靠近水体的污水处理厂应避免洪水威胁。

---

① 应急通信车可作为突发事件的现场应急指挥通信中心，在事件现场附近构成现场指挥平台，为现场各专业组提供支撑，为各级政府领导应急决策和指挥提供依托，进一步提高各级政府处置突发事件的能力。
② 日本灾害管理通信系统包括核心系统、移动系统、固定系统和卫星系统四大通信组件，同时还和诸如水位检测仪、风力测速仪、地震检测仪以及遥测控制设备等一系列用于灾害监测和控制的仪器和设备相联系，作为灾时统一的应急指挥平台。

管网合理布局：地形较复杂时，宜布置成几个独立的排水管网。排水管网尽量减少与河道、山谷、铁路及各种地下构筑物交叉，并充分考虑地质条件的影响。

提高设防：重点设施包括生活污水处理厂，重点地区的污水提升泵站和排涝泵站；污水主干管要重点设防，比次干管和支管提高一个设防等级。

2）应急保障规划对策

整体安全防护：污水处理厂厂址必须位于给水水源的下游，并应设在城镇的下游和夏季主导风向的下方。厂址与城镇、工厂和生活区应有300m以上距离，并设卫生防护带。

冗余设计：排水系统适当提高设计重现期，减少暴雨引致的积涝问题。

应急排水设施：小城市或地形倾向一方的城市，通常只设一个污水处理厂。应为中心避难场所、医院配套临时污水存储设施和小型污水处理设备，应对突发灾害。

应急配套设施：重点设施配置双电源或备用电源，保证其持续稳定运行。

(6) 供热工程系统

1）自身安全规划对策

设施合理选址：应避开不良地质的地段和其他灾害风险区。热电厂需留出足够的出线走廊宽度。

管网合理布局：一般而言，统一式供热管网比区域式供热管网的可靠性高[1]，环状管网比枝状网结构可靠性高。

提高设防：锅炉房、热力站、管网成环部分应作为重点设防对象；供热设施应保证建筑耐火等级，锅炉房应为一、二级耐火等级的建筑，与周围易燃、危险建筑等保证一定的防火间距。

2）应急保障规划对策

整体安全防护：热电厂与人口稠密区应保持安全距离并有卫生防护带。全年运行的锅炉房宜位于居住区和主要环境保护区的全年最小频率风向的上风侧；季节性运行的锅炉房宜位于该季节盛行风向的下风侧。供热管道要尽量避开主要交通干道和繁华的街道。

应急供热设施：物资储备库和动力公司应配置移动供热车、移动暖风机、可移动小型空调机等应急供热设施和备用热源。

监测预警：在采暖期内，管道破裂会给城区生产生活造成很大影响，甚至造成人员伤亡等事故，因此要加强信息监测、预警，防止管网破裂造成生命财产损失。

---

① 区域式网络仅与一个热源相连，并只服务于此热源所覆盖的区域。统一式网络与所有热源相连，可从任一热源得到供应，网络也允许所有热源共同工作。

6.5　城市基础设施综合化规划与建设策略

随着我国城市基础设施的建设标准不断提升,各地纷纷开始研究建设综合管廊,以实现城市地下空间的集约化使用。现阶段,各大城市从新区、产业园区等新建区域单点突破,采用"先新区后老区,先干线后支线"的方式,推进综合管廊的建设。

6.5.1　城市地下综合管廊概况

(1) 地下综合管廊的缘起

1) 公共卫生:1832 年,巴黎爆发了一场霍乱瘟疫,而霍乱发生的根源是通过受污染的饮用水进行传播。为此,巴黎城市规划师奥斯曼主持巴黎改造计划,出于城市公共卫生的考虑,建设大规模的下水管道,将脏水排出巴黎,而不再是按照人们以前的习惯将脏水排入塞纳河,然后再从塞纳河取得饮用水。在排水管道建成后,各类管线置于这些大断面的下水道系统中,这是综合管廊的雏形。

2) 整合各类基础设施:西欧各国继巴黎共同沟之后,开始考虑整合各类管线设施,包括燃气管、自来水管、污水管及电力及电话电缆等,纳入一个共同沟中,产权均为市政府所有。

3) 防灾与安全:日本的城市共同沟建设起步于 1923 年关东大地震后东京都的复兴事业,因为在这场大地震中,生命线系统遭受了严重的破坏,共同沟是作为灾后城市重建内容之一,旨在提高生命线系统的安全性能。

4) 军事政治目的:以前苏联和原东欧国家为代表,将共同沟与人防工程、地铁结合建设。

5) 避免反复挖掘道路:1989 年,台北市开始积极推动捷运木栅线和淡水线的建设,在施工过程中,经常挖断燃气、电信等管线,严重堵塞交通,从而造成广大民众的不满。当年,中国台北市市长到日本考察,把建设共同管道的想法带回台湾地区。自此,台北大规模展开共同沟建设。

(2) 地下综合管廊的构成

1) 综合管廊本体。综合管廊的本体是以钢筋混凝土为材料,采用现浇或预制方式建设的地下构筑物,其主要作用是为收容各种城市管线提供物质载体。

2) 管线。综合管廊中收容的各种管线是共同沟的核心和关键,综合管廊发展早期,以收容电力、电信、煤气、供水、污水为主。目前原则上各种城市管线都可以进入综合管廊,如空调管线、垃圾真空运输管线等,但对于雨水管、污水管等各种重力流管线,由于进入综合管廊将增加综合管廊的造价,应慎重对待。

3) 监控系统。包括对综合管廊的湿度、煤气浓度以及人员进入状况等进行监控的系统设备和地面控制中心,是共同沟防灾的重要设施,监控信号传入综合管廊地面监控中心设备,由监控中心采取相关的措施。

4) 通风系统。为延长管线的使用寿命、保证综合管廊的安全和维护、管线放置施工人员的生命安全及健康,在综合管廊内设有通风系统,一般以机械通风为主。

5) 供电系统。为综合管廊的正常使用、检修、日常维护等所采用的供电系统。

用电设备包括通风设备、排水设备、通信及监控设备、照明设备和管线维护与施工的工作电源等；供电系统包括供电线路、光源等，供电系统设备宜采用防潮、防爆类产品。

6）排水系统。如遇渗水或进出口位置雨天进水等原因，综合管廊内会存在一定的积水，为此，综合管廊内应装设包括排水沟、积水井和排水泵等组成的排水系统。

7）通信系统。联系综合管廊内部与地面控制中心的通信设备，含对讲系统、广播系统等，主要采用有线系统。

8）标识系统。标识系统的主要作用是标识综合管廊内部各种管线的管径、性能以及各种出入口在地面的位置等，标识系统在共同沟的日常维护、管理中具有非常重要的作用。

9）地面设施。包括地面控制中心、人员出入口、通风井、材料投入口等地面设施。

（3）地下综合管廊的规划建设原则

1）综合管廊规划要与地下设施规划相协调。通常，能够建设综合管廊的城市都具有一定的规模，且地下设施比较发达，如地下通道、地铁或其他地下建筑等。因此，需对地下设施布局进行统一考虑，即平面布置和标高控制以及与地面或建筑的衔接，如出入口、线路交叉、综合管廊的管线与直埋管线的连接等。

2）综合管廊尽量与其他地下设施合建。综合管廊投资较大，规划中应考虑到与其他地下设施合建的可能性。可将有碍城市景观和环境的各种城市基础设施全部地下化建设，各种地下工程设施应互相结合，统一规划设计，以节约资源和投资。目前，地下综合管廊通常与道路或地铁进行合建。

3）充分论证管线进入综合管廊的可行性。从技术上来讲，各种城市管线都可以进入综合管廊，如热力管、燃气管、污水管、空调管线、垃圾真空运输管线等；在我国，城市管线进入综合管的通常有电力、电信、给水及供热管线；对于燃气管道、雨污水管道、供热供冷管道等进入综合管廊，则需根据城市的实际情况，做相应的经济可行性论证。

4）综合管廊的建设时序。总的来讲，综合管廊建设的技术难度较小，协调难度较大，建设成本较高，一步到位的建设不容易实现。需要根据不同地区的特点和需求分阶段实施共同沟建设。从世界各国使用情况看，位于城市中心区或闹市区的综合管廊，其综合经济性最好；而在一般工业区或人口密度不高的地区规划建设综合管廊，则需慎重考虑。

（4）地下综合管廊的优点与现实问题

1）优点

集约利用城市地下空间。由于基础设施供给主体在埋设各自的管线时各自为政，杂乱无章的基础设施管线布局往往浪费了大量的地下空间；加之没有统一、全面的地下管线管理档案，给后续建设带来了极大地不便。

综合管廊可容纳大部分管线，既可有效协调这些管线资源的布局，又便于日常管理和维护，还能减少重复建设。

解决基础设施空间预留问题。一方面，基础设施用地被挤占严重，发展空间不足，各种高危管线的布置日趋困难；另一方面，城市人口的不断增长使得各种专业管线亟需改造或扩容的空间。综合管廊既能在必要时期收容物件，又方便扩容，为规划发展需要预留了宝贵的空间。

缓解城市道路重复开挖现状。由于基础设施部门之间尚未建立良好的沟通协调机制，使得城市道路重复开挖现象频现，给公众的生产生活带来了极大地不便。综合管廊可减少挖掘道路的频率与次数，降低对城市交通和居民生活的干扰。

延长管线的使用寿命，且结构安全性高。由于管线不接触土壤和地下水，避免酸碱物质的腐蚀，延长了使用寿命，有利于城市防灾。

2）现实问题

地块开发的不确定性导致管廊容量预测与现实差距较大，可能导致综合管廊容量不足或过大。

由于缺少法律标准规范的指导，在防护技术及施工技术尚未成熟的情况下，各工程管线布置在一起容易发生干扰，造成事故。

各项机制尚不健全。由于综合管廊的建设成本、管理成本、协调成本较高，实施难度较大。

产权的约束。在产权绝对私有的国家，管线共同沟的建设通常受制于土地权属问题，难以实现[①]。

（5）地下综合管廊的常用剖面（图6.5-1～图6.5-4）

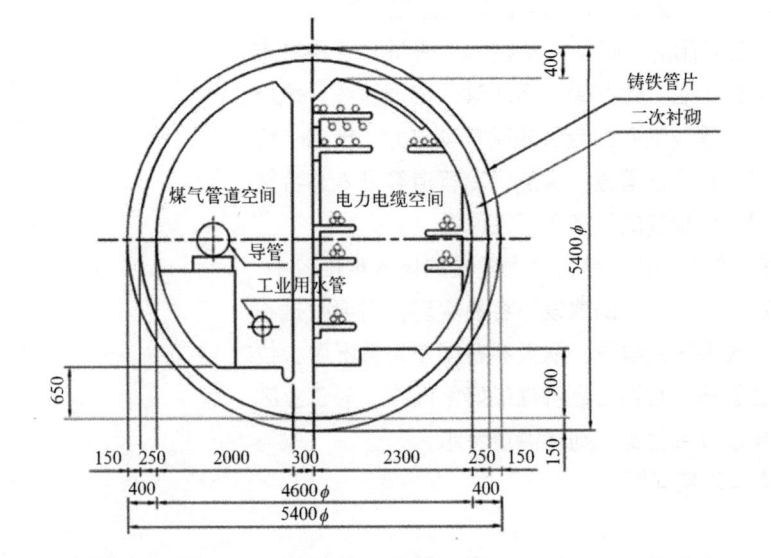

图6.5-1　管线共同沟剖面A

① 与日本经济实力不相匹配的是，城市的架空管线很多，主要原因在于日本的土地私有制，即地下50m范围内是业主的私有空间，因此，日本很多城市的输水管线只能建在地面以下70m，或者将公用设施建设在公共建筑下面。

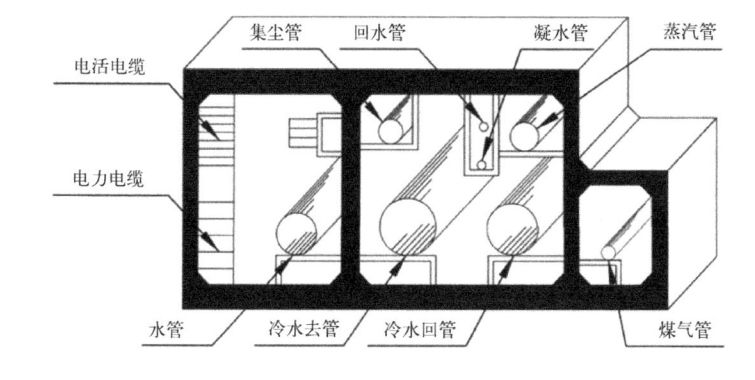

图 6.5-2 管线共同沟剖面 B

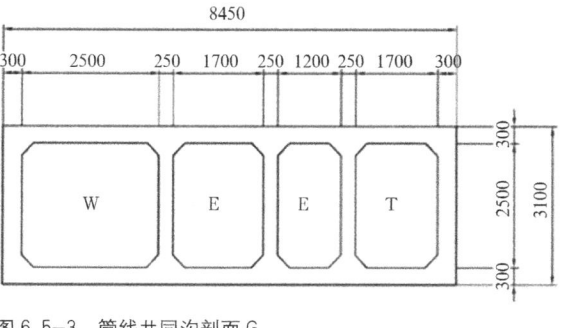

图 6.5-3 管线共同沟剖面 G

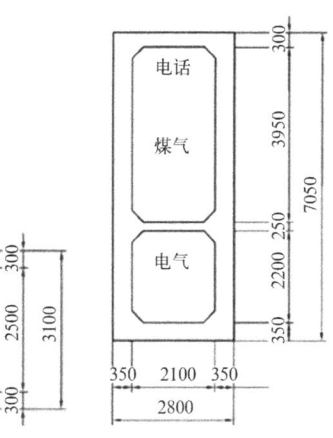

图 6.5-4 管线共同沟剖面 H

6.5.2 我国城市地下综合管廊规划建设模式

纵观我国综合管廊建设情况，综合管廊呈现区域分布的特征，总体而言，我国东部地区综合管廊建设较为集中，建设较为超前。城市综合管廊通常选址在以下 4 类地区：①新城中央商务区。以上海张扬路、北京中关村、上海松江新城、上海安亭新镇、杭州钱江新城、武汉王家墩、深圳光明新城、苏州高新区、无锡太湖新城、宁波东部新城等为代表；②城市各组团之间。以昆明昆洛线、深圳大盐线、厦门水库线等为代表；③城市特定地区。以青岛火车站、广州机场、广州大学城、广州亚运城、上海世博园、大连保税区、连云港西大堤等为代表。④旧城亟需改造完善地区。

根据国内城市综合管廊建设的特征和趋势，可总结出我国的地下综合管廊建设呈现的三个特性：①管线长度越来越长，总体规模逐渐增大；②容纳的管线种类趋全、数量趋多；③断面形式复杂多样。

为解决现状地下建设管线混乱的问题、安全与智慧城市建设的要求，今后，地下综合管廊的发展方向必然是规模化、网络化。因此，要规划先行，建设从"点、线、面"做起，逐步完善。

(1) 城市新建地区

城市新建地区综合管廊建设呈"规模化、网络化"的综合发展趋势。相比单线形式，综合管廊的网络化布局可以提升整体的服务水平，其服务范围大，服务对象多，安全性也较高。同时，近几年各地规划综合管廊的长度越来越长，呈现出规模化发展趋势。

综合管廊通常与地上、地下空间整合建设。与地下空间整合，如与地铁、地下车库、地下交通枢纽、地下道路、地下商业等的整合；与地上设施整合，如与轻轨、高架路、（高层）建筑密集区的整合等。

2011 年始，沈阳借助全运会基础设施的建设契机，在浑南新城建设了长达 22.3km 的地下综合管廊。该项目于 2012 年完成，并在当年被评为"沈长哈"三市优质工程银杯奖。目前运行情况良好，二期也在继续推进，土建工程基本完成。

北京中关村建设了三位一体的综合管沟：共分三层，中关村西区地下一层设交通环廊，地下二层建设了市政综合管廊的支管廊，同时有约 12hm^2 的商业、娱乐与餐饮等设施，地下一层与地下二层共建设约 10000 个机动车停车位，地下三层主要是市政综合管廊的主管廊，长度约 10km。

(2) 旧城改造地区

旧城改造地区的综合管廊建设呈"点、线"分布的简易化趋势，这与旧城改造地区的特征相一致。与上述常规的综合管廊建设成本和施工周期相比较而言，城市简易综合管廊（容纳自来水、电力、通信管线[①]）的建设成本低，施工难度小（可以在人行道下建设），集约效能高，是常规综合管廊较为理想的替代形式，也是旧城改造所常用的形式。

1）城镇简易综合管廊的建设适用以下情况

A．街道狭窄，管线敷设空间小；

B．地质条件差，不均匀沉降明显，土壤腐蚀性较强而经常性损坏管道；

C．北方冻土层较深，容易损坏管道；

D．城镇人口密集地区，对生命线系统防灾能力有较高要求；

E．旅游景区，对街道使用频率及景观有较高要求。

2）简易综合管廊设计案例

A．适用于南方小城镇的简易综合管廊

南方小城镇大部分处于水系较发达的平原水网地区，城内主要街道与水道平行，临近河岸有垂直于主要街道的密集小街，以方便直通水边的码头。随着改革开放的深入发展和国民经济的不断增长，南方小城镇人口增加，市政公用设施有扩容改善需求，以提升居民的生产生活环境。

以江苏周庄为例，周庄的道路大多宽仅 4m 左右，为满足大量管线铺设的需要，可建造简易综合管廊（图 6.5-5）。该简易管廊为上面盖有条石盖板的 U 形水泥

---

① 这是因为自来水与电力平时的使用频率很高，放在共同沟内易于维护和使用，而污水、雨水管线平时的使用频率较低，直接敷设在地下可节约成本。

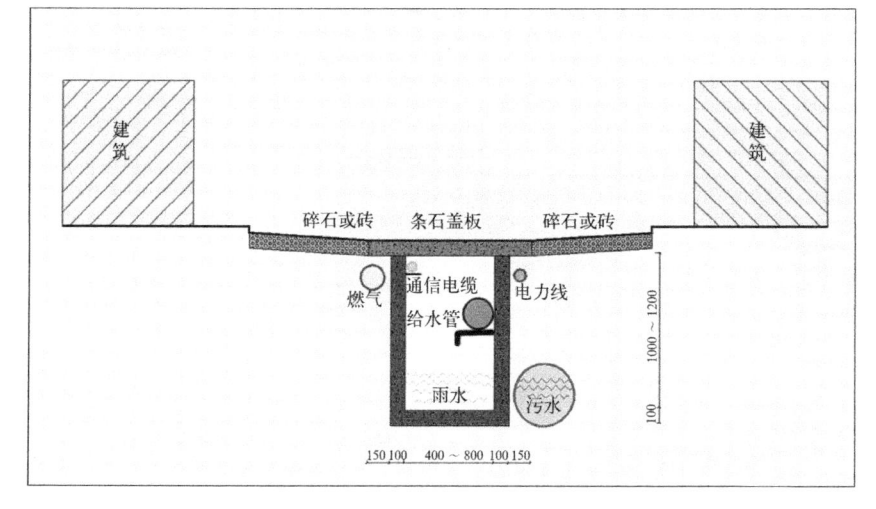

图 6.5-5 南方旧城简易综合
管廊设计示意图

混凝土预制管廊，管廊内放置通信电缆、给水管。在条石下面、共同沟两侧分别放置燃气与电力管线。

污水排放一般为重力流，随着管网长度的增加，管网的埋深会加深，如果放在管廊内，势必会增加管廊的建设成本。由于周庄河网密布，每隔200～300m 就可以将雨水排入河道中，因此在简易综合管廊底部直接收纳雨水，通至河边，雨水排入河中。

B. 适用于北方小城镇的简易综合管廊设计

我北方地区地形以平原为主，兼有高原、山地和丘陵，夏季高温多雨，冬季寒冷干燥，冬季平均气温均低于 0℃，平均最大冻土层深度为 1.2m。我国北方小城镇的社会经济发展水平、基础设施配套水平整体上还是相对落后的。

以我国西北部某城市为例，该城市的旧城街巷宽 3～4m，土质是遇水易沉陷的湿陷土，且地下有密密麻麻的防空洞，地质条件不佳，因此这里的自来水管道都是明管，敷设在墙壁或地面上，冬季低温会导致水结冰，无法供应。而旧城的污水处理系统也远未完善。为应对恶劣的地质条件与冬季低温，可规划建设密封预置的简易综合管廊（图 6.5-6），管廊内顶部敷设电力线和通信电缆（两者间距满足规范要求），往下依次敷设给水管、雨水管和污水管。考虑燃气泄露可能引起的安全问题以及热力管网的热胀冷缩，燃气管网与热力管网分别布置在冰冻线以下、管廊外部左右两侧。在此案例中，还在管廊底部每间隔 100m～200m 处装设报警器以监测给水管网，一旦出现管网漏水，便及时将水抽走，防止因管道浸水造成湿陷土下沉，危及旧城安全。

C. 适合城镇新区、经济开发区、灾后重建城镇的简易综合管廊设计

城镇新区与经济开发区通常位于靠近老城又相对独立、基础设施基础较弱的区域，而基础设施配套水平是决定其今后发展走势的决定因素，因此整个城市都会对其基础设施建设给予极大支持。而灾后城镇的重建更

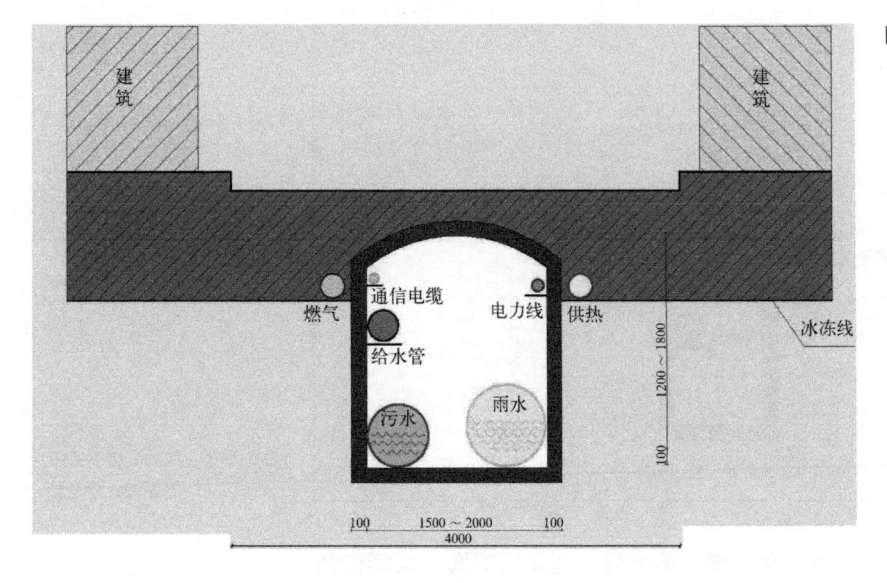

图 6.5-6　北方旧城简易综合
管廊设计示意图

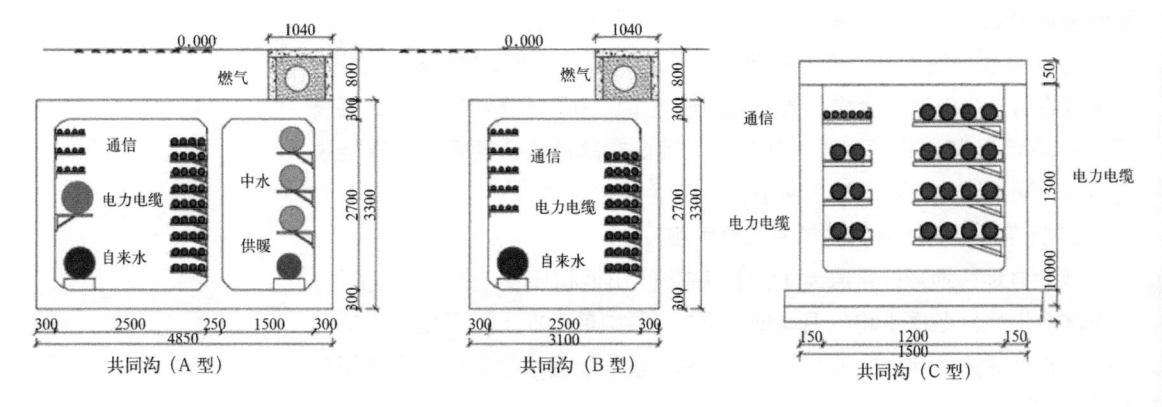

共同沟（A 型）　　　　　共同沟（B 型）　　　　　共同沟（C 型）

是受到国家和全社会的广泛关注与支持，灾后重建目的之一就是提高当地基础设施配套水平。因此在上述情况下，基础设施建设可以不受现状条件影响，根据需要将基础设施管线全部纳入共同沟。并且因开发建设主体集中，资金比较充裕，共同沟的建设也较容易实现（图 6.5-7）。

图 6.5-7　城镇新区简易综合管廊设计示意图

D. 适合城镇已建成道路增强生命线系统抗震能力的简易综合管廊设计

日本阪神地震的防灾抗灾经验说明，即使受到强烈的台风、地震等灾害，设置在综合管廊内的各种管线设施也可以避免由于电线杆折断、倾倒等造成的二次灾害，因而当城镇已建成道路需要增强生命线系统抗震能力时，可采用如图 6.5-8 所示的综合管廊设计方式，在人行道下布置简易综合管廊，纳入通信光缆、电力电缆和给水管。

6.5.3　建设融资与建设管理模式建议

我国城市市政综合管廊起步较晚，直至 1994 年底，才在上海浦东新区建成全长 11.125km 的居国内第一条规模大、距离长，设施完备的现代化综合管廊。在综合管廊的规划设计、建设施工、运营管理等方面，更多

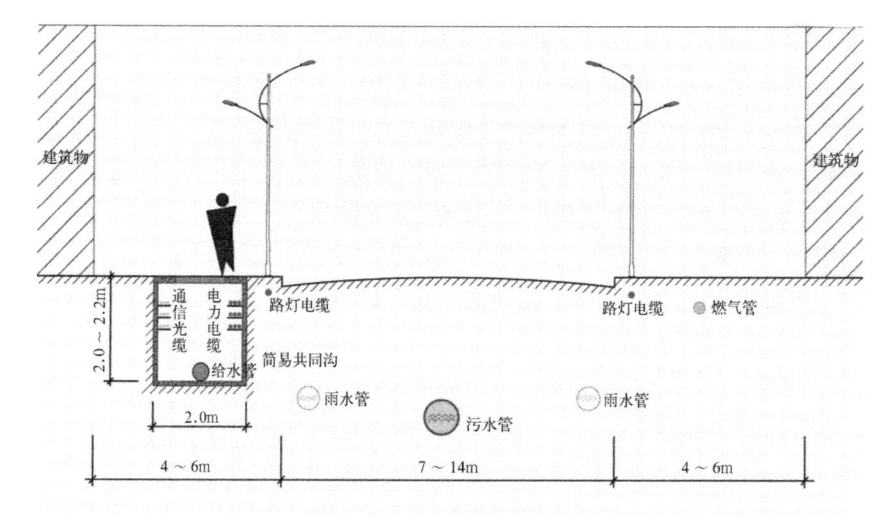

建筑物 建筑物

通信光缆 电力电缆
给水管
简易共同沟

路灯电缆 路灯电缆 燃气管

雨水管 污水管 雨水管

2.0～2.2m

2.0m

4～6m 7～14m 4～6m

图 6.5-8　人行道下简易综合
管廊设计示意图

地学习了日本和我国台湾地区的经验做法。

　　日本在 1963 年颁布了《共同沟特别措施法》，这部法律规定综合管廊是道路的合法附属物，并且法律制定了建设费用的分摊办法。综合管廊的建设费用由道路管理者和管线建设单位一起承担，对于建设费用的支付各级政府可以获得政策性贷款的支持。对于综合管廊建设成功后的运营管理工作，由道路管理者和管线单位一起负责。各管线单位对于自己投资建设的管线由自己来负责维修及管理，对于管廊主体，可以由道路管理者独自承担其运营管理，也可以和管线单位组合成为联合体一起来承担。此部法律的颁布为综合管廊的运营管理提供了保障。

　　我国台湾地区是国内实施综合管廊建设较早的地区。台湾的综合管廊发展得如此飞速与政府的支持是紧密相联系的。台湾地区的关于综合管廊的政策及法律比日本和欧洲地区更加详细、进步。于 2000 年制定的"台湾共同管道法"在确定分摊主体的基础上，把费用分摊的比例规定的也很详细。在充分考虑管线单位可接受的范围上，把综合管廊的建设费用分成 3 份，政府部门承担建设资金的 1/3，剩余的 2/3 由各管线单位进行分配。在进行建设成本分摊的时候，各管线单位以各自的直埋成本占所有管线直埋总成本的比例作为分摊的比例基础。对于建成后的运营费用，则也由两者进行共同承担，政府部门承担日常管理费用的 1/3，剩余的由各管线单位按照使用频率及占用空间的比例两个因素，综合考虑确定分摊数额。并且政府和管线单位还可以享受政策性的资金支持。

　　2014 年 6 月 3 日，国办发 [2014]27 号文件《国务院办公厅关于加强城市地下管线建设管理的指导意见》中提出要求"稳步推进城市市政综合管廊建设。在 36 个大中城市开展市政综合管廊试点工程，探索投融资、建设维护、定价收费、运营管理等模式，提高综合管廊建设管理水平。通过试点示范效应，带动具备条件的城市结合新区建设、旧城改造、道路新（改、扩）建，在重要地段和管线密集区建设综合管廊。"同年，财政部发布《关于开展中央财政支持市政综合管廊试点工作的通知》，由财政部、住房和城乡建设部联合开展中央财政支持市政综合管廊试点工作。通知中表明"中央财政对市政综合管廊试点城市给予专项资金补助"，"对采用 PPP 模式达到一定比例的，将按上述补助基数奖励 10%"。最终经过竞争评选，从 142 个城市中选出了 10 个城市作为 2015 年市政综合管廊试点城市。2015 年 8 月 13 日国务院再次发布《国务院鼓励运用 PPP 模式参与综合管廊建设和运营》。该文件中就涉及市政综合管廊投融资方面，提出几项要求：明确实施主体；明确入廊要求；实行有偿使用；加大政府投入；完善融资支持。

广州大学城是广州西南小围谷岛，综合管廊的建设沿着岛屿随道路呈现环形的布置，全长约 18km，综合管廊的投资约 4 亿元，管廊内为将来管线的扩容预留一部分空间。该综合管廊的建设由广州大学城投资经营管理公司投资建设。在后期的运营过程中经广东省物价局的批准对于进入管廊的管线单位收取相应的费用以弥补综合管廊建设的费用及管廊日常维护费用。广州大学城综合管廊如果按照直埋成本只需 8000 万元，所以在收费过程中考虑到管线单位的直埋成本因素，定价过程中采用以直埋成本为参考，按照实际铺设长度为记取标准一次性收取入廊单位的进驻费。对于后期的管理费根据各管线单位设计截面空间占用比例由各管线单位进行分摊。由于政府给予了政策方面的收费权的保证，所以广州大学城的综合管廊在后期运营过程中有一定的保障。但是，在入廊费用的确定方面，考虑到我国现阶段城市地下空间的产权归属不明确，如果收费较高的情况下，管线单位就会考虑自身成本，绕开管廊自己在单独铺设管线。所以广州大学城的综合管廊收费相对较低。目前管廊收取的租金仅仅可以维持每年的管廊维修管理费用，对于管廊的前期投资很难收回。

从广州大学城案例来看，在综合管廊运营过程中，有几个关键因素很重要，一是要明确综合管廊的产权归属；二是政府对于影响综合管廊收费及综合管廊的运营的相关政策应该尽快明确；三是政府资金的支持。综合管廊作为市政基础设施，具备公共产品的性质，所以，不能以投资回报衡量其是否成功，应该充分考虑其社会效益。结合国内外综合管廊投融资、建设管理及制度保障情况，为我国各地今后建设综合管廊建设提出以下建议：

（1）资金来源

综合管廊建设属于城市重要基础设施建设，建设体量及资金需求量较大，首先应积极争取国家政策和资金支持。2015 年 8 月 10 日，国务院办公厅印发《关于推进城市地下综合管廊建设的指导意见》，共有十条主要意见，其中两条即为资金方面的：其一，要求加大政府投入；其二，要求完善融资支持。为此，国家财政部也陆续出台了相关政策文件，对于各地符合要求的综合管廊建设提供一定的资金补贴。

在上述资金、政策保障基础上，为确保综合管廊建设及运营维护的可持续性，各地应制定一系列资金承担机制，借鉴日本、中国台湾的经验做法，综合管廊的建设费用应由政府、道路管理部门和管线单位一同承担，后期运营费用应由道路管理者和管线使用单位一同承担，各管线单位自己负责或组成联合部门承担维修及管理任务。

国家发改委确定的采用基础设施公共服务领域政府与社会资本合作方式，(PPP，Public-Private-Partnership 的缩写)，该模式指：政府通过特许经营权、合理定价、财政补贴等事先公开的收益约定规则，引入社会资本参与城市基础设施等公益性事业的投资和运营，以利益共享和风险共担为原则，发挥双方优势，提高公共产品或服务的质量和供给效率。为此，各地应积极研究 PPP 融资建设管理的合适路径，并指定相关法律法规的制度保障。

未来，我国综合管廊的建设应以财政补贴、投资补贴、贷款贴息等多种方式吸引社会资本的投入；并允许管廊维护运行单位发行金融债券、票据等进行融资；在日常运营中，入廊管线单位需要缴纳一定的入廊费和之后的日常维护费用，来保障管廊的正常运营。

(2) 运营管理

从已实施的项目来看，各地在建设综合管廊的过程中，无一例外是由政府强势主导，制订了一系列的政策，保障综合管廊的建设及运营。如，临潼现代工业组团的综合管廊的投资运营采用的是建设与管理分开的模式，投资建设由政府或国有投资公司按市政基础设施拨款或融资方式进行，运营管理按市场化物业管理公司模式进行，管理公司负责综合管廊的日常运行和维护管理工作，管理公司对沟内管线只负责监管运行，各专业管线公司负责自身管线的敷设和维修，专业管线公司向管理公司支付综合管廊使用费和维护费；专业管线单位也可以单独委托管理公司对沟内管线进行维修，费用由双方自行商定。

由于管线单位涉及的部门众多，综合管廊的建设就是要打破原有管线各自布设的混乱状况，综合考虑各自对空间以及未来扩容的需求，对管线综合化规划建设和管理。在此，设立综合管廊运营管理部门综合协调各管线单位，也是管线综合化建设的趋势所需。

6.6 智慧城市基础设施规划与建设策略

随着信息技术发展的突飞猛进，社会进入信息时代，极大地改变了公众的生产生活方式。与此同时，城市也面临着环境污染、交通堵塞、能源紧缺等方面的挑战。在新环境下，如何解决城市发展所带来的诸多问题，实现可持续发展成为城市规划建设的重要命题。"智慧城市"成为解决城市问题的一条可行道路，也是未来城市发展的趋势。

6.6.1 智慧城市与智慧市政

(1) 智慧城市的概念

认识智慧城市的概念，首先必须要明确"智慧城市"与"数字城市"

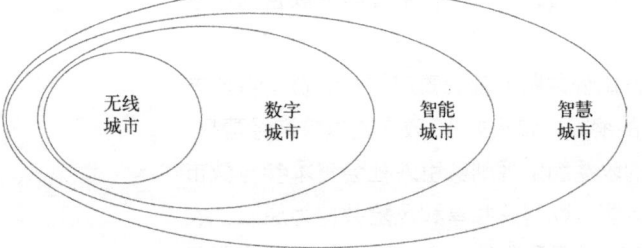

图 6.6-1 智慧城市与其他理念城市之间的关系

资料来源：邬贺铨院士 2012 年 3 月 15 日浙江"科学会客厅"第 22 讲《智慧城市的服务与建设》PPT

之间的区别。智慧城市充分应用物联网、云计算、虚拟化、地理空间等技术，是在数字城市基础上，实现信息共享与分析，功能自动化，决策支持，最终实现整个城市的最优规划。在数字城市阶段，人们关注的是信息的采集和传播，重视信息的占有，以"数据为王"，而智慧城市阶段，人们更多地关注信息的分析、知识或规律的发现，注重信息的交换、共享和挖掘，以"内容为王"。数字化是数据的积累和传递，而智慧化的结果是数据的利用和开发，用数据去完成任务，并实现功能。[①]

从字面上理解"智慧"二字，"智"是知识，"慧"是灵性，放在智慧城市概念中，"智"指的是城市实现智能化与自动化，即实现智能城市，而"慧"指的是城市鼓励科技创新、耗散降低、效益提高，实现人文化、生态化，最终实现环境和谐与人本幸福（图 6.6-1）。

（2）智慧市政的概念

相关研究认为，"智慧城市"总体框架应包括智慧基础设施、智慧运行、智慧服务和智慧产业四部分。这四部分中，智慧基础设施的规划与建设是整个智慧城市框架的关键。而智慧市政是基础设施系统重要组成部分，包含了除交通系统以外的技术性基础设施的其他系统，即能源系统、水资源与给排水系统、通信系统、环境系统、防灾系统。智慧市政与传统市政工程区别有以下几个方面：

1）发展目标。传统市政以满足城市发展需求为根本目标，智慧市政以实现城市可持续发展为目标：降低能源消耗，实现资源生态化利用。

2）系统特征。传统市政应急能力薄弱，智慧市政在建立全面的信息监测网络的基础上，通过信息共享和信息利用，强化应急防灾能力。

3）产品服务。传统市政提供公共产品及服务单一，缺乏个性化，智慧市政以人为本，与使用对象互动，提供多样化个性化公共产品。

4）建设与管理模式。传统市政重建设，轻管理；智慧市政注重建设后的管理维护环节，建立智能监控体系，构建综合信息平台，采取综合化、信息化管理模式。

6.6.2　国内外的智慧市政实践概况

（1）国外政策

国外智慧城市建设起步较早，发达国家开展智慧城市基础设施建设实践过程中，几乎都制定了合理详细的政策。

---

① 参见王辉、吴越等编著的《智慧城市（第二版）》第 3 章第 3 节，智慧城市相关理念之间的关系。

1）计划先行

在实践前期，国外政府首先会投入大量精力，制定行动计划，用以指导城市的智慧城市基础设施建设，2004 年，韩国政府发布《数字时代的人本主义：IT839 战略》，提出了建设无所不在的"智慧城市"计划，2006年确定总体政策规划，从通信及信息基础设施的全方位升级入手，推动信息技术应用，让韩国民众可随时随地享有科技智能服务。新加坡制定《智慧国 2015 计划（iN2015）》计划，目标建立超高速、广覆盖、智能化、安全可靠的信息通信基础设施，并致力于将新一代信息通信技术运用与包括城市基础设施在内的各个领域。荷兰阿姆斯特丹制定智慧城市计划(ASC)，从多种途径入手致力于真正的节能绿色智慧城市。2009 年 10 月，纽约市政府宣布启动"连接的城市"（Connected City）[①] 行动，以增加普通民众与政府的联系、人与人之间的联系、企业与政府的联系以及企业与民众的联系，要利用信息通信技术，使纽约在信息时代依然走在世界城市的前列。

2）战略高度

国外很多国家将建设智慧城市纳入到国家战略的高度，纷纷出台一系列相关鼓励政策，明确智慧城市建设过程中的方向、目标以及重点建设内容，以此来推动本国智慧城市建设。如美国率先提出国家信息基础设施（NII）和全球信息基础设施（GII）计划。韩国从 1992 年开始，开展了第二次国家骨干网的建设，实现了行政电子化网络管理的目标。日本政府于 2009 年 7 月制定了《i–Japan2015 战略》，旨在到 2015 年实现以人为本，"安心且充满活力的数字化社会"。2003 年 4 月，美国能源部召集了65 位电力行业和制造企业的专家在华盛顿聚会，会议提出了面向未来的"Grid2030"智能电网计划。在会后美国能源部输配电办公室发布了《2030电网》的远景规划，提出了会议达到的共同愿景："该计划将使北美电网具有极富竞争力的市场地位，人们可论何时何地都可以得到充足、廉价、清洁、高效和可靠的电力供应，得到最好和最安全的电力服务"。

3）反馈修订

发达国家制定智慧城市基础设施相关的实践政策往往不是一次性的政策，而是不断地在实践过程中，对原有政策试试效果，进行反复验证和评估，并根据实际状况进行调整和修订。以新加坡为例，新加坡早在 20世纪 90 年代初开始，制定全国信息化的远景计划，并且按照实施情况坚持对行动计划进行反馈和修订，在原有计划完成后根据社会发展状况尽快出台新的行动计划 IT2000—智慧岛计划（1992—1999 年），即《建设覆盖全国的高速宽带多媒体网络》《资讯通信 21 蓝图（2000—2003 年）》和《互联新加坡计划（2003—2006 年）》。2014 年新加坡陆路交通管理局与新加

---

① 杨红艳. "智慧城市"的建设策略：对全球优秀实践的分析与思考[J]. 电子政务，2012(01)：81–88.

坡智能交通协会（Intelligent Transportation Society Singapore）日前联合发表的最新"智能通行策略规划"（Smart Mobility 2030）总蓝图，检讨 2006 年发表的首个"智能交通系统"总蓝图，借助高科技打造一个更具连接性及互动性的陆路交通系统。

（4）注重立法

发达国家在出台相应的实施计划的同时，注重相关配套法律规范的出台和更新，以保障计划的实施。以美国政府的智能电网计划为例，2003 年 4 月，美国能源部召集了 65 位电力行业和制造企业的专家在华盛顿聚会，会议提出了面向未来的"Grid2030"智能电网计划。随后在 2007 年 12 月，美国国会颁布了"能源独立与安全法案"，其中的第 13 号法令为智能电网法令，该法案用法律形式确立了智能电网的国策地位。并就定期报告、组织形式、技术研究、示范工程、政府资助、协调合作框架、各州职责、私有线路法案影响以及智能电网安全性等问题进行了详细和明确的规定。2009 年 2 月，美国国会颁布了"复苏与再投资法案"，使美国政府对智能电网、清洁能源并网等基础设施建设的相应配套资金的供给得到法律保障。

（2）国内政策

我国对智慧城市及智慧城市基础设施的相关实践和研究的起步较晚于发达国家，近年来，我国制定和颁布了一系列相关政策来支持智慧城市基础设施建设实践。

2013 年 8 月，国务院出台《关于促进信息消费扩大内需的若干意见》，提出持续推进电信基础设施共建共享，支持公用设备设施的智能化改造升级，加快实施智能电网、智能交通等工程建设，同时，国务院发布了"宽带中国"战略实施方案，部署未来 8 年宽带发展目标及路径，宽带首次成为国家战略性公共基础设施，这两个政策的颁布正式拉开了国内建设智慧城市基础设施的序幕。2014 年 8 月国家发改委和八个相关部委联合印发《关于促进智慧城市健康发展的指导意见》，提出到 2020 年，建成一批特色鲜明的智慧城市的目标。提出"基础设施智能化"的建设目标。宽带、融合、安全、泛在的下一代信息基础设施基本建成。电力、燃气、交通、水务、物流等公用基础设施的智能化水平大幅提升，运行管理实现精准化、协同化、一体化。这一系列国家发布的基础设施相关政策，逐步奠定了智慧城市基础设施的建设在国内智慧城市建设中的核心地位。

在智慧城市基础设施建设资金保障方面，2013 年，住房和城乡建设部与国家开发银行达成协议，后者将在"十二五"后三年内，提供不低于 800 亿元的投融资额度支持中国智慧城市建设。投融资方面，对于在国务院批准发行的地方政府债券额度内，各省级人民政府要统筹安排部分资金用于智慧城市建设。城市人民政府要建立规范的投融资机制，通过特许经营、购买服务等多种形式，引导社会资金参与智慧城市建设，而智慧城市基础设施建设则是投资的重点领域。2014 年 1 月召开的国家电网公司工作会议提出，完成智能电网建设改造投资 775 亿元。该公司以社会广泛关注的新能源发展、分布式电源开发、智慧城市建设等 6 个领域为重点，加快智能电网创新示范工程建设，确保 2015 年全面完成建设任务。

（3）国内外实践进展

国内外智慧城市基础设施实践涉及的领域较为全面，涉及交通系统、能源系统、水资源系统、环境卫生系统、通信系统及防灾工程系统六大领域。

国外智慧城市基础设施实践起步较早，例如瑞典斯德哥尔摩，早在 20 世纪 90 年代中期，就启动了光纤入户的改造，如今，智慧城市通信基础设施建设已经达到了较高水平。国外城市在智慧城市基础设施的实践中，通常有明确的战略目标，专业化、精细化程度很高，在规划的基础上有较为严谨的长期实施计划，并且对智能化技术应用的实践已达到较为深入的程度。如，美国纽约、荷兰阿姆斯特丹、日本横滨的智慧城市建设以"实现能源系统可持续发展"作为战略目标，围绕智慧电网建设，开展一系列针对性的智能化改造；爱尔兰戈尔韦围绕海洋资源利用和海洋环境保护这一主题，对港口及附近海域进行智能化改造探索。

目前，国内的智慧城市基础设施实践是在"智慧城市"建设的框架下进行的。总体而言，我国智慧城市基础设施实践还处在起步阶段，计划较为完善，但具体项目的建设基本还处在概念或试点阶段。相对于其他基础设施系统，电信系统及交通系统的智能化实践进展较快，能源、水务、环卫等系统的基础设施智慧化相对缓慢。多数城市还没有完成对"智慧城市"的基础——新一代通信基础设施的建设和改造，少部分信息化程度较高的城市，例如北京、上海、深圳、武汉等已经展开了小范围的智慧电网、智慧水系的改造试点。

国内外主要智慧城市的智慧城市基础设施实践汇总　　表 6.6-1

城市	拟发展或正在发展的基础设施智能化项目					
	交通系统	通信系统	水系统	能源系统	环境卫生系统	应急防灾系统
智慧广州	✓	✓	✓	✓	—	✓
智慧北京	✓	✓	✓	—	✓	✓
智慧上海	✓	✓	✓	✓	—	✓
智慧宁波	✓	✓	—	✓	✓	✓
智慧武汉	✓	✓	✓	✓	✓	✓
深圳"智慧前海"	✓	✓	✓	✓	—	✓
韩国—首尔（Seoul）"U-City 计划"	✓	✓	✓	✓	✓	✓
荷兰—阿姆斯特丹"智能城市计划"（Amsterdam Smart City，简称 ASC）	✓	✓	—	✓	✓	—
日本—横滨"智能都市"计划（Yokohama Smart City Project，YSCP）	✓	✓	—	✓	✓	—
爱尔兰—戈尔韦（Galway）"智慧港"	—	✓	✓	✓	✓	✓
纽约（New York City）	✓	✓		✓	✓	✓

资料来源：（1）阿姆斯特丹 http://amsterdamsmartcity.com/ ；（2）横滨 http://jscp.nepc. or.jp/cn/yokohama/index.html.

(4) 各专业智慧市政的具体实践

1) 智慧交通系统

智慧交通系统，是指运用信息、通信、控制以及机械等技术，并将先进的政策措施、管理手段等融合于一体应用于交通领域，以改善交通状况，实现绿色、环保、节能、快捷、高效的交通系统[①]。当前国内外城市建设中智慧交通的主要实践内容有：

A. 智慧交通信息管理：全方位监测城市车流状况，对交通信号实时远程控制，实时监控中城的交通状况并做出相应的交通信号控制，达到缓解交通拥堵，提高交通流量，减少温室气体排放和空气污染的目的。

B. 智慧停车需求管理：采取综合管理措施，限制最大停车供给数量，逐年降低停车设施供给数量，增加公共交通，以保护环境和减少交通拥堵。

C. 智慧公交服务系统：通过对公交线路的实时监控和调度管理，构建公交数据双向交互平台，帮助公交公司优化公交运营，并为随时随地为市民提供公交实时信息查询。

2) 智慧水系统

智慧水系统以建设水环境、水管网的监控网络为核心，推进水资源节约和水资源可持续开发利用，并对洪水、水污染等灾害提供预警。智慧水资源系统的主要建设内容有：

A. 水环境监控：利用先进的传感器网络，监测、测量和分析整个水利生态系统，对水位、水质等数据变化情况进行实时监测。

B. 水管网监控：与水环境监控类似，只是监控对象是整个供水或排水管网系统。

C. 水系统突发状况预警：通过对水环境及水管网的监控，收集相关数据，并通过相关程序对警戒水位和水质恶化状况发出预警。

D. 智慧水资源管理：了解用户的水资源使用情况，为用户提供针对性的节水策略。另外，水资源管理系统还能实现与客户和水产业专家的密切合作，帮助政府和企业更好地利用信息技术解决水资源管理问题（表6.6-2）。

智慧水系统实践汇总　　　　　　　　　　　　　表6.6-2

实践地区	实践内容
爱尔兰高威海湾	使用大型数据收集与分布式智能系统，监控高威海湾的污染水平和其他环境状况
纽约哈德逊河	传感器和机器人组成的一个集成网络观测纽约哈得逊河
荷兰鹿特丹	构建水环境监控系统，获取并分析那些持续影响城市基础设施和运行的海洋、河流、降雨和地下水的实时信息，使政府能够应对洪水和暴雨威胁
美国华盛顿哥伦比亚区	开发先进的水资源管理系统，用于在单个存储库中分析大量的数据，包括从水管和阀门到处理设备，以帮助在问题发生之前确定潜在问题，提高水质，并降低成本

资料来源：（1）笔者根据各城市"智慧城市"规划资料及建设进程相关报道资料整理；（2）http://amsterdamsmartcity.com/

---

① 孙怀义，王东强，刘斌. 智慧交通的体系架构与发展思考 [J]. 自动化博览，2011(S1)：28-31.

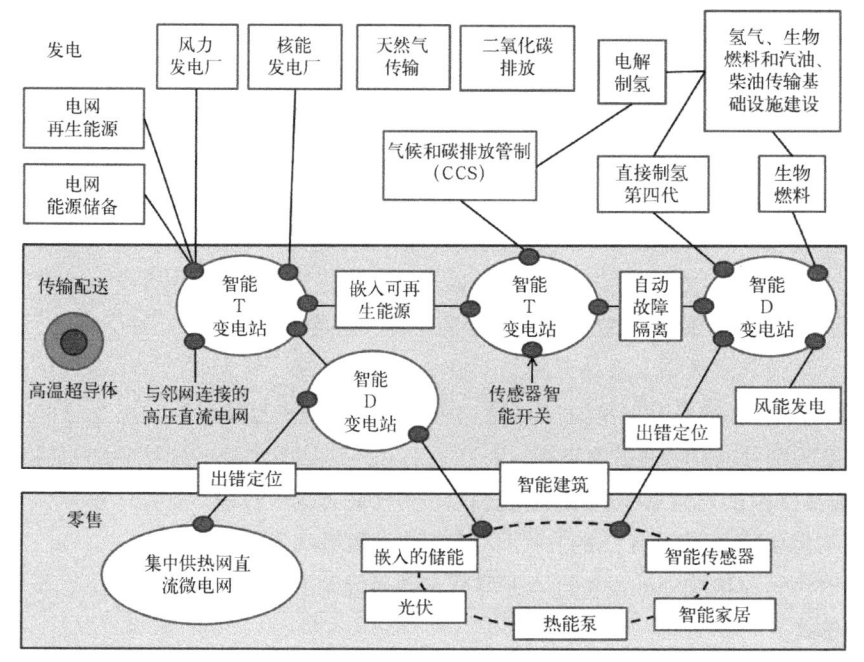

图 6.6-2 Amsterdam 智慧电网结构图[①]

3）智慧能源系统

智慧能源系统的建设以智慧电网建设为核心，以节约能源消费，提高新能源使用为目标展开对能源系统进行智能化升级改造。与传统电网相比，智慧电网的实践内容使电网系统更加智能与安全，能够有效减少电网电力损耗，提升能源利用效率，发电与用电的互动能够及时将用电信息反馈给用户，引导用户采取节能措施（图 6.6-2）。此外，主要内容包括：

A. 全网监控：实现对电网运行状态、资产设备状态和客户用电信息的实时、全面和详细监视，消除监测盲点；

B. 发电与用电的互动：用户端安装智能电表和能源反馈显示设备促进用户更关心能源使用情况，确立节能方案；

C. 新型建筑能源管理系统：了解整个屋子的能源使用情况，甚至每一件家用电器的用电量；

D. 分布式能源的接入：风能、太阳能等间歇式可再生能源的接入；

E. 电网震动自恢复及失稳警报：从系统震荡中自动恢复，对于系统失稳趋势提前报警及调整。

4）智慧通信系统

智慧通信系统主要指的是运用"新一代通信与信息技术"对城市通信基础设施进行改造升级。国内外几乎所有的"智慧城市"建设实践都从建设城市通信基础设施的升级改造开始，而智慧城市其他方面的建设实践都需要依赖新一代信息与通信技术的运用而得以实现。通过对国内外相关

① 吴余龙，艾浩军．智慧城市 [M]．北京：电子工业出版社，2011：276．

实践案例进行分析，国内外智慧通信系统建设主要集中在以下五个方面：

A．无线 Wi-Fi 网络的建设：无线 Wi-Fi 网络是利用射频（Radio Frequency, RF）的技术，使用电磁波，取代旧式网线所构成的局域网络，在空中进行通信连接。目前，基于 IEEE802.11 系列标准[①] 的 Wi-Fi 已经进入了千家万户，且不断地朝着更大带宽、更高数据吞吐量的方向发展着。

B．光纤到户：使用传输容量大，传输质量好，损耗小的光纤将逐渐取代电话线接入到千家万户。

C．多网融合：电信网、广播电视网、互联网在向宽带通信网、数字电视网、下一代互联网演进过程中，通过技术改造，业务范围趋于相同，资源共享，能为用户提供语音、数据和广播电视等多种服务。例如，以后的手机可以看电视、上网，电视可以打电话、上网，电脑也可以打电话、看电视。

D．互联网升级：当前主要指的是用新一代互联网协议 IPV6 代替第二代互联网协议 IPV4。IPV6 所拥有的地址容量是 IPV4 的约 8×10^{28} 倍。这不但解决了网络地址资源数量的问题，同时也为除电脑外的设备连入互联网在数量限制上扫清了障碍，为物联网发展打下基础。

E．物联网建设实践：当前物联网实践主要还停留在较为初级的局部传感网的层面，即在城市某个系统内（例如道路系统、公交系统等）安装大量传感器，通过传感器收集数据信息，用网络进行连接，使物体与网络之间的信息交换和通信，以实现物体智能识别、定位、跟踪、监控和管理。

5）智慧环境卫生系统

智慧环境卫生系统通过提高环卫系统智能化水平，加强对环境的实时监测，使城市生态环境安全保障得以强化，一方面有效提高废弃物处理工艺，使环卫基础设施更加生态友好；另一方面提高环卫系统运行性能和服务效率，促进资源回收利用，有助于实现废弃物减量化和无害化。

智慧环境卫生系统的主要实践内容包括：

A．环境监测：通过传感器收集气象、水质、空气质量等信息，通过网络系统传递信息；

B．废弃物管理：对废弃物回收利用进行监督反馈；

C．开放空间导引：城市公园绿地等休闲户外空间利用导览系统；

D．公害预警：环境公害进行监控并发布预警。

6）智慧城市安全系统

智慧城市安全系统以物联网为核心，探索建立城市完全监控网络和城市预警网络[②]。智慧城市安全系统是新一代通信与信息技术应用下诞生的一项新的城市基础设施系统，它与常规城市基础设施中"工程防灾"措施相互补充，共同构筑起全新的城市防灾基础设施。

---

① 802.11 协议组是国际电工电子工程学会（IEEE）为无线局域网络制定的数据传输的标准。
② 王爱华，陈才．智慧城市，构筑于信息高地上的城市智慧发展之道 [G]．北京：电子工业出版社，2014：292.

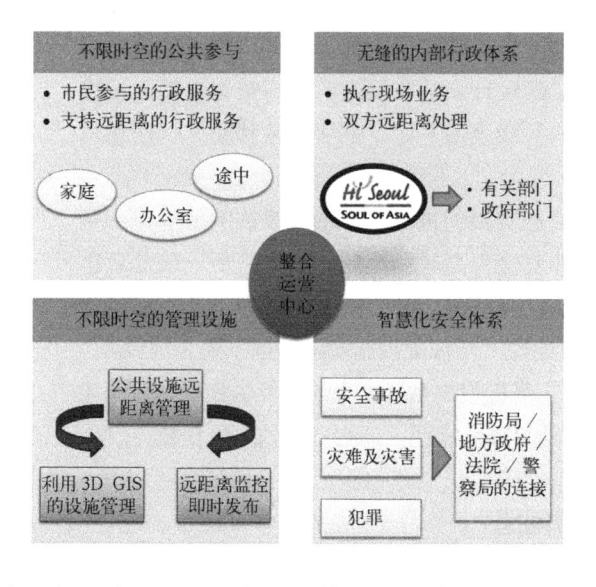

图6.6-3 首尔(Seoul)U-City
计划中智慧城市
管理及智慧安全
体系[1]

　　智慧城市安全系统提升整个城市的安全保障水平和应急防灾能力，对应急防灾系统进行统筹安全，实现应急防灾系统功能的集约，将城市监控系统进行整合，使整体运行效率提高，同时减少了分系统建设中的重复建设和资源浪费的情况（图6.6-3）。

　　智慧城市安全系统的主要实践内容包括：

　　A.监控网络：由街道、道路、公园等公共空间监控摄像头组成的与应急指挥中心相连的网络；

　　B.报警网络：在公共场所、大型公共建筑内部布置报警按钮；

　　C.应急指挥中心：汇总并综合分析各种公共安全数据和潜在威胁资料，为执法人员快速准确应对提供科学依据，并协助管理机构发布相关指令。

　　7）智慧市政管网系统

　　智慧市政管网系统通过提高市政管网智能化水平，使管网系统更加安全、稳定可靠，智慧市政管网系统提高管网运行性能，提升管网服务效率，并减少管网自身造成的资源或能源的损耗。

　　智慧市政管网系统的主要建设内容包括[1]：

　　A.信息支持：通过传感器收集系统信息，通过网络系统传递信息；

　　B.决策支持：通过综合调度系统对管网进行管理和调控；

　　C.故障处理及预警：对市政管网的故障提前预警，并迅速作出预处理。

　　需要特别提出的是，智慧市政管网系统的建设很大程度上需要依赖综合管廊的建设，因此其能够在一定程度上推动综合管廊的建设发展。

　　(5) 小结

　　现阶段智慧城市基础设施建设实践，是以传感器技术、物联网技术及云计算技术为核心的"新一代信息与通信技术"的运用作为基础。通过

---

① 国家智能水网工程框架设计研究项目组.水利现代化建设的综合性载体——智能水网
[J].水利发展研究，2013(03)：1-5.

对国内智慧城市建设案例的分析发现，国内外几乎所有的"智慧城市"建设计划都将新一代通信基础设施的建设列入了建设计划的首要内容，智慧城市基础设施建设实践都从建设城市通信基础设施的升级改造开始，都需要依赖新一代信息与通信技术的运用而得以实现。

总体而言，现阶段智慧城市基础设施实践促进了城市基础设施的智能化水平的显著提高，使城市基础设施系统更加安全、高效和低碳。首先，新一代信息通信技术的运用，极大地提高了城市基础设施系统的运行监控能力；其次，智能管理系统协助管理人员进行科学决策和应急处理，使基础设施安全得到了更大的保障；最后，智慧城市基础设施建设提高了城市基础设施系统本身的功能的集约和资源能源利用的高效率，也促使城市基础设施朝着降低能耗、节约资源的方向发展。

6.6.3 智慧城市基础设施规划关键问题

城市基础设施规划是城市各专业工程的发展规划，将在一定时期内指导各项基础设施的建设，城市基础设施规划根据城市经济社会发展目标，结合城市实际情况，合理确定规划期内各项基础设施工程系统的设施规模、容量，科学布局各项设施；制定相应的建设策略和措施。

智慧城市基础设施规划是适应智慧城市建设目标的城市基础设施规划，也是适应社会进步的智慧的城市基础设施规划，强调运用智能技术等所有先进技术和方法，安全、高效、集约地配置和布置城市基础设施。

在规划依据方面，智慧城市基础设施规划编制围绕智慧城市建设发展的总目标，在技术上落实和满足智慧城市的各项建设要求。为适应智慧城市建设发展的总目标和社会进步，现有传统城市基础设施规划所依据的相关法规和技术规定都应作相应的更新完善。

在规划技术方面，以 ICT 技术为代表的先进智能技术将会为城市基础设施规划的提供更加强大的智能分析和决策支持，与此同时，智能化和网络化的计算机辅助设计为规划师及相关工作人员提供了更为便捷的交互式工作环境，有助于减小计算机硬件条件对规划的限制，有效提高基础设施规划的工作效率。

在规划方法方面，传统的城市基础设施规划编制方法沿用粗略的人口发展指标、经济发展指标来配置城市基础设施，而忽视城市基础设施涉及的生态、环境、资源等因素。智慧城市基础设施规划应综合考虑事物之间的关系、政策制度、社会环境等多方面的因素，与传统城市基础设施规划相比，更加注重生态、环境、资源等的约束作用，综合衡量经济、社会、环境三方面的效益来配置城市基础设施。

在规划内容方面，智慧城市基础设施规划是高度一体化的城市基础设施规划，传统城市基础设施规划以专项工程规划为主，侧重于对每一个具体的工程进行单独规划而缺乏对各种工程系统间内在联系的考量。智慧城市基础设施规划则更注重对城市基础设施各系统的整体规划，深入探索各类础设施系统间的内在联系[①]。

---

① 联合国人民署. 致力于绿色经济的城市模式：城市基础设施优化 [M]. 上海：同济大学出版社，2013：63.

围绕"智慧城市基础设施"的建设目标，智慧城市基础设施规划需要跳出传统城市基础设施规划的固化框架，推动城市基础设施合理决策，在更全面、更高远的角度来规划城市基础设施发展路径，推动常规城市基础设施朝"智慧城市基础设施"的发展目标不断前进。

（1）基于物联网和云计算的现状调研与分析方法

为提高传统城市基础设施规划中现状分析依据的可靠性，智慧城市基础设施规划首先需在智慧城市建设发展的技术背景下，探索更为精确可靠地现状调研与分析方法。在智慧城市建设背景下，物联网与云计算在城市基础设施领域的运用将极大提升规划师对城市基础设施系统现状的认识水平和认识能力，必然会带动城市基础设施规划的技术革新，首当其冲的是城市基础设施规划现状调研和分析的技术革新，然而，城市规划究竟应该如何运用这些技术条件还有待于进一步的探索（表6.6-3）。

物联网及云计算系统对传统城市基础设施系统的功能优化　　　　表6.6-3

功能优化	具体内容
实时信息支持	通过安装传感器的智能终端（例如智能电表）实时收集系统信息，通过网络系统实时传递信息
信息反馈	利用智能终端实现信息在用户和控制中心之间的互动反馈（例如电力调度通过智能电表将用户用电量统计、用电特征及变化趋势反馈给用户，并制定出节约用电的建议）
信息数据分析平台	基于云计算，构建强大的数据分析平台对整个城市的各个基础设施系统运行状况进行统计汇总，数据存储，并进行初步分析（例如城市用电消耗状况、用电规律统计）
决策支持	在强大的数据分析支撑下，对基础设施各系统进行智能化管理和调控的决策支持
故障处理及预警	利用物联网对基础设施各系统进行全面监控，若发现故障则提前预警，并迅速作出预处理

在智慧城市建设实践背景下，物联网、云计算等智能技术的应用极大改善城市基础设施的信息采集和共享水平，也改变现有城市基础设施信息数据的采集和信息管理模式，这为城市基础设施规划探索更为精确可靠地现状调研与分析方法带来了研究机遇。随着物联网、云计算等智能技术的发展，智能城市基础设施规划开始从单纯的理论构想逐渐发展成为了现实，基础设施系统对运行数据的分析处理能力，对突发状况的应对调节能力，对问题的科学决策支持能力将大为提升：物联网融合了射频识别（RFID）、功能感应器、全球定位系统、激光扫描器等信息传感技术与先进的网络技术与一体，传感器、射频识别（RFID）等传感技术的应用使城市基础设施系统实现更透彻的感知和度量，先进的网络技术使城市基础设施系统实现信息的更高程度的共享和互联互通；云计算是网格计算、分布式计算、并行计算、效用计算、网络存储、虚拟化、负载均衡等传统计算机技术和网络技术发展融合的产物，使城市基础设施系统实现更加智能化的

数据处理和分析，提高对实际问题的灵活应对能力。

在对精确可靠的现状调研与分析的研究过程中，首先，城市基础设施规划研究领域需要对物联网和云计算等智能技术本身有较为深入的认识，充分了解基于物联网和云计算的基础设施智能信息采集与数据共享平台的原理和功能扩展。其次，在对智能技术充分认识基础上，智慧城市基础设施规划以探索基础设施规划领域更为精确可靠地现状调研与分析方法为目标，对智能技术在规划调研和分析阶段的应用方法展开系统性研究，以改进传统城市基础设施规划现状调研的问题与不足。最后，研究还需通过实证案例分析，对基于物联网和云计算的现状调研与分析方法进行评估，通过与传统城市基础设施规划的现状调研与分析方法的多角度、全方位的比较，评价其可行性和优缺点，并提出改进方法和可进一步研究建议。

(2) 准确、可靠的基础设施负荷预测与计算方法

城市基础设施系统由给水、排水、供热、燃气、供电、通信、环卫、防灾等多个子系统组成，且每个子系统是一个极为复杂的大系统，其供给规模受到多种复杂因素的共同影响，据前文论述可知，当前城市基础设施规划中供给规模预测以保障供给为首要目标，却难以保障基础设施系统供给效率，不利于实现节约资源、能源的发展目标，即与智慧城市基础设施规划"高效"的核心目标不相符，也不利于引导城市基础设施系统的可持续发展。因此，要实现智慧城市基础设施规划，就必须对当前城市基础设施规划的规模预测方法和思路进行进一步反思调整，而计算机计算能力的提升和虚拟化及计算机模拟技术的发展对完善城市基础设施规划的负荷预测与计算方法带来新的契机。

一般而言，在城市基础设施规划中，规模预测本质上是对未来的预测，从学术角度而言，预测的思路可以分为两类：

1) 由已知推测未知，由过去推测未来。受到这一思路引导下产生的预测方法以统计法为代表，即收集到的数字和图表等原始数据进行分析，筛选得出潜在的趋势，在此前提下延伸出来的预测模型包括：回归预测模型、时间序列模型等。统计法是应用最为广泛的定量预测法。

2) 对未来发展趋势做出多种情景假设。事先对系统未来发展的多种可能性做出假设，再进一步对假设情景下的未来发展的一系列动力、实践、结果进行描述和分析。这种思路引导下的典型预测方法为情景预测法，假定某种现象或某种趋势将持续到未来的前提下，对预测对象可能出现的情况或引起的后果作出预测，是一种直观的定性预测法。

而当前城市基础设施规划中的规模预测思路较为单一，即由已知推测未知，由过去推测未来，所有的预测指标是经验数据的归纳总结，而所采用的方法是统计法。

随着计算机技术的发展，计算机计算能力和模拟能力的提升为情景预测法的实现提供了硬件保障。统计法的预测结果是一个具体的量，可以作为城市基础设施规划建设的依据，而相对于统计法而言，情景预测法增加政策的弹性和对未来不确定性的应变能力，从而及时、有效地指导实践行动。在此基础上，城市基础

设施规划可以对此进行专门研究：首先，可以通过情景模拟实验来进一步探讨情景预测法在城市基础设施规模预测中的应用条件和具体操作，其次，在情景模拟实验基础上，探讨两种预测思路相结合的基础设施规模预测方法。

（3）城市基础设施布局的规划标准及技术指标的更新

在智慧城市建设背景下，伴随着新形式的城市基础设施的出现，传统基础设施规划的分类已经难以满足智慧城市基础设施规划的要求，且现有城市基础设施经过智能化、生态化等技术手段的改造，传统城市规划的相关规范和标准并没有考虑到智慧城市基础设施建设过程中，新的设计理念和新技术手段的运用改善了城市基础设施布局中土地集约利用、设施选址与防护的条件。

当前，新设备、新技术在城市基础设施领域的应用研究以及智慧城市基础设施建设实践，为基础设施布局的规划标准及技术指标的更新研究提供了物质条件；基于物联网和大数据的信息采集和分析方法为研究提供了技术条件。城市基础设施规划领域可以利用当前已有的智慧城市基础设施建设实践，对基础设施布局的规划标准及技术指标的更新进行深入研究。

首先，在城市基础设施布局方面，城市规划领域可以根据当前新理念和新技术对城市基础设施的更新改造效果，重新展开对城市基础设施的安全水平和环境影响水平进行评估，在此基础上修正安全防护标准、用地兼容及用地标准，以促进城市基础设施集约化建设。其次，城市基础设施规划应当对智慧城市建设背景下出现的新类型的城市基础设施种类，进行归纳分析，将其列入到城市基础设施规划对象中，并研究其布局原则、选址规定和相关的防护标准。

（4）三维互动的工程管网综合规划方法

当前城市规划领域，依托 AutoCAD 平台开发的湘源控规依然是工程管网规划的主要设计工具，智能化程度较低，任何细节的一个修改都需要规划师花费精力对每张图纸进行单独调整，修改工作量大。且在实际操作中，工程管网布局规划设计延续性低，规划图纸基本无法一脉相承用于工程设计、施工管理，与施工、管理等后续环节脱节。针对上述问题，智慧城市基础设施规划需要对工程管网布局规划的三维表达及延续性设计进行专门研究。

计算机三维建模、地理信息数据管理技术的发展和成熟为三维互动的工程管网综合规划方法研究奠定了基础。就目前计算机辅助设计技术而言，可以被适用于地下管线的三维设计表达的设计技术手段有两种：

1）基于 GIS 平台的三维设计表达。三维 GIS 是一个三维空间地理信息系统，能实现实时反射、实时折射、动态阴影等高品质、逼真的实时渲染 3D 图像，解决空间数据的存储、表现、查看、管理、量算和分析等一系列问题，具有良好的可扩展性及可伸缩性的三维地理信息系统，被广泛应用于智慧城市建设、环境评估、灾害预测、国土管理、城市规划、邮电通信、交通运输、军事公安、水利电力、公共设施管理等领域。

2) 基于 BIM 的三维建模设计。BIM 是建筑信息模型 (Building Information Modeling) 的简称，是以建筑工程项目的各项相关信息数据作为模型的基础，进行建筑模型的建立，通过数字信息仿真模拟建筑物所具有的真实信息。它具有可视化、协调性、模拟性、优化性和可出图性这五大特点。

3DGIS 和 BIM 都具备了三维建模、数据库管理、智能分析和决策辅助的能力 (表 6.6-4)。相比较而言，3DGIS 的优点在于，其三维建模是在强大的地理空间数据管理基础上建立的，3DGIS 中的模型与现实中的地理坐标系和高程坐标相对应，3DGIS 中的模型完全可以与物理空间中的模型一一对应，因此 GIS 被广泛用于更为宏观层面的城市规划领域；而 BIM 则是专为建筑设计领域而设计的工具，更擅长对三维物体真实细节的表达和模拟，具备管线碰撞检查、管线安全距离检查、管线系统成本估算及控制、施工计划优化、施工质量监控、运营模拟及运营方案优化、应急预案优化等分析功能，具备实现实现地下管线 "规划 - 设计 - 施工 - 运行" 的全生命周期管理 (图 6.6-5 ~ 图 6.6-7)，但在城市规划领域应用较少 (图 6.6-4)。

BIM 与 GIS 技术特点分析

表 6.6-4

分析项目	BIM	GIS
相同功能	三维建模、数据库管理、智能分析和决策辅助	
优点	强大的三维物体真实细节的表达和模拟，具备管线碰撞检查、管线安全距离检查、管线系统成本估算及控制、施工计划优化、施工质量监控、运营模拟及运营方案优化、应急预案优化等分析功能，可实现设计项目的 "全生命周期管理"	基于强大的地理空间数据管理的三维建模，模型与现实中的地理坐标系和高程坐标相对应
缺点	没有地理空间数据库支撑	难以实现复杂物体三维建模和模拟
普及领域	建筑设计	城市规划与城市管理
兼容性	都可以与 CAD 兼容，但两者相互兼容困难	
在管线工程领域的适用范围	建筑内的管线工程	建筑外的管线工程

3D 工程管网设计技术并不是一项新的技术，但在城市规划领的应用却并不广泛，若要实现智慧城市基础设施规划，规划师必须要面对如何增强城市规划环节对后续设计、施工、管理等环节的延续性等问题，并最终实现城市基础设施全生命周期管理。

---

① 图片来源：http://www.gissky.net/news/3407.html

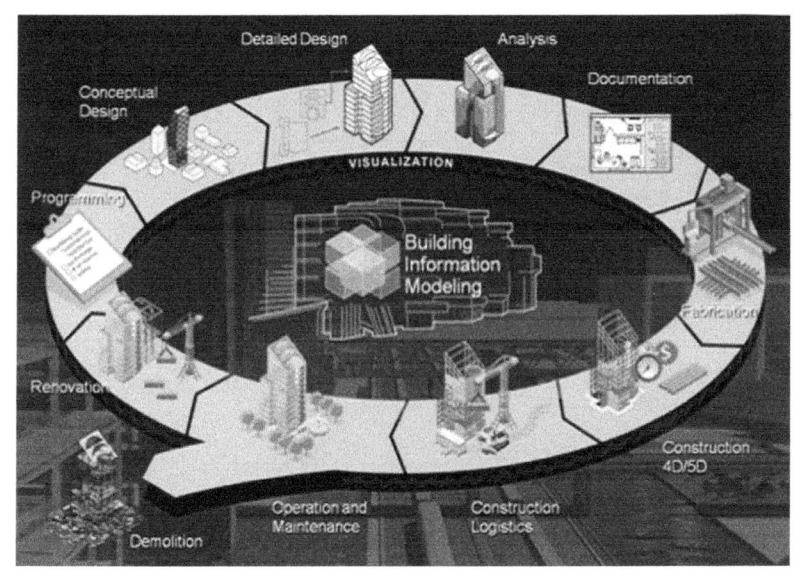

图 6.6-4　基于 BIM 的建筑
全生命周期管理
示意图①

图 6.6-5　BIM 中的管线
综合②

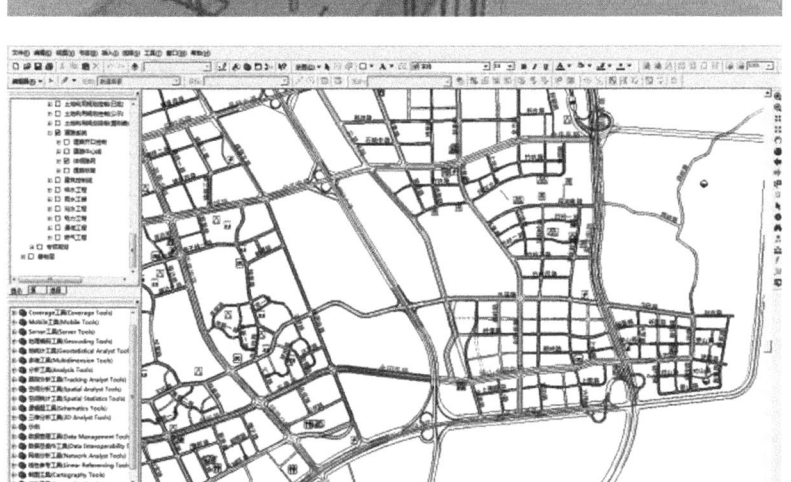

图 6.6-6　GIS 中的管线
综合

---

① 图片来源：http://www.advarc.com/service_40.html
② 图片来源：http://www.gissky.net/news/3407.html

图 6.6–7　BIM 与 GIS 平台相
结合的管线综合①

①　图片来源：http://www.gissky.net/news/3407.html

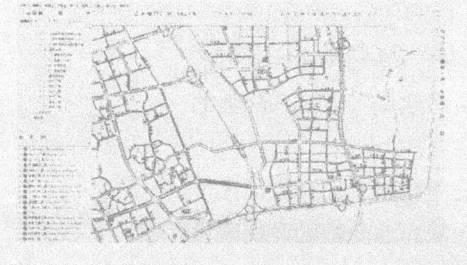

7 城市基础设施建设与管理的完善策略

7.1 城市基础设施规划建设管理中存在的问题

7.1.1 城市基础设施规划建设存在的问题

(1) 重复建设与供给不足并存

当前，我国许多城市的基础设施建设中存在有效供给不足和重复建设并存的问题。在类型结构上，盈利水平和市场化程度较高的基础设施往往存在明显的重复建设现象，市场化程度和盈利水平较低的基础设施往往有效供给不足；在地区结构上，经济较发达的城市的基础设施往往存在大量的重复建设现象，经济较落后的城市的基础设施常常会存在有效供给不足的问题。

1) 重复建设

供给主体多元化以及开发建设中协调不足是基础设施重复建设的主要原因。多元的供给主体包括：在同一城市范围内，提供相同产品和服务的、相互竞争的基础设施供给主体，如各电信运营商；区域内不同行政管理主体下的同一设施的运营商，如流域内多个污水处理厂。

在基础设施供给市场化进程中，供水、污水处理、垃圾处理的企业体制和运营模式较多，主要模式有国有企业、合资企业、上市公司等，运营模式有 BOT 模式、传统的厂网一体模式、厂网分开模式和政府补贴模式等。有这样一个例子，在长近 1km 的路径上，18 孔的电信管道只用了不到 1/3，而其他通信运营商又紧靠其重复新建了 6 孔自用，使得通信管道断面的实际占用宽度由原来的 1m 宽增加到 2m 宽（这还不包括增加通信孔多占用的土地），结果断面的使用率增大了，管道的使用率却减低了，直接造成道路断面资源的浪费[①]。

重复建设给城市带来了很多问题。不同的经营模式和企业体制，造成部分城市管网不连通，不能形成资源共享和竞争带来的服务质量的提高[②]。一方面使巨大的管道网络资源得不到合理的充分利用，有些甚至处于闲置状态，使已投入的建设资金处于长期呆滞，成为没有任何效益的消耗品。另一方面，却重复花费城市并不富裕的财力、物力，在相同的路面上重复相同的劳动，同时也在耗费着城市不可再生的土地资源。在供给主体日益多元化的情况下，必须加强基础设施开发建设的协调力度，否则重复建设就不可避免。

2) 有效供给不足

基础设施供给不足是我国大多数城市都正在面临的问题，基础设施行业中还存在着管网、设施不能同步建设的现象，如污水处理厂虽然建成，但没有配套的污水管网与之连接，环境污染的问题依然没有得到解决。

基础设施有效供给不足的原因不全是规划的缺失，还有相当一部分原因在于具体实施机制的不完善，包括以下因素：①建设资金的短缺。这是基础设施建设

---

① 王晓晖.关于武汉市通信管网规划建设的探讨 [C]. 规划 50 年——2006 中国城市规划年会论文集：城市工程规划与城市安全.

② 张全. 我国城镇密集地区环境基础设施协调发展研究——以珠江三角洲城镇群环境基础设施研究为例 [J]. 城市规划，2004(10)：41—43.

滞后的主要原因,在政府作为唯一的供给主体的情况下这种问题更加突出;②政绩的驱使。政府领导任期短暂,容易把有限的资源用于体现政绩的城市地面建设工程,而忽略了地下基础设施的建设;③建设的难度。在已建成用地中,再建设新基础设施行业、配套管网或者改造基础设施的难度较大,并容易引起其他社会问题。

(2) 用地浪费与土地空间不足并存

1) 用地浪费。在供地阶段,受计划经济影响,城市基础设施的供地方式至今仍以划拨为主,由于划拨用地成本低廉,若在基础设施建设时缺少集约用地的意识,易出现用地铺张浪费的现象,表现在地上空间和地下空间两个层面。在规划编制阶段,基础设施用地都常常被规划为独立用地,其规划条件中所设定的容积率、建筑密度通常较低,导致用地浪费。在管线埋设的地下空间内,由于部门行业的建设之间缺少有效地整合,铺设管线各自为政,管线杂乱无章且占用了较多的空间,不利于未来新建管线或管线扩容。

2) 土地空间不足。规划和建设两个层面都会导致基础设施发展土地空间不足。规划层面土地空间的不足是指城市规划给出的空间规模不能满足基础设施未来发展的需求。建设层面土地空间的不足包括地上空间和地下空间这两个方面:①地上基础设施空间常被其他土地功能挤占,导致基础设施发展用地空间不足,这与规划编制和规划管理密切相关。由于规划编制中对基础设施用地没有明确标识,致使在用地建设中没有足够的依据要求开发商配建基础设施,使基础设施用地最终无法落实。此外,一些原有的地上基础设施被拆迁后,由于没有足够的资金还建,地块被其他建设用地占用的现象也比较多见;②随着基础设施供给技术的进步和新类型基础设施的出现,需要在地下新建基础设施或者为现有的基础设施扩容。但是由于一些城市地下空间建设混乱或者道路较窄,致使没有足够的地下空间以容纳基础设施用地扩大的需求。

(3) 过度超前与滞后建设并存

基础设施建设过度超前指的是管网建设速度、管网容量过度超前于城市发展的需求。基础设施应成为城市发展的"引擎",超前建设的优势在于,一方面可以在土地出让中为政府获得更多的资金回报,另一方面减少了滞后建设带来的巨大成本支出和社会问题。

但基础设施规划的标准过高、建设过度超前将会造成设施的长时间闲置,设施效益未能有效发挥,浪费了本应用于其他需求更为紧迫的资金。而且基础设施如果不能及时地转化为有效需求,就会影响城市的效益,甚至导致城市公共财政的"破产"。这在我国许多城市的新区和工业区建设中十分普遍。

同时,在很多城市中,基础设施建设滞后于城市建设的现象并不鲜见。基础设施建设滞后于城市发展,将会造成供给的严重不足,成为城市发展的制约因素，还会导致其周边地块在出让时的价值被严重低估，之前"拖欠"的建设费用将会在未来以几倍的金额"返还"。比如，我国许多城市的排水系统规划建设严重滞后，一遇到较大的雨水，城市中许多道路就会严重积水，道路成为了"季节河"，严重影响了城市正常的功能运行，甚至给城市造成了巨大的生命和财产损失。

7.1.2 城市基础设施运营存在的问题

城市基础设施供给短缺和产品及服务质量不高是基础设施行业被公众诟病的重要原因，这源于资金的不足和运营的低效。在我国城市化快速发展的现阶段，基础设施投资增长率应大于总的经济增长率。但由于政府在社会保障、公共服务提供等多方面欠账严重，长期以来，以财政性资金投入为主的投资模式使建设投资的增长远远落后于市场需求的增长，造成了我国城市基础设施供给的严重短缺。

（1）产品质量低

从"量"上而言，我国城市基础设施供给已经有了长足进步；但是以"质"来衡量，随着城市化进程加建，现代化的生产和生活方式对基础设施的需求结构和需求水平提出了全新的要求，基础设施的供给品质亟待提高，以"供电系统"和"给排水系统"为例：

1）供电质量

首先，新技术的应用和新生产生活转变给供电质量带来了新要求，例如数据中心、计算机、电子和自动生产线等设备，要求电网供电不能造成电压跌落、电压尖峰浪涌、电压扰动和中断等问题，现今供电网络系统是一个刚性系统，电源的接入与退出、电能量的传输等都缺乏弹性，对客户的服务简单、信息单向。[①] 因而，电网在满足新科技应用方面还有较大的提升空间。

其次，在供电安全性方面，尽管现今国内的电网系统虽然局部的自动化程度不断提高，但是多个自动化系统之间信息的共享能力薄弱，完备程度不一，不能够构成一个有机整体，电网系统的自愈、自恢复能力完全依赖于实体设备的冗余，因而，很多地区的供电安全性难以在短时期内得到有效提高。

2）给排水质量

就给水系统而言，首先，随着人们消费水平的提高，城市用水量持续增长，同时，城市的给水规模不断扩大，系统也越来越复杂，而传统的给水系统的监督、维护和管理体系越来越难支撑起给水系统的监督、维护、管理和升级等任务；其次，当前国内给水系统建设仍然主要以需求作为导向，难以达到新时期国家对节水的要求；再次，国内各城市的给水系统在分质供水方面，尤其是优质饮用水供应方面，和发达国家有较大差距，还需要做很大的改进。最后，对给水系统的科技研究的投入不断增加，但研究成果与实际应用的转化机制却没有得到很好的完善。

---

① 肖世杰. 构建中国智能电网技术思考 [J]. 电力系统自动化, 2009, 33 (9): 1–4.

总体而言，我国很多城市给水系统发展要落后于城市的经济发展水平，而排水系统又滞后于给水系统，导致了水环境污染、城市内涝、分质水处理发展缓慢等问题。至 2010 年 9 月，全国尚有 61 个设市城市无投运的污水处理厂，858 个县城无投运的污水处理厂，大部分建制镇基本没有污水处理厂（仇保兴，2010）[1]。上海社会科学院戴晓波认为，近 30 年来上海的投资结构向城市发展方向转变，基础设施供求矛盾已得到较大改善，但基础设施的需求结构、需求水平以及供给能力、供给质量仍处于较低水平；上海的未来发展继续需要加强投资和提高管理水平，需要依靠科技发展。[2]

（2）服务水平差

垄断是导致城市基础设施供给服务水平低的原因之一。一直以来，我国基础设施的供给长期由政府垄断，改革开放以后，随着社会主义市场经济体制的建立，基础设施供给的垄断程度有一定弱化，但是从整体上看，现阶段我国基础设施供给的垄断程度还比较高。[3]

而垄断的另一个极端——完全市场化——也会导致服务水平低下的问题，比如阿根廷基础设施完全市场化后，导致服务水平下降，供给设施质量低下等问题。

（3）资金短缺

国民经济的高速发展和城市化进程的加快都离不开基础设施的有力支撑。城市人口剧增、城市规模扩大也会带来大量的基础设施投资需求的增加。此外，我国居民消费支出结构、层次结构和形态结构的升级，也将直接带动交通、通信、教育、卫生等基础设施的投资需求。

目前，财政投资和银行贷款是我国基础设施建设资金来源的主要渠道，但是基础设施领域的投资具有投资大、周期长、公益性等特点，这与商业银行规避风险以及资金来源以短期为主相矛盾，而财政投资也越来越难以满足基础设施迅速扩张的需求。而其他的资金来源，例如特种税费收入、资本市场（包括股票市场、债券市场、基金市场）、资产交易市场以及利用外资等，在目前基础设施投资所占的比例还较小。不过值得注意的是，随着改革开放的深入，外国商业资本和民间资本在基础设施建设上起的作用将会越来越大。[4]

（4）重建设轻维护

城市基础设施的维护一直以来是基础设施管理的薄弱环节。其中，城市地下管线由于建设上的交错纵横，布线混乱，各套管线各自为政，维护难度极大，从而导致了对城市地下管线"重建设轻维护"的局面。

① 贾海峰．"十二五"1500 亿城市治污，破解"贫富不均"[N]．21 世纪经济报道，2010，11.9．
② 引自上海社会科学界联合会《30 年来上海基础设施供求矛盾改善大但供给质量等有待提高》http://www.sssa.org.cn/xshd/657227.htm
③ 孙艳深．公共基础设施供给中的政府行为研究 [D]．内蒙古大学，2010．
④ 屈哲．基础设施领域公私合作制问题研究 [D]．东北财经大学，2012．

7.1.3 基础设施管理存在的问题

(1) 档案管理混乱

一直以来，我国城市基础设施项目档案管理方面存在管理制度落后、管理意识不强、管理体系不健全等问题[1]，导致城市基础设施档案管理混乱，总结起来有以下两个原因：

首先，2013 年以前，我国各地的城市地下管线普查和信息化建设进度较为缓慢，自 2013 年国务院颁布《国务院关于加强城市基础设施建设的意见》、2014 年国务院颁布《国务院办公厅关于加强城市地下管线建设管理的指导意见》之后，各地纷纷开始重视地下管线的普查和地下管线的信息化、智慧化管理系统的建设工作，但是也存在一些问题，比如，管理不到位，动态更新不及时，甚至未实行动态管理，不能提供完整、准确的管线信息，造成资源浪费。

其次，城市基础设施管理缺乏部门间的协调，很多城市的规划部门都没能掌握完全的地下管线详细资料。由于部门之间条块分割，档案资料互相封锁，信息资源难以共享。[2]

目前，在地下管线统一普查、综合规划、数字化管理方面，山东省走在全国的前列，如青岛、威海、烟台、临沂等城市。首先将城市地下管线进行全面普查，并建立数字化管理平台，由政府成立数字化管理中心对数据进行统一管理。在日常使用中，各个管线部门与数字化管理平台有连接端口，各专业部门对其各自新建、改建的管线数据在平台上进行实时更新，此外，数字化管理中心会定期对地下数据进行针对性普查并更新数据档案。在此基础上，多地开展编制地下管线综合规划，将其纳入数字化管理平台，对今后各专业部门管线水平和竖向布局规划起到整合、协调、指导、规范作用。

(2) 多头管理

在城市建设中常常出现这样的现象：工程管线建设被动地跟着道路走，道路修到那里，管道就铺到那里，很少考虑周边的用地性质，造成工程管线系统性差。各专业部门施工顺序不协调，工程管线建设各自为政，管线敷设见缝插针，此外，重复建设和浪费道路资源等现象很普遍，既不利于将来工程管线的改造和其他管线的敷设，也明显增加了工程管线的施工成本和维护管理费用[3]。

当前我国城市基础设施管理的机构与体制由于城市基础设施类型多、行业广、内容复杂，我国基础设施常规管理机构可以归纳为"综合管理机构"、"专业管理机构"、"协调机构"三类，此外还有临时性的管理机构，以应对管理中难免面临一些新出现的或突击性的任务。[4] 各专业基础设施分别由不同的单位进行管理，是导致城市基础设施管理维护各项问题的主要原因。

---

① 陈英. 谈基础设施建设项目的档案管理 [J]. 广东科技，2013，08：18-9.
② 杜世立. 加强中小城市建设中地下管线基础设施工程档案的管理 [A]. 国家档案局、中国档案学会. 回顾与展望：2010 年全国档案工作者年会论文集（上）[C]. 国家档案局、中国档案学会；2010，5.
③ 沈阳，周珂. 城市基础设施规划建设的可持续化发展思考 [J]. 城市规划学刊，上海市城市规划设计研究院增刊
④ 郭劼. 长沙市城市基础设施管理存在的问题与对策建议 [D]. 国防科学技术大学，2010.

7.1.4 规划编制中存在的问题

（1）城市基础设施专项规划编制与城市规划的编制在进度和深度上存在错位。例如，随着通信技术的进步，一些城市总体规划中的通信规划已不能满足今天通信发展需求，而新兴网络运营部门的发展规划还未纳入城市总体规划，导致城市发展用地与基础设施供给部门用地之间的矛盾。

（2）各基础设施行业用地需求之间存在矛盾。在城市总体规划阶段，规划目标的宏观性使得此阶段规划难以对基础设施专项规划进行协调与整合。控制性详细规划没有全覆盖的区域，由基础设施专项规划直接指导建设，难免出现基础设施各专项用地需求之间的冲突。

（3）目前在规划编制中更多的是将专项规划"纳入"城市规划，而不是在城市规划中"协调"各专项规划，对基础设施协调发展不利。

（4）各专项规划偏重于规划期限内的总体规模预测，缺少与城市空间布局相协调的基础设施空间布局研究，很难指导实际的规划管理。

（5）基础设施规划对行业发展需求把握不准确。由于城市基础设施规划的编制人员专业背景有限，或者规划编制部门与基础设施行业之间信息不对称，造成基础设施规划对行业发展需求把握不准确，导致规划成果不符合行业发展需求。

7.2 城市基础设施规划编制方法完善策略

城市基础设施供给特征的变化、技术进步、供给主体多元化、公众需求多样化等因素给基础设施规划编制带来了新的要求和挑战。如果仍旧沿用传统的规划编制方法，用基础设施去配城市的人口发展规模、经济发展指标，那么很可能就导致规划的无法实施或者是规划编制的重大返工。因此，城市规划中的基础设施规划需要不断调整编制方法、完善编制内容来适应供给过程的变化。

7.2.1 城市规划的重要性

在城市基础设施供给中，城市规划具有十分重要的作用，体现在：一是为基础设施的发展（筹资、建设和运营）提供科学的指导和约束，减少和消除基础设施发展中的盲目性，使基础设施的发展既不会因供给不足而导致需求受限，又不会因发展过多而造成资源浪费，可保证效率和公平。二是由于基础设施投资巨大，如果没有经过科学论证的规划做指导，一旦决策失误，将造成巨大的资源浪费。正因如此，基础设施发展能否成功首先取决于是否有统筹兼顾、切实可行的科学规划[1]。

2006年的《城市规划编制办法》中指出，"城市规划是政府调控城市

---

① 邓淑莲. 中国基础设施的公共政策 [M]. 上海：上海财经大学出版社，2003.

空间资源、指导城乡发展与建设、维护社会公平、保障公共安全和公众利益的重要公共政策之一"。由此，城市基础设施的规划即是政府调控城市基础设施资源、指导城乡基础设施发展与建设、维护基础设施的社会公平享有、保障相关方面公共安全和公共利益的重要公共政策。在这一定义中，城市规划促进基础设施的公平享有的作用是十分明显的，而"调控城市基础设施资源、指导城乡基础设施发展与建设"则必须依赖于各基础设施行业的持续发展，在各行业发展的前提下发挥调控城市空间资源、指导城乡基础设施发展与建设的作用。

城市规划在城市发展中的作用可以包括两个方面，一方面是基于规划的法定性特征所派生的需求，另一方面是基于其非法定性的特征所派生的需求。前者在许多城市基础设施建设相关的法规中均有明确规定，会产生对相关基础设施建设发展的刚性约束。后者则包括满足城市发展需要和提高行业经济效率这两部分，对各类城市资源进行科学地组织配置，为城市发展提供支撑，从而引导城市合理发展。城市的某些新的需求又将促进各相关基础设施行业不断创新，提供新的产品和服务。此外，规划中各类基础设施行业之间的协调也将促进管理和工程技术水平的提高。这些都为各相关基础设施行业的发展提供了广阔的空间和市场，成为基础设施行业发展的平台。在这两方面需求的推动下，城市规划将推动各相关的基础设施行业从空间、用地、技术、管理、创新、服务等方面发展，促进各个行业规模的成长和发展质量的提升。

基于对公共利益的维护，许多城市基础设施建设相关的法规中规定了各类基础设施所必须达到的规划建设标准，通过对某些基础设施施加刚性约束，为相关行业的基础设施在不同时间、地区、人群间的公平享有奠定了法律基础。

城市规划致力于对社会公共利益的维护，城市规划中的很多内容都以公平享有和公共利益的保障为核心。比如通过空间规划使基础设施与城市空间布局相匹配，引导基础设施的均衡布局，这些都促进了各类基础设施在空间、用地、技术、管理、服务等方面的公平分配，同时也促进社会经济产业的发展。

7.2.2 城市规划编制体系调整

（1）城市规划与建设体系

传统城市基础设施规划建设体系为："城市总体规划－城市基础设施专项规划－项目选址－项目建设"。其中，基础设施专项规划与总体规划处于同一层次，编制的范围、深度一致。专项规划作为直接指导项目建设的规划的弊端在前文已述，针对此问题，需明确控制性详细规划是基础设施建设的上位依据。

由于控制性详细规划是城市规划体系中最具法定地位的规划层次，其作为城市总体规划的下一层次规划，对整合各专项规划责无旁贷。因此，应当充分发挥控规在城市规划体系和城市建设中的作用，即构建整合各专项规划的平台，并将城市总体规划的目标、原则、总量在分地块中逐一落实。

调整后的城市规划编制建设体系应为："城市总体规划－城市基础设施专项规划－控制性详细规划－整合选址－整合建设"。

按照《中华人民共和国城乡规划法》的要求，基础设施各专项规划的编制必须与城市总体规划的编制同步进行，严格按照城市总体规划的内容要求开展工作，并将各专项规划的主要内容纳入城市总体规划，作为城市总体规划的一部分一并审批。

专项规划的专业性决定了在规划编制过程中，要充分发挥专业管理部门的专业优势，特别是在规划初始阶段，由专业部门结合专业需求提出初步方案，再由城市规划主管部门进行总体平衡。如《上海市城市规划条例》提出"全市各专业系统规划由市规划局组织编制，或者由专业主管部门组织编制，经市规划局综合平衡报市人民政府审批后，纳入全市总体规划"[①]。

（2）加强各阶段规划对基础设施专项规划的整合

城市基础设施规划不应只是城市规划的从属性、配套性、专项性的附属规划，要以城市总体规划为上位规划，并落实于控规。如果专项规划组织编制不与城市总体规划对接，不能落实到控规，那么基础设施管线和设施很难选址落地。

专项规划编制主要是依据当地经济部门提供的发展计划和行业自身的发展需求，规划的专业性强，需与整个城市的建设、发展、用地布局等方面进行充分对接，综合协调。

城市总体规划阶段对基础设施用地的整合表现在：发展目标的整合、用地总量的整合、用地选址的整合、管线走向的整合等方面。只有这样才能保证城市发展不受资源型基础设施"先天不足"的制约，基础设施的发展空间用地也不受城市其他功能用地的"挤占"。

按照《中华人民共和国城乡规划法》的要求，把基础设施专项规划纳入城市总体规划中，"纳入"不是简单地将基础设施专项规划放置于城市规划图册、文本、说明书中，作为城市规划的附属、配套规划，而是要由城市规划管理部门将城市土地利用规划与基础设施用地规划进行整合。对于用地有矛盾、不一致的地方，由城市规划管理部门作为协调平台，与专业部门进行沟通，或者同时针对多个专业部门进行协调，最终由城市总体规划将基础设施规划的内容表现出来。这要求在编制城市总体规划和基础设施专项规划的时候，应当在各项规划的管理、编制主体之间建立起良好的沟通协调机制，以及时反馈各项规划的需求，调整编制内容。

控制性详细规划对基础设施用地的整合表现在：设施用地布局的整合、管线布局的整合、用地空间的整合，保证各类基础设施在地上地下的用地空间不冲突、布局不相互影响，避免建设中的返工。因此，在编制控制性详细规划中，应当首先将基础设施专项规划的设施、管线布局落实在城市各个地块中，控制性详细规划作为协调、整合基础设施部门用地空间的规划平台，对相互冲突的用地布局进行协调，对没有冲突的用地布局进

---

① 齐峰，冒晨.贯彻城乡规划法推进基础设施专项规划制定[J].城市规划，2009(7):21-25.

行空间的整合，对重复建设的用地需求进行用地布局的整合。

(3) 城市总体规划编制"宜粗不宜细"

由于城市总体规划中基础设施规划不能直接指导基础设施的建设。在城市总体规划编制过程中，为保证城市总体规划的严肃性、权威性，"宜粗不宜细"，即应偏重于宏观的指导、原则的制定和总量的平衡，适当增加规划的弹性，以避免对下一层次规划造成的阻碍。

城市总体规划中的基础设施规划应当遵循上述原则，编创重点应为：供给原则的制定，供给总量的预测，重大设施的走向、布局，用地的选址以及范围、边界的确定等内容。内容包括：①结合城市规划目标，对水、电、气、热等方面进行科学论证和供需平衡分析，提出基础设施专项规划的原则；②结合城市规模和用地规划，预测工程负荷，落实重大市政设施用地和空间布局，从系统的角度布置主要工程管线；③确定城市基础设施的用地位置和范围，划定其用地控制界线；④对一些主要设施提出落地方案。

(4) 加强专项规划在城市规划体系中的作用

以往，城市规划中的基础设施规划的编制主体通常是城市规划管理部门，编制单位是规划设计院，编制人员的专业背景可以是城市规划专业，也可以是市政专业。

在资料、信息获取的详尽度方面，通过规划初期的调研、访谈，得到专业部门的现状资料、行业发展规划资料，了解到部门的发展意见和想法，以此作为规划编制的主要依据；规划中的沟通，常常以方案汇报会的形式征求参会各方的意见，对基础设施的主要意见常常集中于重大基础设施的选址、走向等较为宏观的方面，因此此阶段对专业管理部门需求的了解较为粗略；规划后的评审会通常是专家的意见，部门意见常常不作为主要的参考意见。

从对规划编制过程的分析来看，造成城市总体规划中的基础设施规划在实践中被"束之高阁"的主要原因在于：基础设施专业部门与规划编制部门的对接有限。规划编制单位的专业背景决定了其对基础设施部门需求的把握仅停留在一个较浅的层面上，而长期将基础设施规划作为城市总体规划附属规划的编制思路，也导致了规划编制单位对基础设施规划缺乏足够的重视，在双方没有很好的衔接、配合的情况下，编制出的方案难以得到专业部门足够的认同。

鉴于上述情况，专业部门常常需要编制适合自身行业发展的部门规划作为建设的主要依据，这是编制基础设施专项规划的重要性和必要性所在。

基础设施专项规划是一种综合性很强的工程规划，既是对城市总体规划层面专项规划的深化与落实，又从整体上、系统上考虑各项基础设施的配置与建设，是进行控制性详细规划（市政部分）甚至建设的依据。通过对基础设施各专项内容进行深入细致的研究，确定市政设施的规模，落实用地，从更大的区域角度统筹考虑防洪排涝、河流水系和大型市政基础设施的配套，同时确定各种管线的尺寸、坡度、标高等要素[①]。

---

① 钟远岳. 面向实施的综合性基础设施专项规划 [J]. 城市建设, 2010(57): 387-388.

(5) 控制性详细规划编制"宜全面宜详细、重整合重控制"

"宜全面"指的是，控规在城市建设用地范围内的全覆盖。《中华人民共和国城乡规划法》确立了控规在开发控制中的核心地位，法律条文隐含着控规必须全覆盖（孙安军，2008）。控规全覆盖有如下好处：①在一定程度上有利于增强现行控规与上位规划（城市总体规划、经过政府审批的战略规划或概念规划）的衔接，解决了现行控规中难以通盘考虑的问题；②在一定程度上增强了控规编制时政府部门对全局的分析认识，使政府有关部门作为控规编制组织者能从城市整体的多方面因素指导和协调控规编制成果，有利于增进城市中基础设施管网规划的协调；③有利于减少重复规划与实施所造成的浪费，政府可以根据控规成果要求的管线综合一次到位并适量地建设基础设施，防止了反复和过量建设的浪费[1]。

"宜详细"指的是，控规内容应尽量细化，在用地条件上应达到指导实践的深度。控制性详细规划是指导基础设施项目建设的实施性规划，因此内容要详细而具体。依据已经依法批准的城市总体规划或分区规划，考虑相关专项规划的要求，对具体地块的土地利用和建设提出控制指标，落实城市总体规划确定的城市基础设施的用地位置和面积，划定基础设施用地界线，规定控制范围内的控制指标和要求，并明确控制线的地理坐标。控制性详细规划阶段的基础设施规划的主要内容有：①需求预测：在总体规划、分区规划层层分解的前提下，较为精确地预测规划范围内的需求大小；②规划方案：确定基础设施的平面位置、具体走向、主要控制点坐标、用地控制线，图纸精度与控制性详细规划一致；③节点研究：对基础设施规划方案中的重要节点进行深入研究，提出指导工程设计方案[2]。

"重整合"指的是，控制性详细规划是协调城市基础设施各项工程规划的整合平台。目前，总规层面的"四线控制"还不能达到用地预控的深度要求，仅反映城市大型基础设施的基本布局。通过控规的编制，对各专项规划中基础设施用地进行协调、整合，才能有效地将各种基础设施用地有机整合。

"重控制"指严肃控规的法定地位，加强控规对规划实施的控制。

7.2.3 城市基础设施规划编制方法调整

(1) 良好的预见性

技术更新和升级是基础设施行业不断蓬勃发展的重要因素之一，技术的更新不仅可以改变供给方式，而且可以衍生新的基础设施行业，有的行业需要落实相应的城市用地，有的行业甚至会引起城市空间结构的改变。因此，城市规划需要根据国内外及基础设施新技术发展的趋势综合判断适应本地区的新型基础设施的供给，对符合本地区发展的基础设施需通过政

① 沈阳，沈红，王雪明．临港新城市政基础设施规划方法分析[J].上海城市规划，2009(4).
② 齐峰，冒晨．贯彻城乡规划法推进基础设施专项规划制定[J].城市规划，2009(7): 21-25.

策性、法规性、技术性工具合理规划、预留相应基础设施用地。

(2) 适应供给主体多元化的趋势

市场化竞争的加剧与市场进入门槛的降低是供给主体多元化的主要原因,城市规划过程中要根据供给现状调整规划方法。

如,在调研阶段,向不同的供给主体搜集现状资料,征询规划的建议,摸清产权不同的地下管线的分布情况,并准确绘制基础设施布局现状图。

在规划设计阶段,根据现状资料和各主体需求进行规划的整合,在充分供给的基础上避免重复建设。

(3) 强化城市规划的公共政策属性

城市规划不仅是对城市物质空间进行规划,同时也是城市公共政策的重要组成部分。传统的基础设施规划的编制方法总体上还是一个纯技术性的规划,在政策层面上、公共政策层面上几乎没有考虑。对市场化运作的基础设施行业仅仅有技术性的规划,而没有相应的配套实施、管理的政策。因而,在编制城市规划时,应注重与空间规划相配备的相关政策、时序、法规等的提出,确保城市规划的操作、实施。

(4) 加强城市内部的规划统筹

伴随着城市基础设施建设、运营主体多元化的局面和趋势,在城市规划编制过程中,既要充分考虑不同主体的需求,要在空间上统筹协调设施、管线的整合布局,也要从改革、措施等方面对各主体的建设实施进行协调和引导。

1) 前期调研阶段:对多个供给主体进行调研、根据产权关系,摸清基础设施布局现状,征求政府部门的意见,整理各个供给主体对设施布局、用地范围的需求。

2) 规划设计阶段:根据现状条件、城市发展的需要,综合不同供给主体的需求,统一考虑规划内容,拟定城市工程系统规划建设目标、编制城市工程系统总体规划、分区规划及详细规划。

3) 规划实施阶段:首先,根据控制性详细规划所确定的基础设施用地范围、用地边界,保证基础设施的用地;其次合理安排基础设施的建设形式、空间布局,并考虑与城市景观的融合,减少对城市环境的影响;再次,针对不同的基础设施具体情况,制定不同的实施策略。

4) 保障机制与实施[①]:规划需要将现状重复建设的设施进行梳理,并做好与规划设施的衔接,这不仅要对其进行空间的规划,也要制定相关的实施机制,加强控规的严肃性和法定地位,统筹协调此类资源的分配和使用。

7.3 城市基础设施用地科学布局策略

7.3.1 建设适度超前

基础设施规划的标准过高、建设过度超前将会造成设施的长时间闲置,设施效益未能有效发挥,浪费了本应用于其他需求的资金,而且基础设施如果不能及

---

① 城市规划不仅是城市土地利用、空间布局的技术性规划,而且应该担负着城市空间政策的制定工作,尤其在重复建设日益严重的现阶段。

时地转化为有效需求，就会影响城市土地效益的发挥。基础设施建设滞后于城市发展，将会造成供给的严重不足，成为城市发展的制约因素，还会导致其周边地块在出让时的价值被严重低估。因此，基础设施建设过度超前或滞后于城市其他功能的建设，都不利于城市发展。

（1）"适度超前"对城市发展的重要性

1）加强正面效果

A．基础设施的建设是城市经营的基础环节。政府往往通过基础设施的"七通一平"、"九通一平"来完成城市土地由"生地"向"熟地"的转化。所以，基础设施先行能够使城市政府在土地出让过程中获得较大的经济收益，是政府财政资金的主要来源。

B．有利于体现政府的开发意图。基础设施建设适度超前，能反映城市发展的方向，体现政府的开发意愿，减少政府与市场之间信息不对称造成的建设浪费。

C．有利于引导城市建设朝着合理的方向发展。基础设施建设适度超前的地区往往是城市未来重点发展的区域，基础设施的建设可以引导城市建设朝着预期的方向发展。

2）减少负面影响

环境基础设施、重大基础设施对城市发展建设起到很大的支撑和保障功能，但同时其又是邻避型设施；这些设施如果滞后于周边地区的建设，不管合理与否、有无真正影响，其建设都可能引起周边地区居民的激烈反对，成为城市公众的众矢之的。根据上海市中心城区 242 个编制单元规划和市电力公司编制的"十一五"电网规划，至 2010 年上海市中心城区范围内将建设 35、110kV 电站 132 座。如果采取传统的单独建设的地上电站方式容易激化社会矛盾。以徐汇区 35kV 中海变电站为例，尽管小区在建设时预留变电站用地，但由于变电站建设滞后，引起入住的居民强烈反对，多次上访。虽然经有关职能部门核查，该变电站符合城市规划和环保消防等有关规定，但居民的激烈抵触情绪仍使得变电站至今未能建成[1]。

基础设施建设适度超前即可避免上述问题的发生。公众可根据自身条件来选择是否要在基础设施周边居住。

（2）"适度超前"的原则

基础设施建设的适度超前是城市建设应当遵循的一般性原则。"适度超前"有以下两种原则：①不能阻碍城市的发展。这要求基础设施的选址、布局不能影响城市空间的增长，基础设施的容量不能滞后于城市发展的需求。②不能影响今后的改造，或者保证以低成本进行改造。这要求，基础设施建设方式要适度超前，要将可持续发展的思路贯穿始终，既要为未来

---

① 夏天锋．关于上海市中心城区内变电站建设方式的规划研究 [J]．上海城市规划，2006（4）：20—22．

留足充裕的发展建设空间，又要选择符合长远发展，能够与未来建设良好地衔接，低成本改造。

(3) "适度超前" 的模式

1) 超前建设设施管网。城市 "生地" 转变为 "熟地" 的途径即设施管网的超前铺设，这也是基础设施超前建设的常用模式。

2) 超前的设施管网铺设方式。基础设施管网在城市中的铺设方式不外乎三种：架空敷设、明沟敷设和地埋敷设。前两种方式适合于城市规划区以外的范围或者城市边缘区，第三种则越来越成为城市建成区尤其是中心区基础设施的主要铺设方式。由于经济成本的原因，在很多城市的旧城区、建设较久的地区，还存在大量架空敷设的管线，不仅影响了城市景观，而且不利于基础设施供给新技术的普及运用，需要逐步改造，但改造成本相当高，尤其是拆迁成本和其他社会成本。因此，超前的管网敷设方式虽然在建设之初成本较高，但从长远来看仍是一种经济的选择。

3) 设施管网容量的预留。基础设施规模容量的大小决定城市发展的空间，因此，基础设施建设应依据规划来设置满足一定时间内发展需求的容量，以免成为城市发展的束缚。

(4) 加强建设时序的研究

相比其他城市建设，基础设施建设过快或者过慢都会影响城市的发展，因此，基础设施建设适度超前是公认的建设模式。但是怎样超前、何种程度的超前却需要城市管理者自己来决定和判断，也就是说 "超前度" 选择是否得当与城市管理者的知识水平、管理经验、决策能力等主观因素直接相关，有时难免出现主观臆断的问题。针对可能出现的上述问题，作为城市公共政策制定的基础设施规划编制时要加强建设时序的研究，根据城市发展方向、发展重点制定分步骤基础设施建设时序安排。既使得城市管理者在制定基础设施建设步骤时有原则可循，又保证建设的科学性、合理性。

7.3.2 用地空间预留

(1) 两种预留方式

1) 对已规划的基础设施用地的 "法定" 预留

发展空间预留的前提是基础设施规划和城市规划两者的紧密结合。对基础设施网点布局要求与城市土地利用规划相校核，避免与城市其他用地相冲突，保证基础设施适用地的合理性；根据城市人口的发展趋势预测基础设施负荷；根据城市发展方向布局基础设施的各项子设施。在城市总体规划阶段确定基础设施布局的总体思路，在控制性详细规划阶段确定预留的空间范围、边界、开发强度等用地指标，以此作为空间预留的法定依据。

2) 对未规划的城市用地的 "弹性" 预留

我国城市建设的速度和规模突飞猛进，目前的基础设施用地在今后的发展中可能需要适当地扩大，对其发展空间的预留就成为基础设施可持续发展的基础。

此外，再为科学、合理的城市规划也不能完全准确预测城市发展的各个阶段，因此，弹性规划是提高城市规划对未来城市发展适应性的重要理念和原则。

在城市规划中，对一些土地的用地性质不进行严格的规定，待城市发展到一定阶段，基础设施部门有用地需求的时候，优先合理安排基础设施用地，体现了规划的弹性，符合城市规划的原则。

（2）两种预留空间

1）地上用地空间预留

目前城市规划对城市规划范围内的土地使用都赋予了唯一的、不可选择的功能，越接近城市中心区这种现象越为明显。城市规划图中城市规划区范围内的土地也被各种"花花绿绿"的色块所填满。在建成环境中很少看到空置储备土地。这样的城市规划和建设方式太为确定，空间的充分利用没有给后续的建设留下足够的勘误空间，一旦需要调整，要么通过拆迁，要么通过另建新区的方式，这两种方式的决策、实施成本很高，而且需要一定时间才能完成。

以某城市的道路重建整治为例，由于在规划阶段对道路上的配套设施考虑不足，缺少公厕、垃圾收集点等设施，建设完成后，所有的土地都具备一定的功能，没有修改的余地，以至于建成使用之后给公众的生活带来极大的不便，公众对此怨声载道。

空间的"留白"不管对于基础设施建设还是城市其他功能的设施建设都大有裨益。土地资源十分短缺的新加坡非常重视前期的城市规划，并规定要在每个市镇中保留大约 20% 左右的土地。正因为规划中空间"留白"思路的贯彻实施，才使得只有上海土地面积 1/10 的新加坡容纳了五个机场，并实现了"居者有其屋"的城市发展目标。如今，新加坡的"留白"给城市空间带来的好处有：首先，城市中的"留白"成为城市绿地系统的一部分，为市民休闲游憩提供一定的空间；其次，能够缓解密集建设给城市空间形态带来的压力，美化了空间的效果；再次，也是最重要的，"留白"的空间是今后城市可持续发展的重要物质基础。

我国没有新加坡那样局促的国土面积，没有忧患意识不会珍惜城市土地的利用，在城市经济达到一定阶段，城市建设凌乱不堪的时候，往往通过另建新区的方式，打造城市的增长极，落实政府美好的城市"蓝图"，这已经成为城市空间扩展的常态。对于城市空间发展滞后于经济发展的城市来讲，另建新区确实能达到很好的效果，毕竟增长是发展的基础，空间的增长也是城市发展的前提条件之一，新的空间形态也成为城市招商引资的重要条件之一。但是，也有一些城市在不合时宜的条件下急迫建设新区，建设重大基础设施，由于没有足够的拉力，反到成了城市发展的约束和障碍。

与建设新区相比，空间"留白"对政府的资金实力和经济条件的要求要小得多，只需要在规划中，适当留下一些土地，配以严格的规划管理，保证暂为城市绿地，待到合适的时机，再建设为其他功能，不需拆迁、不需下大力度、不需政府的魄力、不需作为教训，即可达到适当丰富、更新城市空间目标。不管对于城市基础设施建设还是城市其他功能的设施建设都大有裨益。

2）地下用地空间预留

与地上空间相比，地下空间建设的非经济性、复杂性使得基础设施地下敷设更应该注重空间预留问题。城市地下敷设的基础设施管网存在着如下问题：

首先，管线铺设杂乱无序，占用较多的地下空间，致使未来新增、扩容的基础设施空间受到影响。根据社会需求和技术进步，基础设施可能增加新的供给行业，系统管网同样需要较大的空间以及与其他管线的安全距离，但是，由于现状各部门管线铺设线路缺乏协调，管线分布杂乱无章，地下空间没有被有效地集约利用，缺乏未来发展的空间，从而影响基础设施行业的供给效率。

其次，城市道路宽度与管线需求空间不协调，使基础设施发展受限。雨水、污水、自来水、燃气、热力电力、通信这七类基础设施地下管线之间的安全间距净距一般规定为 0.5 ～ 1.5m。出于安全等方面的考虑，城市道路断面规划中一般将管径大和压力大的主干管安排在快车道下，而将维护频率高、压力低的支管、配水管及不抗压的盖板沟等管网设施安排在人行道及慢车道上，通信管道因其布放电缆较为频繁，管材不抗压，一般均被安排在人行道上。而城市道路的人行道的宽度通常在 4 ～ 7m 之间，其中行道树及各类架空杆线共用一个断面约占用 1m 左右，实际的可用宽度本身就并不富裕。随着生活指标的不断提高，各项管道设施截面的增大，在某些道路上已将管线之间的间距压缩到了 0.5m，有些路段甚至没有间距，几乎是见缝插针，对断面带来的压力可想而知[①]。

因此，在基础设施用地空间规划中，要重视为新增、扩容管线预留充裕的地下空间。需关注以下几个方面：

A. 加强城市基础设施管线的排查、统计、管理工作，为下一步的规划和建设提供准确、详细的现状资料。目前，城市管理缺乏部门之间的协调，很多城市的规划管理部门都没能掌握完整的地下管线详细资料，具体的资料掌握在产权所有者那里。在现代城市规划管理中，作为地下用地审批的城市规划管理部门应当对地下基础设施管线的位置、布局、走向、容量等都应有详细的统计资料，并根据发展情况及时更新统计信息，从而才能准确规划、统筹布局地下管网设施，并为未来发展留足空间。

B. 综合管廊的规划与建设。地下综合管廊规划与建设是预留地下空间的良好途径，由于管廊内有足够的容量和体积，增加管线或扩容有一定的空间，施工简单，避免了道路"拉链"等问题。

C. 基于基础设施管线铺设需求的城市道路设计。城市道路是基础设施工程管线敷设的主要载体，不合理的道路设计会导致基础设施的发展空间受阻。因此，

---

① 王晓晖.关于武汉市通信管网规划建设的探讨 [C].规划 50 年——2006 中国城市规划年会论文集：城市工程规划与城市安全

在道路规划中，不仅需要依据城市交通需求、城市整体空间结构，还应把其他基础设施管线布局的需求一同考虑进去，综合各方因素，合理设计道路宽度和布局。

7.4 与城市景观环境协调发展策略

城市空间景观的可观赏性也已经越来越受到公众的重视和关注，电线杆和架空线路会影响城市空间景观效果。所以，对可能影响城市景观的基础设施应该在规划布局、工程设计方面考虑其与城市景观的和谐。

7.4.1 城市基础设施与城市景观相协调

(1) 管线的景观化处理

在城市中尤其是城市中心区，基础设施的管线铺设尽量采用地埋敷设的方式来规划建设。在城市中心区外围，由于空间不如中心区密集，可以考虑经济性建设方式，即管线架空敷设。一般而言，管线架空敷设的用地为防护绿地，对其进行绿化景观处理，不仅起到了与周边用地隔离的安全效果，而且美化了城市环境。

为了改善上海的市容环境，早在2001年9月，上海市人民政府制定了《上海市城市道路架空线管理办法》，要求"本市中心城、新城、中心镇范围内的城市道路，不得新建架空线"，"本市内环线以内，新城、中心镇城市道路的已建架空线，应当逐步埋没入地"，"本市中心城、新城、中心镇的城市道路实施扩建、改造、大修工程的沿途架空线应当同步埋没入地"。为了迎接世博会，上海市规划局组织编制了架空线入地规划，对重要地区和重要道路考虑优先安排入地。

(2) 基础设施的景观化处理

以城市环卫设施为例。对于有异味且扰民的基础设施站点，如垃圾处理厂等环境基础设施，应该用绿化将其与城市生活功能隔离，并尽量选择出路方便的区位。在一些经济发达、注重城市环境景观质量的国家、地区，如瑞士、日本的某些城市将垃圾处理站建设成为标新立异、环境优美的建筑物，既降低了这类设施的邻避效应，又给人赏心悦目的视觉效果。

(3) 实施机制

修建性详细规划需要对建设进行经济技术分析与评估，以往的城市规划往往对此项较为忽略。在基础设施供给主体多元化、供给市场化的发展趋势中，应当越来越注重城市规划的实施，为政府的公关政策制定提出建议。

如前所述，为了减少基础设施建设对城市景观的影响，在设施管线铺设时，往往采取成本较高的地埋方式，供给主体的市场化使得市场承担了基础设施建设、运营的所有成本。企业往往会首选最为经济的方式铺设基础设施管网和设施，但考虑到城市整体利益，政府会要求企业采用地埋的方式来建设。由于政府财政资金有限，在无其他资金来源的情况下，可以采用市场的方式来解决资金问题。比如，线路架空敷设相比地埋需要占用道路地面用地，虽然地埋需要较多的建设成本，但是架空占用的用地可以计算为用地成本，因此，可以将地埋节约的用地计算出来，补偿给企业相应面积的土地，以平衡企业的成本。

7.4.2　基础设施对城市环境的影响

(1) 减少噪音污染

道路噪声：居住在城市道路两侧或立交环绕的居民长时间饱受噪声的污染，严重影响了其身心健康。在城市规划布局中，要尽量避免居住用地紧邻城市主干路和立交的布局模式，如果必须紧邻这些交通设施，可以沿道路布局绿地或后退红线一定的距离。

变电站噪声：由于白天城市背景噪声较大，通常感觉不到变电站噪音，但是到了夜晚，变电站噪声则会影响周边居民。近年来，国内一些城市的户内型变电站采用主变本体与散热器分离布置的形式，并且将主变本体用实体墙封闭在户内，大大降低了噪声。

(2) 减少电磁辐射

目前，公众普遍存在对电磁辐射的恐惧心理，对于安全范围以外的电信发射塔架、架空电缆、变电站、电网等设施往往敬而远之，更别说安全范围以内的设施了。为此，在城市规划中应将这些辐射源布置在与其他用地一定的安全距离以外，用绿化相隔，或采用景观化处理手段，并通过科学地宣传、解释来解除群众的恐惧心理。

(3) 减少电网对环境的影响

城市电网对城市环境也造成了一定的影响，城市上空的高压走廊既影响了城市景观又造成了一定的电磁辐射。

要减少电网对环境的影响，必须将电网规划完全纳入城市规划中。尽可能将500kV、220kV、110kV，甚至10kV 高压架空线路走廊与铁路、环城高速路等集中在一起并行排列，尽量将它们对环境的影响降到最低。由于500kV 的高压线路一般都在城市的外围，且500kV 的电缆成本过高，因此，该电压等级的线路走廊以架空线为宜，但应尽可能避开人群聚居区。市内其他高压线路走廊包括220kV、110kV、10kV 等电压等级的线路，除了在铁路沿线、公路沿线可采用架空线路外，在其他地方应尽可能沿城市的主要道路架设，并应避开居民区、商业区等人口流动较密集的地方。高压走廊的预留应避免对公用通讯设施的干扰，高压铁塔尽量采用窄基钢杆，这样做不仅少占地，而且美观。

变电站可建在靠近铁路、公路等噪声比较大的地方，可建成室外变电站；在其他地方布点的变电站应该优先采用室内变电站。

7.5 区域整合策略

7.5.1 问题与必要性

（1）地区间的竞争。在政绩为目标的地区发展导向下，地区间的竞争日益呈现"白热化"趋势，一些地区为了保持自身的竞争优势，其重大基础设施不愿与其他城市共享，造成了一体化发展的障碍。但从规划层面来讲，重大基础设施的布局选址应考虑区域共享因素，在增加设施利用率的同时，降低使用成本，从而推动区域经济更好更快地发展，也符合我国现阶段中央政府明确的"以城镇群"为主要发展形态的城镇建设的发展要求。

（2）行政分割。在行政分割的现状下，污水处理、垃圾处理等引发的环境问题已经超越城市范围，成为区域性问题。但现行行政区划和规划管理权限限制了区域基础设施规划与实施。由于缺乏区域性规划的指导，各项基础设施大都在各自规划范围内考虑，造成了各镇（甚至村）规划各自的水厂、污水处理厂、垃圾处理厂等设施的现象，缺乏横向和纵向的统一管理与协调，难以衔接，无法形成统一的区域性基础设施系统。

（3）城市间联系的紧密。随着区域一体化进程的加快，城市之间的社会经济联系越来越紧密，城市的外向度越来越高，城市之间的界限也日趋模糊，城镇群、都市圈等已经成为区域空间形态发展的新趋势。作为支撑经济发展的物质性基础设施在区域一体化中充当着至关重要的角色，在进行城市规划时，对于基础设施的选址和布局已经不能局限于城市内部，而应当将其放入更广阔的城市区域，根据区域发展的需求进行统一规划。

（4）基础设施供给的区域性特征。具有区域特征的基础设施是指供给特征与行政边界关系较小，与自然资源、地理环境、经济发展等因素关系较为密切的基础设施。大多数基础设施类型在供给的某些阶段都具有一定的区域特征。如给水、燃气等资源型基础设施的区域统筹配给、污水处理设施、垃圾处理设施等环境基础设施的区域布局、电信基础设施的区域整合以及机场等重大基础设施的布局等。基础设施供给的区域性特征使得城市规划应当把视野和范围适当扩展到区域层面，从区域角度综合考虑基础设施的统筹供给策略，减少各自为政导致的重复建设现象，集约利用土地资源。

（5）基础设施的规模效益。基础设施行业的特点之一即供给的规模效益，要达到一定的规模可能需要打破行政界限，将区域内的基础设施进行整合。为此，应当冲破城市规划固定思维的藩篱，打破规划范围的局限，立足于区域角度适当考虑基础设施的城市供给。

7.5.2 对策措施

（1）强化基础设施区域规划的强制性内容

为加强区域规划的统筹地位，应将以下方面作为强制性内容，在城市总体规划中继续深化：重大基础设施项目的选址布局；环境基础设施的区域布局，如污水处理、垃圾处理等；需从区域层面统一配给的基础设施布局，如水务基础设施、电力基础设施、燃气基础设施等。

（2）统一考虑重大基础设施的布局

完善的基础设施建设能够对城市空间结构的协调发展起到非常积极的作用，尤其是重大的战略性基础设施，这主要表现在：一是吸引投资，能够促进城市新区面貌的快速形成，使新区聚集较高的人气。很多城市都是通过在原来的"不毛之地"开发建设新区，基础设施的先行带动作用在其中不可替代。二是能够带动城市的功能提升，促进城市新的空间结构的形成。比如，上海虹桥综合交通枢纽的建设就带动了虹桥商务区的建设发展，对于上海市城市功能的完善起到非常大的作用。

（3）整合各城市的基础设施供给

信息是越来越重要的生产要素，通信一体化有利于促进这一生产要素的流通，从而促进生产力、资源的有效配置。例如，在一体化发展的区域内，采用电话区号统一的做法或者区域内采用通话成本为市话标准的做法，将大大降低城市间的通信成本，有利于增加城市之间的联系度，从而吸引一部分公司企业入驻到区域中其他城市中，提高周边城市的竞争力。在郑汴一体化规划中，郑州和开封的电话区号合并为一个区号，不仅从电信基础设施方面实现了郑汴一体化的规划目标，而且也增加了区域电信基础设施的融合度，有利于促进郑汴两市的一体化发展。2010年，成都、眉山、资阳的电话网合并为一个大本地网，三市之间的通信取消长途通话费、漫游费，固定电话调整为区间通话费，移动电话调整为本地通话费。这将会对大成都经济圈带来好处，成都市作为中心城市也能更好地辐射周边地区。

目前，我国形成了城市群性质的武汉都市圈、长株潭等综改试验区等新的区域类型。在这些区域的发展中，要不断整合区域电信基础设施，实行基础设施的共建共享，以实现信息的低成本连接。

（4）整合分散的基础设施资源

有的基础设施具有较大的规模效应，如相邻城市的污水处理一体化、电力网络的区域分布等。对于这类基础设施，其规划就不能仅局限于行政界限内，应该按照基础设施供给的特征和自然环境特征进行统一的供给。比如，在联系紧密的区域内，城市水务倾向于一体化的供给模式，可以打破行政界限，整合现有污水处理设施，进行污水处理设施一体化规划。

流域产业合理布局。考虑上游城市工业产生的污水排放会给下游城市水源造成污染，应将上下游城市产业协调布局作为污水排放区域整合的途径之一。

（5）统一调配基础设施资源，弥补地方资源的"先天性不足"

由于自然禀赋的差异，基础设施在地区之间的先天性分布不均，某些区域的自然资源非常丰富，比如南方的水资源较为丰富、西部的电力、天然气资源较为丰富。这需要区域之间的协调分配才能达到地区之间的公平享有。在较大区域内，通过国家大型项目的建设（南水北调、西气东输等）可以将这些资源在全国范围内合理分配，在推动区域之间公平享有的同时，也为资源丰富的区域创造了一定的经济效益和社会效益。在较小的区域范围内，通过上级政府或政府间的宏观调配、市场机制的微观配置，既能保证资源短缺区域的发展，又减少了资源充裕地区的浪费问题。

水务行业中，由于水资源的拥有量存在着一定程度上的区域差异，为保证缺水地区的用水，需打破行政界限通过水权市场的完善来达到水资源的区域协调分配。2014年，水利部印发了《关于开展水权试点工作的通知》，并于同年7月在北京召开水权试点工作启动会。会议强调了开展水权试点工作的重要意义，指出在新的形势下开展水权试点，是探索利用市场机制优化配置水资源、积极稳妥推进水权制度建设的必然选择。会议部署了水权试点任务与实施步骤，明确宁夏自治区、江西省、湖北省重点开展水资源使用权确权登记试点工作，在区域用水总量控制指标分解的基础上，结合小型水利工程确权、农村土地确权等相关工作，探索采取多种形式确权登记，分类推进取用水户水资源使用权确权登记；明确内蒙古自治区、河南省、甘肃省、广东省，重点探索跨市、跨流域、行业和用水户间、流域上下游等多种形式的水权交易流转模式[1]。

电力行业中，大中型电站虽然解决了一定区域内电力资源的短缺问题，但由于大中型电站所发出的电需要直接输往区域性电网，其所在地不能直接使用，影响了电力资源配置的效率。目前，我国已经在某些城市展开了直购电的试点工作，即在这些大中型电站相连接的电网不能仅仅为区域性大型电网，也应当连接有供应城市需求的城市电网，减少输送往大型电网后再分配的电力损失。

（6）区域统一规划

合肥区域协调机制。合肥市下辖3个县，在进行统筹规划之前，基础设施是分散进行规划和建设的。2006年，该市提出"141"城市空间结构，即在合肥城镇密集区范围内构建1个主城、4个外围城市组团、1个滨湖新区的总体空间框架。"141"城市空间发展框架是一个开放的突破行政区划束缚的城市空间发展框架，该框架不但指导中心城区的城市空间拓展，也指导城镇密集区范围内的城市空间有序拓展。在"141"战略规划指导下，所有专项规划都是按照"141"的范围进行编制的。通过区域整合，对市区和三县范围内重要基础设施进行"一张图规划"。统一市政基础设施走廊规划，有效整合跨区域的基础设施。合肥市通过建立严格的规划委员会和土地委员会制度来确保城乡一体的市政基础设施规划和用地落实。在市域层面上进行协调、指导落实，建立"统一规划、统一建设、资金共筹、利益均享"的建设模式。在供水建设方面，通过兼并、并购、接收等措施，成立统一的水务公司，实现区域范围内供水一体化[2]。

---

① 来源：人民网．

② 闫萍，戴慎志．集约用地背景下的市政基础设施整合规划研究[J]．城市规划学刊，2010(1)：109—115．

(7) 加强政府间合作与协调，建立基础设施供给区域管制机构

基础设施的区域统筹规划与建设需要区域层面的协调机制的建立，包括机构设置、协调方法、管制方式等。因此，在基础设施规划的保障措施中，应当加入区域层面的协调机制的建议，为政府决策提供思路和依据。

虽然基础设施建设逐步由政府主导转化为市场化建设与管理，但行政分割使得基础设施建设经营隔于城市范围内，由于没有高一层次的机构进行统筹，一体化规划立法，建设资金的统筹等，单靠城市政府的实力很难完成基础设施的区域配置。相邻城市政府间的合作是促进协调发展的重要手段，建立基础设施供给的区域管制机构尤为必要，以便于对城市之间的事务进行协调、管理和监管。管制机构应拥有依托于法规、条例、规章的执法权，对于违反规划的供给进行惩罚。"潭江模式"就是政府间合作协调发展的典范。

广东省为保护西江、潭江流域的水环境资源，避免"先污染、后治理"，自1990年起，江门市与辖下恩平、开平、台山、新会4县签署了第一轮《潭江水资源保护责任书》，对潭江开展跨区保护。这种联合管治措施被称为"潭江模式"。潭江模式包括了城市直接协商机制、管理责任制、规章制度制定、联合审批制度、建立专项基金、健全考核和监督体制。该做法为我国小流域水环境整治提供了很好的思路和经验[①]。目前珠三角各城市已经深刻认识到政府间合作的重要性，如广州与佛山，珠海、中山与江门市政府已提出进行以交界地区道路交通、水源保护、污水处理、垃圾处理为主要内容的政府间合作。

多赢的利益分配机制。针对不同行业、不同情况设计多赢的利益分配机制。为了区域整体利益的需要，将对环境有影响的基础设施建设于某一城市中，其他城市应当对那个城市实行经济补偿。基础设施的建设资金不应由所在的城市负担，其他城市应根据一定的标准缴纳补偿金，经营所得的收入应该共享。

现阶段，中央政府已经明确要求，今后的城市发展形态是以城市群为主体的发展形态，上述问题会在今后的发展中应逐步解决和完善。

---

① 经历了20多年的实践，"潭江模式"目前也存在一些问题，为此，江门市于2013年出台3项整治方案，对"潭江模式"予以升级改造。

8.1 政府与市场的关系分析

8.1.1 政府供给的优势与弊端

在市场经济不发达、基础设施建设与经营较落后的国家，政府直接充当基础设施主要供给主体的成效是非常显著的。20 世纪 90 年代以前，我国的基础设施也由政府直接投资，实行国有企业垄断经营，政企合一的体制。

政府作为基础设施供给主体有一定的现实基础。从基础设施的规模效益特性分析，基础设施的投资规模巨大，成本回收期长，一般企业没有足够的财力来负担庞大的基础建设费用，而由企业来分散建设经营的规模效益无法体现，所以，在基础设施建设之初，政府作为供给主体的理由就显得非常充分且必要。但随着市场参与度的逐渐提高，政府作为基础设施直接的供给主体存在的很多"先天性"问题也逐步暴露出来。

其一，政府与企业的关注目标存在差异。投资建设能够快速体现政绩，反映城市建设水平，而管理运营维护却是持续性长期性的，其显性效益不强。在政府任期短暂性、政绩评估体制以及财政资金有限等因素的影响下，政府对建设的兴趣往往高于对经营维护的兴趣，因此，往往注重基础设施的建设而忽视基础设施的维护，导致基础设施常年缺乏养护，影响供给的效率并浪费大量的资源。而企业为保证经营利润，比较注重供给的效率，减少供给中的损失，会不断对基础设施进行维护。

其二，政府供给中的行政垄断问题较为突出。如前所述，基础设施具有自然垄断和公益性特征，人们担心市场化改革会伤害其公益性，从而严格控制基础设施行业"过度进入"和"重复投资"。在这种体制下，基础设施的自然垄断就变成了行政垄断，国有国营成为其基本形态。目前，我国城市基础设施市场化的操作层面几乎全在地方政府，许多基础服务行业由于长期的政府垄断，已经形成利益集团，可能形成市场准入壁垒[①]。在垄断和不以赢利为目的的背景下，基础设施行业的经营效率较低、浪费严重和官僚主义盛行，进而不能满足社会福利最大化的要求[②]。E.S. 萨瓦斯认为，政府的垄断弱化了由于用户不满意而对企业形成的风险制约。私人企业一般只有在满足了顾客需求的情况下才能获得发展，垄断性的政府机构即使在消费者不满意的情况下也可能兴旺发达，这就严重影响了社会经济的发展[③]，损害了公益性。私人公司经营欠佳时就有可能破产，而公共机构经营欠佳时却常常得到更多的预算。一个比较极端的例子，阿根廷电信私营化之前，用户从申请电话到安装平均需要等待 17 年的时间。

其三，在国有企业中，经营管理者是政府官员，通常缺乏管理技能或足够的

---

① 2010 年 1 月，沈阳水务下属振兴环保集团，在北控集团报价 10.43 亿元不转让的情况下，却以 7 亿元的价格转让给国电集团。而国电集团内部文件也表明，其在 2009 年上半年就做好了接收振兴环保的准备。这类"内定"事件在行业内并不陌生。(引自：贾海峰.重树市场化方向，公用事业改革再出发 [N].21 世纪经济报道，2010.5.14).

② 周林军，曹远征，张智主编.中国公用事业改革：从理论到实践 [M].知识产权出版社，2009.

③ E.S. 萨瓦斯.民营化与公私部门的伙伴关系 [M].北京：中国人民大学出版社，2008.

管理权限，不能对人力资源和资本实施有效控制，且其报酬与经营业绩很少挂钩，没有足够的刺激去追求成本最小化；并且政府不存在破产倒闭的压力，必然造成国企经营的低效。相反，私人企业运作的核心是经济效益，有着良好的财务管理经验，能够很好地控制成本支出，保证产品的质量和效果。所以，在经营方面，私人企业相对于国有企业来讲有着较强的优势。

其四，政府的薪酬分配和人员聘任制度阻碍专业人才进入政府机构。首先，政府工作的薪酬分配模式与企业不同，优秀人才的能力和薪酬的相关度较低，影响了人才能力的发挥。其次，政府对人才的选用方式与企业的模式不同，优秀专业人才未必能够进入政府机构中。所以，从人才角度来讲，政府直接供给基础设施的选择本身就是一种次优的选择。而在私人部门，既可以利用提薪和晋升等"胡萝卜"政策，又可以利用降职和解雇等"大棒"政策。

8.1.2　市场供给的优势与弊端

20世纪70年代以前，世界各国的基础设施大多采用了"国有化"模式，其投资、建设、运营完全由政府承担，当时的基础设施是公益型的行政垄断性的公营事业。随着经济社会的发展，基础设施供给在本质上发生了很大的变化。许多被认为属于自然垄断的行业（如发电和通信）已经按地域原则或竞争性原则划分为不同的公司。此外，技术进步使得原来具有自然垄断性的基础设施可以进行业务分离，从而使私人进入和竞争成为可能。

在这一趋势的影响下，20世纪80年代以来，在世界范围内掀起了基础设施私有化浪潮。至1995年底，已有86个国家将546个基础设施公司私有化[①]。私有化的主要内容包括出售国有资产、放松政府规制，通过特许投标、合同承包等多种形式，鼓励私人部门提供可市场化的产品或服务，政府可以从繁杂的公共企业管理中抽身，基础设施的更新与升级的资金也有了一定的保障。

市场与政府相比有其内在的优势，体现在：首先，政府面临的难题通常是由所有权和管理权不一致引起的，在私营部门中，通过管理激励措施和市场约束，这些难题更容易解决；其次，风险转移到私营部门，迫使私营部门追求效率最大化；再次，一旦建立产权明晰的市场，各种资源就能更高效地进行配置[②]。

基础设施市场化供给的主要优势可以概括为三方面：

（1）拓宽资金源，改善政府财政状况。市场化供给可以帮助城市政府解决资金来源问题。市场化供给机制使政府可以通过私人资本市场，为

---

①　邓淑莲. 国外基础设施私有化及其效率研究 [J]. 世界经济研究，2001(1).
②　（英）达霖·格里姆赛，（澳）莫文·K·刘易斯 著. 济邦咨询公司 译. 公私合作伙伴关系：基础设施供给和项目融资的全球革命 [M]. 北京：中国人民大学出版社，2008.4：32.

基础设施建设募集资金，从而进一步减少基础设施对政府预算的影响，减少政府贷款。

(2) 引入竞争，利于基础设施行业健康发展。首先，市场竞争能够调动各市场主体提供基础设施产品和服务的积极性，使其能够围绕各类人群的需求提供针对性的产品和服务，在这一过程中也能够使供给企业获得合理的利润，促使企业提供更高水平的产品和服务，从而形成良性循环。其次，充分的市场竞争能够提高企业的开拓意识，在新的领域、新的细分行业、针对新涌现的客户群体、以新的方式提供产品和服务，从而扩大基础设施供给的领域，拓展基础设施行业发展的空间，公众从中得到不断更新的产品和服务，这给基础设施供给带来持续的动力，推动新的改革和发展。

(3) 降低供给成本的同时，也利于提升供给质量。一方面，市场化供给引入竞争机制，各供应商会努力通过降低供给成本，从而降低基础设施服务或产品的价格，进一步降低低收入人群的支付门槛。另一方面，市场竞争丰富了产品或服务的供给种类，扩大了公众的选择范围，这也促进了公众对基础设施的公平享有的机会。公众不再受限于一种产品或服务，可以根据不同的需求和付费能力来选择合适的产品或服务。

但是，市场参与基础设施供给也可能出现以下问题：

(1) 市场参与的商业化倾向。在市场化的初期，规制的不完善使得基础设施部门所发生的变化并非真正的市场化，而仅仅是商业化。因为把市政部门的供给职能从行政机构中剥离出来，赋予单一的财务目标以及投资、经营和定价权，实现了组织上的企业化和行为上的商业化。结果是这些领域的开放市场却未建立，行政垄断没有打破，供方准入没有放开，消费者选择权也没有实现①。

(2) 价格上涨。在没有足够补贴的情况下，市场参与供给会带来基础设施产品或服务价格的上涨。我国对基础设施所一直采取的低价政策，在市场供给的环境中难以为继。

(3) 忽视普遍服务。之所以长期以来政府一直作为基础设施供给主体，主要原因之一就是基础设施的普遍服务特征。在市场供给模式下，如果政府对市场监管不力，企业有可能忽视普遍服务的供给，从而损害某些公众公平享有基础设施的权利。

(4) 服务质量降低。当企业获得了运营权，尤其是特许经营权后，由于在这一特定时间内没有其他企业与之竞争，在政府监管不力、公众话语权微弱的情况下，企业可能会选择降低服务质量以获得更多的利润。阿根廷的邮政市场化改革的失败就属于这方面的典型例子。1993 年起阿根廷政府对邮政进行特许经营权改革，1997 年英国一家经营邮政业务的公司中标，经过几年的运营，邮政市场混乱不堪，专营业务得不到法律保障，普遍服务无法全面实现，员工失业问题严重，邮政经济状况没有改善反而恶化，到 2003 年共亏损 1.4 亿美元，最终迫使阿根廷

---

① 周飙. 社区应成为水务交易主体 [N]. 21 世纪经济报道，2009.12.4.

政府于 2004 年重新将邮政收归国有化经营 [①]。

8.1.3　政府与市场合作供给的基础

　　基于以上分析，在基础设施供给的市场化过程中，政府与市场需要建立起良好的合作关系，发挥各自的优势以弥补其中的不足。基础设施供给中政府与市场合作的基础表现在制度约束、资源互补、利益共赢这三方面：制度约束是双方合作的背景，资源的优势互补是合作的保证，利益的合理分配和共赢是合作的动力（当基础设施能给生产者带来内部效益时，就能够交由市场供给；政府则追求外部效益）。

　　政府在城市开发建设中主要拥有城市土地所有权和处置权、城市基础设施建设决策权、城市开发活动监督管理权等权力，这三项权力主要基于政府在城市开发中所具有的两种"先天"资源：空间资源（包含城市土地和基础设施所占用的空间）和权力资源（包含城市开发中政府的各类决策权和管理权）。但在我国目前城市快速发展的情况下，仅有这两类资源还是无法完成全部的城市基础设施供应。与此相对应，作为城市经济运行主体的市场则具有政府所不具备的两种资源：专业技术（市场拥有专业、长期的开发经验）和充足的财力。这种资源互补关系促成了政府与市场在城市开发中的多方面合作。

　　此外，从城市开发收益的时效性来看，当前，我国城市政府承担了整个城市资源的运营和众多的城市建设与管理的职责。但是，在政府每年有限的财政预算内，不可能同时展开许多大规模的开发项目而对所有的项目都同样地按照常规的市场主体那样靠每年收益的累积来回收成本。并且在我国当前城市快速发展的条件下，政府也应当是把有限的城市建设资金集中使用并能快速回收，以投入到其他新的建设项目中，进而使有限的政府资金发挥滚雪球的效应来使城市建设项目不断展开。这就导致了政府对城市开发建设收益的高时效性要求，往往要求在 3～5 年内，甚至更短的时间内就能收回投入。

　　而市场正好与此相反，大部分企业并不必然要求 1～2 年或 3～5 年内就能高速的回收成本，常常只要求获得正常的投资回报或一定程度的超额利润率，因此，其投资回收期限要求相对政府要长的多，许多城市开发商的投资回收期多在 10 年甚至 30 年以上，从而形成其对开发收益的低时效性要求。由于基础设施所固有的特征，相比于其他开发形式，市场对基础设施的收益时效性要求更低。

　　以上两种互补的收益时效性要求成为市场和政府在城市开发建设尤其是基础设施建设领域内广泛合作的时间基础，众多类似 BOT 形式的市场化的基础设施供给都与这一时间互补关系以及上述资源互补关系密切相关。

---

①　胡仲元 . 国外邮政改革的警示 [J]. 财经界，2005(4)：90—93.

需要注意的是，基础设施的市场化最主要目标必须是提高经营效率和非扩大资本数量。由于资本成本最终要反映在即期或远期的消费价格或公共财政补贴的现金流量上，前端的过量资本进入必然会给之后的公共服务价格形成巨大压力。政府监管部门在选择民营化合作伙伴时，要把经营效率和社会公众利益作为首要衡量标准而不能仅仅追求一时的融资数量或国有资产变现和出让时的账面增值[①]。根据这一目标，政府在市场化监管中应对各类基础设施行业的溢价收购加以严格的审查控制。

8.1.4 建立以市场为主的联合供给模式

公私合作制，其本质是充分发挥政府（公共）部门和私人部门各自的禀赋优势，进行相互合作的制度安排。在这种制度安排下，产业运营由私人部门主导，不仅发挥了资金筹集和管理方面的优势，而且由于其明晰产权结构中内在的激励性而具有更敏感的市场边际效应能力，从而明显地提高了基础设施的经营效率。与此同时，政府部门因其拥有制定规则的权力，可进行不完全对称性的制度设计和安排，特别是在市场准入、价格形成和公共服务方面监管和督促运营企业为社会提供不间断的物美价廉的产品和服务。这种兼顾效率和公平的互补性的关系是对政府与私人部门或对立或从属的传统关系的革命，是制度的创新[②]。因此，为提高基础设施的供给效率，应建立以市场为主要供给主体的联合供给模式。因为市场机制虽然是最有效率的经济运行机制，但并不能解决全部经济问题，这就需要政府与市场联合进行基础设施的供给。

以市场为主要供给主体的联合供给模式，需要将政府与市场各自的职能进行重新界定。政府对待市场要从以往的行政干预转向监管和服务，保证基础设施供给中的公共利益，形成有序的市场环境；市场需要完善其组织模式，从更大程度上发挥管理运营优势。

按照供给的不同阶段，我们将基础设施的供给分为决策阶段、投资建设阶段以及运营维护阶段。在上述联合供给模式中，政府和市场起着不同的作用。

在基础设施供给的决策阶段，政府的决策结果决定着基础设施究竟以何种程度向市场开放以及开放的方式、条件、激励与管制机制等内容，各类企业只能在政府的上述约束下进行生产和服务活动。

在投资建设阶段，根据项目建设性质的不同，基础设施供给主体可分为：①政府作为投资建设主体。市场化改革之前，投资者和建设者之间往往是一体化的关系，即投资者和建设者是政府的不同职能部门，其结果是投资风险责任根本无法落实到具体责任主体上。②政府作为投资主体，市场作为建设主体。当政府的投资决策形成之后，投资的具体实施主要由市场承担，政府和市场之间以合同形式形成委托代理关系，他们之间契约关系的安排方式成为决定投资成效的关键。

① 周林军．公共基础设施行业市场化的政府监管 [J]．环境经济，2007.03：32-36.
② 张昕竹等主编．中国基础设施产业的规制改革与发展 [M]．北京：国家行政学院出版社，2002.

③市场作为投资建设的主体。市场在投资建设中拥有一定的自主权，但是供给过程需要在政府的管制下进行。

在运营维护阶段中，根据基础设施类型的不同，供给主体可分为以下几种：①政府作为运营维护的主体，这种运营结构在当前社会发展中已经逐渐改变。②自然垄断企业作为运营维护的主体，这类企业在改制前为政府的下属部门，在市场化改革后改制为独立的自负盈亏的企业，负责运营维护工作。比如，电网的运营和配电的工作现在几乎仍由这些改制后的自然垄断企业进行运营和维护。③市场主体进行运营和维护。基础设施的所有权或管制权可能仍然掌握在政府和垄断企业手中，但是由于工作的可分包性，使得市场作为运营和维护的主体成为现实，比如对公交线路运营的维护等。

目前，我国越来越多的城市都采用政府与市场联合供给的模式，发挥政府和市场各自的优势，使得城市基础设施的供给思路呈现多元化。2004年，佛山市将城市可经营性项目（如文化、教育、环保、供水、垃圾处理、轨道交通等）由"政府单一包建"转为"全社会共建"，通过改革打破行业垄断和地区垄断，从而带动产权制度改革，推动政府职能转变。为保证政府与市场联合供给的有效进行，2006年，广东省佛山市政府制定了《佛山市城市可经营项目监管暂行办法》，对与政府监管部门及其职责、监管措施、经营权收回与终止、法律责任进行了详细的界定，以期维护投资者利益和公共利益[①]，取得了良好的效果。

8.2　市场进入规制

所谓进入是指一个厂商进入新的业务领域并开始生产或提供某一特定市场上原有产品或服务的充分替代品的行动集合[②]。市场进入是市场竞争的前提条件，包括能否进入和是否愿意进入两个方面。前者取决于基础设施行业本身的自然垄断特征以及现有规制情况；而市场的外部性的程度或盈利前景则决定了市场是否愿意进入的问题。行业如果存在很大程度的外部性，将使市场供给基础设施并合理地收回成本的难度增大。所以，为保证市场愿意进入外部性较大、盈利前景不明确的基础设施领域中，政府需要制定相关的机制以弥补企业的成本支出。

由于基础设施供给具有自然垄断性、资产专用性、资本沉淀性、运营规模性等特征，因此政府常常需要设定进入门槛来保证进入企业具有持续稳定的供给能力和良好的供给水平。如设定产品或服务的质量标准、企业的经营年限、企业的技术水平以及企业的规模等，以此来规范竞争的市

---

① 黄磊.600亿大单，佛山引进公共产品供给者 [N].21世纪经济报道，2007.6.27.
② 陈富良.政府的准入规制与垄断行业的市场结构 [J].中国铁路，2002(7).

场。但是市场准入规制不等于排除新企业进入，规制者应适度开启新企业进入的"闸门"，通过直接或间接的途径，发挥竞争机制的积极作用[①]。

按照市场化参与程度的高低，基础设施供给的市场化模式主要包括服务外包、公私合营（PPP）、特许经营、完全私有化等类型，前三种模式是我国市场化中较可行的方式，可以根据不同城市的情况制定出相应的市场化政策。

总体而言，基础设施供给的各个环节都可以有市场的进入，只是进入的程度、范围有所不同。不同基础设施具有不同的经济技术特征，所以，政府与市场的联合供给也有不同的表现形式。按照参与程度由低到高的排序，市场进入方式主要有以下几种，城市可以根据自身情况的不同进行选择：

8.2.1 服务外包

服务外包的市场化程度较低，政府对资源拥有产权、定价权和财权，仅仅将经营、维护等业务进行适度外包，并制定服务质量标准。对于不符合服务质量标准的企业，政府有权终止外包服务。服务外包的时间一般为 3～5 年，企业能否继续经营主要取决于其所提供的服务是否符合标准，因此，无需政府施行过大的监管力度即可达到较好的效果。例如，为保证公交的服务质量与服务效率，伦敦巴士公司每年要对五分之一左右的公交车运营公司重新进行招投标，并且对大约一半路线进行评估，淘汰不合格的公交公司，更换新的公交公司。

这种方式市场参与程度较低，所适用的情况如下：①政府没有充足的市场化经验、或没有厘清市场化规制；②在公共性、外部性较高，且无收费机制的基础设施供给中（如城市绿化、路灯等），企业不能通过收取公众的使用费而弥补自身的成本支出，这就需要政府承担维护管理费用，企业仅负责日常的经营维护工作；③一些供给企业资金实力较弱，但是具有较强的技术实力，其进入也可以采取这种方式。

这种模式可以运用于市场化机制不十分完善的城市中，此模式对政府的监管素质要求也不十分严格，因为政府除了将服务进行外包外，对其他方面的裁量权依然很大，票价的制定也由政府来完成，在价格方面可以保证普遍服务的顺利进行。

8.2.2 资本参与

资本参与即在基础设施建设和经营阶段，为了扩大生产规模、提高生产技术、解决资金短缺等问题，供给主体通过融资等手段吸引民间资本的投入。由于仅有资本的参与，没有经营权的介入，这种方式是市场进入基础设施领域较为简单的方式。目前，上海对基础设施投资的资金 50% 以上来自民间。

比如，我国将扩大资本的参与范围，加快推进城市停车设施建设。由国家发展改革委等七部门联合印发的《关于加强城市停车设施建设的指导意见》（以下简称《意见》），于 2015 年 8 月 11 日正式对外发布。根据《意见》相关规定，未

---

① 仇保兴，王俊豪 等．中国市政公用事业监管体制研究 [M]．北京：中国社会科学出版社，2006．

来将适度满足居住区基本停车和从严控制出行停车,以停车产业化为导向,充分调动社会资本积极性,有效缓解停车供给不足,加强运营管理,实现停车规范有序。主要有以下内容:①《意见》明确,以居住区、大型综合交通枢纽、城市轨道交通外围站点(P+R)、医院、学校、旅游景区等特殊地区为重点,在内部通过挖潜及改造建设停车设施,并在有条件的周边区域增建公共停车设施。鼓励建设停车楼、地下停车场、机械式立体停车库等集约化的停车设施,并按照一定比例配建电动汽车充电设施,与主体工程同步建设;②在市场准入方面,企业和个人均可申请投资建设公共停车场,原则上不对泊位数量做下限要求。改革停车设施投资建设、运营管理模式,消除社会参与的既有障碍;③在停车收费政策方面,逐步缩小政府定价范围,全面放开社会资本全额投资新建停车设施收费。对于路内停车等纳入政府定价范围的停车设施,健全政府定价规则,根据区位、设施条件等推行差别化停车收费;④在停车智能化方面,支持移动终端互联网停车应用的开发与推广,鼓励出行前进行停车查询、预订车位,实现自动计费支付等功能,提高停车资源利用效率;⑤在停车综合治理方面,新建或改扩建公共停车场建成营业后,减少并逐步取消周边路内停车泊位,加强违法停车治理;确保路内等政府停车资源委托经营的公开透明,将收入的一定比例专项用于停车场建设;严格监管停车服务和收费行为;⑥《意见》还明确:简化审批程序,各地最大程度地减免停车设施建设运营过程中涉及的行政事业性收费;创新投融资模式,鼓励采用PPP模式;加大金融支持力度,研究设立引导停车设施建设专项产业投资基金。

最近,杭州市拱墅区阮家桥地下公共停车库负责人已从房管部门拿到了杭州市也是浙江省首本公共停车场《房屋所有权证》3。这个由民营企业杭州广诚投资有限公司投资建设的阮家桥地下公共停车库位于杭州市拱墅区丰登街300号,车库建筑面积7199m²,有117个公共停车位,于2015年1月1日正式投入运营,有效地解决了周边阮家桥社区居民、城西银泰城的停车问题。这是杭州核发的第一本公共停车场库《房屋所有权证》。作为社会力量投资建设的公共停车库项目,阮家桥地下公共停车库名正言顺有了自己的"身份证",这无疑对其今后的运营管理和投资效益增长大有裨益,意义重大。

8.2.3 公私合营

在政府没有充足的建设资金和丰富的技术水平而又需要对重大基础设施进行直接规制的情况下,公私合营是较为理想的选择。公私合作(Public-Private Partnerships, PPP)集中了政府和市场各自的优势。公私合营与资本参与的区别在于后者只有资本的参与而没有经营的参与,公私合营则是包括资本和经营在内的全面的参与。在公私合营的制度模式中,合营双方通常成立项目公司或投资公司,各占一定的股份,共同参与联合供给。

PPP 起源于 20 世纪 70 年代的美国，倡导政府与私人组织之间的合作，通过彼此间的资源整合和重新分配，提高资源的使用效率，并通过彼此间权力和利益共享形成"双赢"。在众多国家的实践中，公私合作制已被证明是行之有效的公用事业制度安排形式。比如英法海底隧道，英国和美国以私人收费公路形式发展公路系统，英国、法国、美国、加拿大和南美的铁路系统，伦敦的地铁网络以及法国的供水等都得益于 PPP。北京地铁 4 号线也采用了公私合营的模式。2005 年 2 月，北京市基础投资公司、北京首创集团公司和香港地铁公司共同出资组建 PPP 模式的公司——北京京港地铁公司，并由该公司负责 4 号线的建设。

8.2.4　特许经营

在一个区域范围内，由于基础设施的网络性和供给的不可分割性，在经营中往往由一家企业来完成供给才能发挥其规模效益和范围经济，如城市供水、燃气、供热等行业以及从各个行业分解出来的自然垄断性的经营业务。为了避免独家供给形成的垄断和服务质量的降低，为取得市场的竞争即事前竞争的规制设计是非常重要的。特许经营权是事前竞争的主要也是运用较多的制度形式，特许经营权的有效性在于它能够促进市场竞争，并通过竞争筛选出最为优秀的经营企业，从而提高市政公用事业的经营效率[①]。

特许经营权指由民间部门与政府部门签订合同，在合同期限内，民间部门通过特许经营权获得运营的所有权利，并自负盈亏。对于市场化程度很高的基础设施行业，一些实力强、经验丰富的企业集团可以完全承担建设、运营、维护等的全部工作，进行特许经营。该方式是目前世界上比较流行的基础部门民间参与的方式，它使得民间部门在合同期内能够得到安全的产权保障。特许经营期限根据行业的特征、回收成本的时间等有长有短，但一般不超过 20 年。

特许经营又可分为所有权性的特许经营和经营权性的特许经营。前者是指在政府部门部分出资的情况下实现公私合作伙伴关系，后者则是在由政府全额出资的项目中采用。特许经营的方式有 BOT、TOT、BOOT 等。在所有权性的特许合同中，国家财产在其寿命期内移交给被特许人，根据合同期满后财产返还给国家或被特许人占有和保留所投资财产这两种不同的情况，又分别被称为 BOT 或 BOO。经营权的特许合同一般称为经营权有偿转让，即 TOT 投融资方式，指政府以特许经营的方式将已建成的基础设施的经营权以一定的价格在一定期限内出让给民间部门，期满后民间部门将基础设施无偿归还给政府部门。

BOT 是特许经营权的常用模式，是指国家或地方政府部门通过特许权协议，授予签约方的投资者承担公共性基础设施项目的投资、建造、经营和维护。在协议规定的期限内，项目公司拥有投资建造设施的所有权，允许向使用者收取适当的费用并得到合理的回报，特许期满，项目公司将设施无偿或有偿地转让给签约

---

① 1986 年由伦敦商学院所做的一项研究表明，英国地方政府在打扫建筑物、清理街道、收集垃圾等公共业务中，采取特许经营后，在保持原来服务标准的同时，成本平均降低 20% 左右，每年可节省开支 13 亿英镑（仇保兴、王俊豪，2006）。

方的政府部门。世界上一些著名的工程，如英吉利海峡隧道、澳大利亚悉尼过海隧道、中国香港东区港九海底隧道等交通设施项目以及中国深圳梧桐山隧道项目都是通过 BOT 方式融资建设的。

（1）获取特许经营权的三种竞争模式

企业为获得在一个区域范围内的特许经营权一般需要进行价格竞争、服务竞争或补贴竞争。我国现阶段以价格竞争和补贴竞争方式居多。

1）价格竞争通常有两种方式，其一为事前竞价，即对产品或服务供给价格的竞争，以出价最低者中标；其二为购买股权，出钱最多的企业获得特许经营权。我国水务行业的事前竞争主要为价格竞争，在各地的实践中上述两种方式都有着较好的运用。

2）补贴竞争常出现于需要补贴的基础设施行业中，由需要补贴金额最少的企业获得经营权。

3）服务竞争即在给定的供给价格下由服务供给最优的企业获得特许经营权，这种方式常出现于基础设施市场化运营较为成熟的行业中，如在英国的公交行业中，企业竞争的内容一般集中于准点率、舒适度等方面。

（2）特许经营权有效实施的前提条件

特许经营权制度能够发挥效用需要以下前提条件，这同时也是特许经营权的适用范围：

第一，企业拥有充裕的资金、较高的技术实力、丰富的运营经验，由他们来供给能够提高资源的使用效率、降低成本并提高产品或服务的质量。

第二，竞争的充分性。城市拥有较为完善市场化规制，行业的市场化程度较高，但建设运营情况不十分成熟，需要成熟企业来进行供给。如果市场竞争不足，那么获得特许经营权的企业未必是最优的企业，政府的社会目标就很难达成。

第三，政府与企业之间合同设计的科学有效。特许经营制度顺利实施的关键环节在于政府与市场的合同制定与合同的约束力。合同能够增加公开性和企业的责任感，有了合同的约束政府能够保持政策的稳定性。如果合同存在很多漏洞，那么事前竞争的意义就荡然无存。政府应严密制定特许经营合同并通过合同来界定双方的权利和责任，规范企业的行为，对不符合合同供给的企业应对其规范或者终止合同。比如在价格竞争领域中，首先，在服务质量不易谈判或合同对质量无足够约束力的情况下，按最低价来出价有可能影响服务质量；其次，低价进入后再谈判，企业有可能在竞标时以低价进入，一旦进入后企业再与政府进行讨价还价[①]。

第四，采用这种方式需要政府具有较高的监管能力和风险应对能力。政府应加强对特许经营的规制和动态管制，对特许经营期内可能出现的事情有充分的估计。

---

① 周林军，曹远征，张智主编. 中国公用事业改革：从理论到实践 [M]. 北京：知识产权出版社，2009.

(3) 特许经营合同制定中需要注意的问题

特许经营的期限不宜过长，否则会出现政府对企业逐渐缺乏约束力的情况，企业在没有竞争压力的环境中，会提出不断涨价的要求[①]。

现今国际上的流行趋势是缩短基础设施的特许期，西方国家普遍将特许期缩短到 20 年以内，而我国有的特许经营期长达 25 年、30 年甚至 50 年，与国际趋势背道而驰，时间越长越会出现很多风险因素。因为在几十年的特许经营期内，如果政府没有对企业的产品质量、服务质量进行规范和监管，在企业没有竞争对手的情况下，企业降低成本的主要途径就是降低服务标准，导致公众利益的受损。所以，政府在合同中应当明确服务标准，如果企业的供给低于这些标准，政府就有权将收回企业的特许经营权。此外，特许期限过长，会发生很多在签订合同时所预料不到的事情，这时政府更正合同或者终止合同就会产生很大的效率损失和信用损失。

香港和上海的公交监管模式值得借鉴。香港公交专营权授予的前提是专营企业有能力为市民提供良好、安全、舒适的服务。专营期限一般不超过 10 年，已获得专营权的公司可在专营权期满前 15 个月或更早的时候，以书面方式向政务司提出延长其专营权期限的申请。如果行政会议审核后确认专营公司能够维持有效率的服务，可将专营权再延长一段时间，但不超过 5 年；当专营企业无法保证服务质量，并在受到责罚或警告后无法改正时，政府将对其专营权予以取缔。上海市则是先对近千条公交线路的经营权进行授予确认，明确经营期限，分为 1 年、3 年、5 年、8 年等。期限长短依据两大原则：①企业经营质量和线网优化情况。经营质量越好、又符合线网优化规划的线路，经营期限就越长，品牌线路、文明线路的运营企业可获得 8 年经营权；②第一次确认的经营期限满了后，第二次确定线路经营权时，原则上将实行向全社会公开招标。招标是无偿的，主要针对资质和服务质量，始终把公众利益放在第一位。

在 2013 年 12 月，杭州市政府正式发布《关于鼓励和引导社会资本参与基础设施建设的实施方案》，公布了 91 个拟引进社会资本的实施项目和储备项目，涵盖了轨道交通、公路和城市道路、桥梁、隧道、综合交通枢纽和公交场站、城市供水和污水处理设施、生活垃圾和固废处理设施、停车场库、医疗、住房保障等多个领域。在轨道交通领域，杭州市政府推出 3 条地铁线路，拟引入社会资本将超过 267 亿元，占总投资额的 43%，并进一步强调，社会资本可通过 BT（建设 – 移交）、BOT（建设 – 经营 – 转让）、PPP（政府与民营机构签订长期合作协议）等方式参与轨交建设项目。

任何制度都有其不完善之处。特许经营权制度确实能改善市场化带来的垄断困境，但由于无法预知未来的需求变化、技术进步和商业创新，长期合约难免带来无效率。因此，克莱因（Klein）认为，在现实条件中，特许经营权的价格和相

① 陈昆玉，王跃堂. 公用事业行业的价格管制缺陷及其治理途径——基于南京市公交行业涨价的案例研究 [J]. 软科学，2007(4).

关条款可能要根据情况变化而调整，基本上有两种选择——周期性地再拍卖特许经营权或使用传统的价格规制①。

8.2.5　其他方式

如今，各地城市正在探索不同的基础设施开发的融资方式。比如在重庆，当地政府给轨道交通开发公司划了一块土地资源，让其通过土地运作来减少城市轻轨的财政支出②。

又如，交通基础设施有稳定的客流量，是广告宣传的良好场所，沿线的广告设施可以增加基础设施项目的收入；新建交通基础设施使沿线土地增值，其中未开发土地的增值可以用于提高基础设施项目的投资回报率。

为最大限度的引入民间资本，对于难以形成价格的纯粹公共产品以及外部性相当显著易形成亏损、必须由财政出资的公益性项目，政府可以采用提供长期低息贷款和财政补贴担保、允许发行长期建设债券、实现减税以及资产补偿和财政补贴等多种综合补偿措施提高项目收益率，吸引民间资本的进入③。

8.3　行业竞争结构

8.3.1　可竞争性分析

一直以来，大多数基础设施行业被认为是垄断行业的主要原因为，技术形成的自然垄断和计划体制下的行政垄断。现阶段，技术的进步、行业的细分、竞争机制的重构等因素，使得几乎所有的基础设施行业都拥有竞争性或潜在竞争性业务环节。

根据基础设施供给所依附的物理设备，可以将基础设施分为具有专用管道网络的基础设施和不具有专用固定管网的基础设施。前者包括，水务、电力、电信等，也就是那些沉淀成本较高，资产专用性强的基础设施。后者包括公交、邮政、垃圾处理等。很显然，前者由于具有固定的专用管道，其供给中的规模效益比较突出，市场化程度较低。相比较而言，后者的市场化程度较高。

此外，基础设施行业规模较大，一个行业常常包含很多业务环节，在垄断市场结构中，这些环节隶属于统一部门，且上下关联，具有很强的规模效益和成本优势，进而垄断市场，损害社会利益。从发达国家的实践看，在市场化改革初期，通常对基础设施行业进行重组，把垄断性市场结

---

① 刘戒骄. 公用事业：竞争、民营与监管 [M]. 北京：经济管理出版社，2007.
② 肖明，顾敏. 轨道交通"大跃进" [N]. 21 世纪经济报道，2009.10.22.
③ 张昕竹等. 中国基础设施产业的规制改革与发展 [M]. 北京：国家行政学院出版社，2002. 常欣. 中国基础部门产权制度探讨——"公私资本相机参与"模式的构造 [J]. 中国铁路，2002，05：24-28+4.

构改造成为竞争性市场结构，形成有效竞争的格局[1]。

基础设施行业竞争结构的形成主要有三种方式：纵向分离、横向分离和行业联合。究竟采取哪种方式，取决于不同地区、不同行业的发展阶段、市场规模、技术经济特点、政府的监管能力、政府的组织结构等诸多因素。

8.3.2 纵向分离

（1）纵向分离的概念

随着技术创新和市场容量扩大，基础部门中某些原来被认为具有自然垄断性的业务和环节，其进入壁垒和退出壁垒被逐渐克服，成为能够引入民间资本的非自然垄断性业务或环节。譬如，基础设施的生产环节、具体的服务运营环节、线路等网络基础设施的养护维修业务以及工程项目的设计、施工等都可以从垄断供给的结构中分离出来，交由市场来独立完成，从而产生了纵向分离的行业结构。

纵向分离是按照竞争性和垄断性特征将基础设施供给链中的业务和环节从基础网络中分离出去，形成围绕在基础网络上的产业主体，从企业内部的分工演变为市场分工。正因为基础设施行业的资产专用性较强，交易频率较高，使得纵向一体化成为运营的常用模式，也是效率最高、成本最低的运营模式。这种分离的主要优势是减少了网络所有者限制竞争对手进入潜在竞争市场的动机，有利于独立企业以合理的条件使用现有网络设施[2]。但缺陷是产业的基础网络仍然具有产业链条的垄断地位，会对上下游产业环节进行榨取，这就需要对拥有基础网络的企业进行严格的管制。

是否需要将垄断企业进行纵向分离，按照奥列佛·威廉森的理论，涉及两个主要因素：一是资产专用性程度，一是交易频率[3]。所谓资产专用性指某一资产对下游企业或用户所具有的专用程度，它是在初期投入较多耐久性固定资产，一旦下游企业或用户不再购买该资产提供的服务，该资产很难转移到其他用途，或者转移以后其价值会有很大的贬损。当双方之间存在着较高的交易频率时，他们之间就存在着巨大的风险，一旦其中一方违约，就会给双方带来重大损害。因此就有可能以违约相要挟，改变合约条件（尤其是价格）。在这种情况下，威廉森建议，要实行产权的纵向一体化，即将两个企业合并。还可以通过由下游企业或用户投资具有专用性的固定资产来解决这一问题。

（2）纵向分离的四种模式

1）产业链分离。按照产业链进行拆分，将基础设施供给中的生产、输送、配给、销售环节拆分为独立运营的企业。由于基础设施供给产业链一般都存在交易频率较高、资产专用性较强的因素，因此这种模式的顺利实施需要公平竞争规则的建立、竞价上网机制的完善、用户直购模式的建立等规制的保障。

---

①　仇保兴，王俊豪 等.中国市政公用事业监管体制研究[M].北京：中国社会科学出版社，2006.
②　刘戒骄.公用事业：竞争、民营与监管[M].北京：经济管理出版社，2007.
③　周林军，曹远征，张智主编.中国公用事业改革：从理论到实践[M].北京：知识产权出版社，2009.

2）环节分离。根据运营特征，将基础设施供给中的投资、建设、经营、维护环节分别交由不同企业来经营，这种模式可以发挥出企业各自的优势和特长。为了保证各阶段彼此的衔接，可以建立集团公司以统筹下辖企业。上海水务在运营中采用了这种模式，下文中将有详细分析。

3）业务分离。在一个基础设施行业中，常常包括几种不同的基础设施类型，这些不同的基础设施的产品或服务不同，并由不同的主体分别运营，它们的分离是必然的趋势。比较典型的是邮政和电信的分离，使得电信结束了直接向邮政补贴的历史。

4）效益分离。为了保证供给的高效，将营利性行业与非营利性行业进行分离，这有助于厘清行业之间的一些非效益关系，并减少交叉补贴的可能，这是保证市场进入供给领域的前提条件之一。

8.3.3 横向分离

横向分离是在一定区域内，按照不同的业务类型和空间范围对基础设施行业进行拆分整合，形成各个独立的公司运营。这种分割的好处在于最大限度发挥原有纵向一体化带来的规模经济，缺点是区域性企业仍然在该区域内处于垄断地位，垂直垄断结构并没有改变，可能会对消费者剩余进行榨取，这就需要政府对处于垄断地位的企业进行有效的产业监管。

虽然网络性较强的基础设施在一个区域内不易被分割，但是在某些规模较大或者内部有自然分割的城市中，可以按照一定的区域边界将供给区域进行分离，由不同企业分别建设经营。在大城市、组团城市中可以实现空间分离的供给市场结构。企业供给范围的缩小使得企业通过标尺竞争来提高供给绩效。

空间分离可以有两种市场模式，第一种即由大垄断到局部垄断的结构改变；另一种既有前一种的结构改变，又在竞争环节引入竞争。所以，对这两种方式的规制也不尽相同。前者继续保留了自然垄断结构，规制的主要目的即消除垄断的缺点，规制内容包括：成本财务监管、产品或服务质量规制等。后者引入了竞争，竞争者可以使用在位者的网络设施同在位者竞争，规制主要目的是保证后进竞争者能够在付费的前提下公平使用网络设施。网络使用费的制定应在政府监管之下，防止在位者提高网络使用价格阻止竞争者进入。

对于城市水务行业来讲，地区内供给的空间分离是按行政区划或流域组建若干水务集团，大城市、组团城市、有河流、山脉等自然资源分割的城市，空间分离是常用模式。这种模式的优点是同一城市有多个同类型经营者，它们所供给的质量与服务水平可以展开竞争。2000 年上半年，上海市把原有的上海市自来水总公司按地域范围分割为 4 个完全独立的自来水公司，4 个独立公司都是集自来水制造、供应、销售服务、给水及排管设计、安装施工、水质分析于一体的综合性供水企业，4 个企业在各自的区域范围内经营，服务范围局限于城市某个相对独立完整区域；相互之间没有竞争，互不涉足其他区域的供给，实行全市统一服务价格管理体系。

8.3.4 行业联合

还有一些行业由于上下游之间的业务衔接较为紧密，甚至还存在上下游业务环节之间互换的关系，如在城市水务行业，污水处理是供水的下游环节，但是污水处理成中水之后就要利用中水管网将中水输送至各家各户。这样的行业需要进行行业间的联合以减少交易成本，扩大企业经营规模，增强企业的竞争力。目前，深圳、沈阳等城市的水务行业改革就是采用这种方式。

深圳市水务集团是供排水一体化的典型。深圳市水务局于 2001 年 12 月，将污水处理厂及排水管网 30 多亿元资产整体并入自来水集团公司，经过重组后的深水集团由单纯的供水企业转变为我国首家资产达 60 亿元的集供水业务和污水处理业务为一体的大型综合性水务集团，重组壮大后的深圳市水务集团在与其他企业联合后成立了深圳市水务投资公司，进军全国水务市场并获得了很大的成功。重庆水务是国内唯一一家供排水一体化、厂网一体化、产业链完整的省级垄断水务上市企业。日供水能力 143.9 万 t/d，日污水处理能力 168.3 万 t/d，2008 年收入 23.7 亿，超过所有此前上市水务公司[①]。北京市自来水集团公司先后购并了延庆、密云、怀柔、房山自来水公司，拓展了供水领域。

8.4 市场竞争环境的营造

8.4.1 所有制与市场竞争

随着市场化观念逐渐深入人心，人们经常一味把基础设施供给的问题全部推到国营企业身上，认为交由市场来经营必然带来供给的高效，但是，一些国家的基础设施私有化改革似乎并没有那么成功，有的仍旧回归国营[②]，还有的国家（新加坡）的国营效率一直很高，这就说明所有制的变化不一定是效率改进的必要条件，一个竞争性的环境对企业行为和市场绩效更为重要。市场化的目的是打破垄断，引入竞争，改变单一主体的供给局面。相比竞争而言，打破垄断的效果要好于仅改变供给主体的效果。所以，在引入市场参与基础设施供给的同时，竞争机制的培育必不可少。甚至可以说，相对于引入竞争而言，所有制改革应该是第二位的。

如果引入竞争的方式基本上是对国有企业进行拆分重组，新的市场进入者也基本上是国有企业，仅仅在主体上做了变化的话，市场化的结果只是将垄断权由

---

① 贾海峰.详解重庆水务"水务一体化"，高度依赖财政扶持 [N].21 世纪经济报道，2010.4.2.
② 阿极廷是世界上邮政改革最激进的国家，被称为完全实行私有化的三个国家之一。但实践证明，以私有化为特征的邮政改革已彻底失败。1993 年起，阿根廷对邮政进行特许经营权招标，期限为 30 年，由英国一家经营邮政业务的私有公司于 1997 年中标。但经过几年的运行，使国人大失所望，邮政市场混乱不堪，专营业务得不到法律保障，普遍服务无法全面实现，邮政员工锐减。阿根廷政府于 2004 年 9 月正式宣布，重新对阿根廷邮政实行国有化管理，而且专门通过一项议案，对邮政实施长期国有化管理，今后不再重提私有化。(摘自：胡仲元.国外邮政改革的警示 [J].财经界，2005(4):90—93.)

政府交给市场，其结果很可能是既有效率低下之弊，又无规模效益之利，企业会利用其在市场中的地位谋取巨额利润,从而会更加损害公众的利益。

总之，要提高效率，引入竞争和所有制改革缺一不可。在竞争可行的条件下，首先要在企业外部最大程度地引入竞争，同时在企业内部进行所有制结构的改革，只有这样才能真正形成有效竞争的局面。我国基础设施部门的实践表明：由于在开放市场、引入竞争的同时没有适时进行所有制改革，结果行业的竞争机制并未真正形成，即使形成所谓的竞争，企业也会缺乏持久的活力①。

但是，引入竞争和所有制改革并不等于将基础设施的控制权完全交给企业，有些行业并不能完全这样做，比如供水行业。我国供水业改革模式尽管有外资、国资、民资多种成分的企业参与，但共同的特点是一般由投资方掌握企业实际的经营与控制权，但将具有公共属性的供水行业当作一般竞争性行业去开放，可能会犯一卖了之的错误，导致水务行业的市场化变为简单的商业化②。为了避免上述问题，需要注意的问题是：①明确供水行业的公共事业地位。水务市场并不是完全可以市场化的，因为水务行业具有公益性特征，那些违背公益性特征的改革也是错误的。所以，改革中要通过相关政策的出台明确供水事业的公共事业地位，这是基本前提。②坚持政府所有权下的市场化改革。水务市场化改革的有效方式是政府虽然退出经营范围，但仍需掌握行业的所有权，仅将经营权按市场机制出让。

8.4.2 竞争与产权制度改革

但是并不是所有的基础设施市场化改革都是成功的，我国2008～2009年间曾经一度停滞的市场化改革说明了市场化并不是一帆风顺的。市场化顺利进行的必要条件包括：市场化规则的建立、政府的信用、市场化政策和法律法规、基础设施自身的赢利性等因素。

竞争市场理论改变了人们对自然垄断行业管制的传统看法；政府管制中存在的信息约束和道德风险，更加增强了放松管制政策的吸引力。现在的思想倾向认为：竞争是管制的重要替代。对中国改革而言，这意味着产业管制制度的变迁应是一个不断减少政府干预的过程。

市场化能够带来供给效率的改善。黄志龙通过对阿根廷基础设施私有化的研究发现，私有化后基础设施供给对不同收入阶层产生如下直接影响：服务价格有所下降，服务人群的覆盖范围扩大，服务质量得到改善，但低收入家庭享受这些服务的支出占家庭收入比重有所上升。私有化的间接影响体现在政府额外收入增加，公用事业的财政负担减轻，政府用于教

---

① 张昕竹等.中国基础设施产业的规制改革与发展[M].北京：国家行政学院出版社，2002.
② 余晖，秦虹.《中国城市公用事业绿皮书 NO.1——公私合作制的中国试验》总报告之二[M].上海：上海人民出版社，2005.

育、医疗、扶贫和构建社会安全网等领域的支出增加，在一定程度上缓和了社会问题[①]。尹竹、王德英通过对日本的 NTT、JR 东日本国铁公司的考察发现，民营化没有实现减少财政赤字的初衷，但是提高了劳动生产率。这与英美等发达国家的改革经验是相同的[②]。

但是市场化模式即所有制的改变并不必然引起效率的提高。Menard 和 Shirley (1999) 对法国自来水行业的研究显示，有的公有生产者表现得非常好，而有些私有经营者表现很差[③]。国内的一些学者通过对英国公用事业民营化的研究，也认为所有制形式的改变与公用事业经营绩效并无显著贡献。经济学家斯蒂格利茨在考察了西方一些国家公用事业所有制制度后说："并不是所有的国有化的企业都缺乏效率。政府企业与私人大公司在效率方面的差别可能并不像认为政府总是无效率的流行观念想象的那样大，特别是在两者都面临某种程度的市场压力和竞争压力的情况下"[④]。他认为无论公营企业还是私营企业，自然垄断性产品生产还是优效品 (Meritgoods) 生产，提高效率的普遍原则是激励机制和竞争机制[⑤]。英国经济学家马丁和帕克 (Martin & Parker) 对英国各类企业私有化后的成效做了综合广泛的比较后发现：在竞争比较充分的市场上，企业私有化后的平均效益有显著提高。他认为企业效益与所有制的变化没有必然的关系，而与市场竞争程度有关系，市场竞争越激烈，企业提高效率的努力程度就越高。经过大量实证调查检验后，英国经济学家开始认为竞争论比私有化产权论更有理论的内在逻辑性与实证解释的说服力[⑥]。

基于前人的研究我们可以得出这样的结论：基础设施供给效率低下的原因不在于所有制的公营，即所有制不是效率的关键决定因素，而在于垄断的市场结构。如要增进效率改善供给，竞争机制的引入是必不可少的。竞争论认为，要使企业改善自身治理机制，基本动力是引入竞争，变动产权只是改变机制的一种手段。周林军认为，真正竞争性的公用事业市场应当是国有和私有经济成分都有机会参与的市场而不是某一经济成分完全垄断的市场。在我国公用事业管制法律制度改革过程中，决不能将产权的形式归属作为产权体制改革或管制的首要目标，只能将产权的竞争性交易作为产权权利实现和对产权进行合理管制的核心[⑦]。

纵观我国基础设施供给中所存在的问题，很大一方面原因在于基础设施提供中缺乏有效的激励机制。1994 年世界银行的发展报告指出，发展中国家基础设施发展落后的原因在于基础设施的投入产出得不到全面有效的衡量和管理，提供者的报酬与使用者的满意度没有任何联系。邓淑莲认为，基础设施的发展依赖于建

① 黄志龙．公用事业私有化对社会领域的影响——阿根廷案例研究 [J]．拉丁美洲研究，2008(2):54—58．
② 尹竹，王德英．日本基础设施产业市场化改革的模式及绩效评价 [J]．亚太经济，2006(6):50—52．
③ 王自力．公用事业改革的权利结构变动：比较与选择 [J]．当代财经，2006(9)．
④ 斯蒂格利茨．经济学 [M]．北京：中国人民大学出版社，1997．
⑤ 叶文辉．城市公共产品供给的市场与公共服务的效率改善 [J]．江西社会科学，2004.4．
⑥ 许峰．中国公用事业改革中的亲贫规制研究 [M]．上海：上海人民出版社，2008.9．
⑦ 周林军．简论我国公用事业产权管制体制改革 [J]．西南师范大学学报（人文社会科学版），2003(6):71—74．

立有效的激励机制：一是按商业原则发展基础设施，即将基础设施视为一个"服务行业"，按消费者的需求提供服务；二是引进竞争机制，竞争可以提高效率，为使用者提供更多的选择，从而使提供者更加努力地提供令使用者满意的服务；三是对那些提供者无法通过市场了解使用者信息的基础设施的发展，使用者和其他有关人员应该进入基础设施发展的整个过程[①]。

8.4.3 法制环境

从国际经验看，推行基础设施供给市场化改革的一个前提条件是制定和完善基础性和配套性的法律框架，通过这些法律法规对政府、企业、公众的权利和义务等作出清晰的界定，可以有效防止政策和法律的不确定性，避免政策法规的冲突或纠纷和实现事后的法律救济等，而我国关于基础设施行业的多数基本法律目前尚未进入立法议程和立法程序[②]。不仅如此，由于不能对未来的发展做出相应的预测，基础设施行业的相关法律法规政策还存在着一些盲区，导致行业发展无法可依[③]。面对地方整合和社会各界对基础设施市场化改革的强烈呼声，一些国家部委匆忙出台大量单项法规，而这些法规之间又往往存在内容模糊和条款冲突。

在基础设施市场化改革中，出台的法规多为程序性和市场准入方面的监管法规。但公共基础设施行业最为核心的问题绝非仅仅限于这两个方面，更多的实质性问题而且是最为困难的过程性内容是市场进入发生后的行为或过程控制。这是因为，通过特许经营权竞争性进入产生的优化结果会随着时间的推移而发生变化。例如，公共基础设施行业的经营期限一般很长，投标者通常仅仅承诺的是起始阶段的价格，一些有实力的厂商可以在投标时以其财务实力做后盾刻意压低起始价格并先中标再说，等到进入市场和起始阶段过后在与监管部门讨价还价或实行垄断。所以，试图仅以一部"特许经营管理条例"或一套标准合同范本来解决市场进入以后的过程或内容监管问题只是幻想[④]。在没有法律依据条件下，各地方政府制定的各种方法都可以被推翻或者修正。承诺缺乏法律依据，以合同为基础的特许经营机制就失去了赖以生存的条件，形成了承诺的缺失（周耀东，赵旭）。

（1）政府职能重塑

在过去几十年里，中国的基础设施行业一直沿循着"资产政府拥有，领导政府任命，价格政府制定，经营政府控制，盈亏政府统负"的传统模式，行业的产权结构、治理结构和市场结构带有强烈的政府主导倾向。因此，

① 邓淑莲．中国基础设施的公共政策 [M]．上海财经大学出版社，2003.7．
② 周林军，宁宇，贾晖．公用事业市场化问题研究 [M]．北京：知识产权出版社，2009．
③ 例如，1986 年的《邮政法》没有对快递做出预测，在新的《快递法》出台之前，法律上对民营快递的规制存在盲区，致使民营快递迅猛且不规范地增长。如今，新《邮政法》虽然承认了民营快递的地位，但是实施细则却迟迟未能出台，专营范围一变再变，引起了民营快递界的恐慌，从而影响了民营快递的经营。
④ 周林军．公共基础设施行业市场化的政府监管 [J]．环境经济，2007(3)：32-36．

市场化首先要求政府本身进行功能的重塑，实现"行业主管"机构向"行业监管"机构的角色转换。转换的第一个关键环节是要调整传统的政企关系；第二个关键环节是改变政府主管部门的"厂商保护主义"倾向[①]。

(2) 产权授予

基础设施供给中，可以由市场进行经营维护的就应该由市场来运营，市场也可以对一些环节和业务拥有所有权。这些业务环节有共同的特征，即市场化程度较高、技术成熟、沉淀成本低、盈利前景好等，如快递行业、发电行业、公交行业等。

政府不必参股每一项基础设施投资，对于符合基础设施中长期投资计划的项目，应该尽可能地吸引民间资本参与投资、建设和经营活动，让市场机制充分发挥作用。通过运用BOT等模式，经济效益好的基础设施项目可以吸引民间资本参与，经济效益不好的项目也可以通过良好的制度设计，提高投资预期收益，从而吸引民间资本。对于必须由财政出资的基础设施项目，也可以允许民营企业适当参与。

(3) 垄断规制

政府必须对垄断的基础设施厂商实施规制，防止其滥用垄断地位遏制潜在竞争对手和损害消费者权益。基础设施领域应该允许垄断在一定程度上存在，并适度限制竞争。但是，对于其他企业难以进入的强自然垄断行业，政府应该规定服务质量、限制价格。如果对垄断厂商的垄断权力不加限制，垄断厂商为了获得最大利益必将损害全社会的整体利益。在一些相互间有替代性的自然垄断领域，政府要用市场机制限制垄断。例如在电信业，虽然有线电话网具有自然垄断性，但是可移动蜂窝式无线通信、微波通信以及卫星通信与之存在激烈的竞争；公路、铁路、水运和航空等交通方式之间也存在着相互替代性。

(4) 市场监管

竞争规制最核心的内容在于市场进入后的过程行为控制，即进入后的监管。监管贯穿于市场化过程的始末。政府监管是依据规制的标准对供给的过程和结果进行监督和管理，及时约束经营者个人利益最大化动机的膨胀，对于不符合规则的供给进行整改或者惩罚，维护消费者的正当权益。

我国未来的基础设施产业是一种政府监管下的垄断与竞争相互混合并逐步趋向竞争的市场[②]。对于网络型业务，政府应发挥网络接入规制职能，将联网条件和联网价格的决定权纳入监管范围，从政策上保证有关网络经营企业有同等权力；对原有企业与新企业实行"不对称规制"，扶植新企业尽快成长，以实现公平、有效的竞争；对某些在我国目前的经济、技术和制度背景下，仍然难以或不适宜于由市场供给的行业或业务，则应直接提供普遍服务。

比如，在竞争的市场供给中，一些市场前景好的业务通常会吸引较多的竞争者，政府应当防止一拥而上的恶性竞争，对新进入的企业进行审核和限制，通常

---

① 周林军.公共基础设施行业市场化的政府监管 [J].环境经济，2007(3)：32-36.

② 余晖.中国基础设施产业政府监管体制改革总体框架 [M].北京：中国财政经济出版社，2002.

以发放牌照的方式来允许企业的进入。同时，为了避免企业对某些赢利性强风险性低的环节过度供给而忽视盈利性低的行业，政府需要制定相关规制，引导企业关注公平供给。此外，在市场竞争中，一些企业为了减少成本而降低产品或服务的质量，损害了消费者的利益。所以，政府应当制定质量规制，由规制机构对企业的产品或服务进行持续的监管。

8.5　城市基础设施的价格规制

价格既是企业弥补成本支出的主要手段，也是准公共产品的消费门槛。不同的社会目标会导致不同的价格规制，侧重于企业或消费者的任何一方，对另一方的利益就有所损害。价格规制是政府关于基础设施供给规制的重要规制内容。所谓价格规制，就是政府从资源有效配置出发，对于价格水平和价格结构进行有依据的规范和控制。价格规制的目的在于：真实反映资源的稀缺程度和企业生产成本，使其能够真正成为一种激励因素。

价格规制的设计既要顾及到其公共属性，也应体现经济效益的追求；既要考虑建立价格约束机制以刺激企业提高服务质量和效率，又要考虑公众特别是低收入人群的承受能力。因此基础设施产品的定价不能过高或者过低。若定价过低甚至免费供给，可能会造成某些人对基础设施的滥用进而导致另一些人无法使用，反而不利于实现真正的公平[①]。若定价过高，虽然能使企业有足够的赢利空间，减少政府补贴，但是却会给人们的生活尤其是给低收入家庭带来很大的负担，严重影响了公平的实现。所以，应该根据社会发展目标来综合制定基础设施的供给价格。

8.5.1　定价原则

我国基础设施产品或服务的定价绝大多数由政府制定，定价的原则无疑应以资源配置为准。但由于政府部门在价格确定和引导资源配置方面无法做到最优化，定价的原则常常被各种主观愿望所取代。所以，基础设施产品或服务的定价规制是当前急需研究和完善的一个领域[②]。

价格是基础设施行业供给中的核心问题。任何商品或服务的定价，首要原则就是科学定价，在此基础上再根据社会各阶层的利益和需求制定针对性、可接受的价格形式。科学定价意味着基础设施产品或服务在定价时，要根据供给成本定价，使企业有利可图，并使价格水平处于公众可承受范围之内。

---

① 在很长一段时期内，我国对作为居民生活必需品的某些基础设施定价采取低价政策，但是低价政策会导致居民对基础设施供给服务或产品的浪费现象，并给企业和政府都带来沉重的成本负担。
② 周林军，曹远征，张智主编．中国公用事业改革：从理论到实践 [M]．北京：知识产权出版社，2009．

（1）反映成本

政府对基础设施产品或服务的定价一直遵循着"保本微利"的原则，价格严重偏离了生产成本，给城市政府造成了巨大的财政压力。基础设施项目常常被认为是无利可图的，并不应完全归因于基础设施本身的属性，在很大程度上是出于体制原因，特别是价格形成机制的问题。在政府作为投资主体的传统体制中，基础设施的价格由政府制定，并实行低价政策，成本很难通过价格机制来回收，更不能赢利了。市场化改革后，虽然政府对价格的规制有所放松，但价格仍无法反应成本和市场供求的状况；因此，既不利于引导民间资本参与提供基础设施的积极性，也不利于引导投资者向正确的投资方向投资和实现资源的有效配置。

基础设施的价格应该使用户弥补供给成本，这是价格制定最基本的条件。任何商品的价格都应该体现其成本，基础设施的成本不仅指的是生产或服务成本，还应该包括资源成本、环境成本、安全成本等。基础设施定价目前所依照的成本主要指企业的生产成本，这样的说法比较笼统，因为企业生产成本可以包括人力成本、物质成本、技术升级成本、智力成本等。企业要求涨价的普遍原因有：人力成本上涨带来的工资提高、企业扩容开支、管道维修等；这些看似成立的条件却表明了企业对利润最大化的追求。如果没有合理的约束机制，由此带来的价格上涨却由广大群众来负担，这是一种不公平的发展模式。

从资源角度考虑，基础设施供给产品或服务的价格应包括企业的合理成本支出，还应包括资源使用所影响的生态成本、资源成本、移民成本等。目前，供水价格中包含了资源价格，且随着水资源的日益减少，资源水价应有一定程度的上涨。以此来调节需求并引起人们对不可再生资源的重视。我国西部水能电力资源丰富，常常在势能较高的区位建设大坝。这虽然可以增加电量，但是，大坝对生态环境所造成的影响却非常巨大，还经常伴随着坝区的移民；由此带来的移民问题不仅是资金问题，更多是社会、文化问题。

所以，生产成本既不能无限满足企业日益膨胀的成本增长的需求，也不能忽视对资源的无限浪费、对环境的破坏以及文化的影响。尤其对于资源供给型基础设施（如水、电、燃气、热力等行业）来讲，在一般情况下，利用现有资源加工后供给给用户，资源成本在价格中应有直接的体现。但是，目前的定价规制中资源成本所占比例很低或者没有计入。所以，在基础设施的价格改革中，应该完善资源型产品价格体系，实行基本消费少提价、节约消费降价、超标准消费高价的价格政策，构建合理的自然资源比价关系[①]。

（2）保证利润

合理利润[②]是保证基础设施供给企业能够维持运营和提供优质服务的基础条

① 王露，孙雷．价格改革在于机制而非放或管 [N]．21 世纪经济报道，2009.1.1.
② 世界银行对宾夕法尼亚州 243 个自来水公司（Cromwell 等，1997）和佐治亚州 442 个自来水公司（Jordan、Carlson 和 Wilson，1997）进行了独立调查后发现，经营比率（营业收入／营业成本）应该大于 1.2 才能全部回收成本并保持系统的生命力。这些成果表明传统定价的不足是将经营比率为 1.0 作为回收全部成本的基本标准。（引自：（美）Ariel Dinar 编．石海峰 等译．水价改革与政治经济——世界银行水价改革理论与政策 [M]．北京：中国水利水电出版社，2003.P170）

件和激励因素，也是基础设施行业发展的基本保证。利润获取的途径包括政府补贴、价格提升、企业内部优化等。

（3）关注公平

定价的公平原则体现了基础设施的公平享有目标和公共性特点，包含两层含义：一是对相同产品或服务的无差别定价；二是根据支付能力收费。基础设施价格的制定应当明确低价政策所适用的人群。政府应该以实际购买力来考虑居民基础设施消费占可支配收入的比例，以可承受的价格为公民提供基础设施的普遍服务，实现社会公平[①]。

以水价为例，水价上涨对于不同收入阶层的影响是不一样的。根据Ariel Dinar 的调查，发展中国家水成本份额占家庭收入的比例变化范围为富人家庭的1% 至穷人家庭的约20%[②]。所以对于高收入群体而言，水价的提升对他们生活的影响微乎其微；但是对于低收入群体，水价上涨会使得他们的生活成本显著增加。据有关部门测算，收入在平均线以下的60% 城镇居民，他们水价的支出已经占到可支配收入比例的3% ~ 4%左右；这一比例已接近于他们承受能力的上限[③]。在我国，很多地方政府之所以在提高水价方面的行动迟缓，主要是担心提高价格对低收入群体产生的影响[④]。

（4）差别化定价

同一行业中，基础设施产品或服务的生产工艺、生产过程不同，所形成的价格也应当有所区别。如在污水处理行业中，应根据排污种类、不同处理工艺和处理后的水质来制定污水处理费用。对污染浓度高、腐蚀性强、污染成份复杂的行业，如餐饮、化工、毒害产品业等，可根据程度不同按高于一般排污费的50% ~ 100% 核定其排污费收费标准，以鼓励企业改良生产工艺、进行产业结构升级、降低污染排放量。对国家限制发展的产业，参照高污染行业的定费原则，核定排污费收费标准。对自建水质净化系统，其处理后的水质经环保部门检验达到国家一级水排放标准的城市供水用户，应免征排污费[⑤]。

现阶段，城市电价按用途和用户进行划分，包括居民生活用电、非居民照明用电、商业用电、非工业用电、普通工业用电、大工业用电等，这种分类掩盖了电价真实成本。应将当前销售电价按行业分类改为按电压等级和负荷特性为主进行分类，简化用户类别，把销售电价分类改革为居民生活用电、商业用电、工业用电、农业生产用电、及其他用电类，每类

---

① 林伯强. 阶梯电价应当是居民电价改革的突破口 [N]. 21 世纪经济报道，2009.7.4.
② （美）Ariel Dinar 编. 石海峰 等译. 水价改革与政治经济——世界银行水价改革理论与政策 [M]. 北京：中国水利水电出版社，2003.
③ 我国水价将呈现上调趋势 [N]. 新华网，2007.4.20.
④ 解决中国水稀缺：关于水资源管理若干问题的建议. 世界银行，2009.1.12.
⑤ 费敏捷. 上海城市污水治理产业化发展价格政策研究初探 [J]. 城市道桥与防洪，2006(5)：5-8.

用户按电压等级和用电负荷特性定价。

因此，根据行业或业务的具体情况进行差别化定价，也是基础设施产品或服务价格制定过程中所必需遵循的原则。

(5) 灵活定价

灵活定价即在市场作为供给主体和定价主体、市场竞争机制比较完善、生产技术发展较为成熟的市场环境中，为达到行业发展和公平享有的目标，根据供给和需求的趋势，采取灵活变动而不是单一的价格结构。有以下优点：①扩大使用范围，降低平均成本。在公交行业中，可以制定一日票、三日票、周票、月票等票价套餐鼓励公众的公交出行。②引导公众需求。如分时电价，在用电需求较低的时段，采用低价结构引导公众用电，这样可以将高峰时段的不必要需求引导至低谷时段。③提高供给效率。在沉淀成本恒定、边际成本较低的行业中，灵活的价格结构可以发挥出行业的规模优势，提高供给效率，如电信的灵活资费套餐。

8.5.2　定价方式与发展趋势

(1) 定价方式

根据《中华人民共和国价格法》，价格制定主要通过以下三个方面来实现。①市场调节价，是由经营者自主制定、通过市场竞争形成的价格；②政府指导价，是由政府价格主管部门或者其他有关部门，按照定价权限和范围规定基准价及其浮动幅度，指导经营者制定的价格；③政府定价，是由政府价格主管部门或者其他有关部门，按照定价权限和范围制定的价格[1]。在确定价格的过程中，有两个关键的因素需要把握：一是产品的市场结构；二是产品的公共性程度[2]。根据这两个因素程度的差异，可以在不同的情况下分别采用上述三种定价方式。

根据产品的市场结构差异，对能够形成充分有效竞争的业务和环节，应逐步放松价格规制，采用市场价格形成方式，允许企业自由竞价，如发电企业可以通过竞价上网的方式达到竞争的目的。而对于具有自然垄断性的业务和环节，为了防止形成垄断高价，仍需实行政府定价。但这种政府定价不同于传统计划体制下僵硬的政府统一直接定价模式，而是采用成本加成规制、价格上限规制、边际成本规制等科学的定价模式。

根据产品的公共性程度差异，对于某些外部性较大、公益性较强以及关系国计民生的重要产品或服务，在很多情况下只能由政府来提供，由于无法形成价格或不适宜完全的市场调节，则只能由政府制定价格。政府在必要时可以实行政府指导价或者政府定价的商品和服务包括：①与国民经济发展和人民生活关系重大的极少数商品价格；②资源稀缺的少数商品价格；③自然垄断经营的商品价格；④重要的公用事业价格；⑤重要的公益性服务价格[3]。而对于外部性和公共性较小，

---

① 《中华人民共和国价格法》于 1998 年 5 月 1 日起施行。
② 常欣. 中国基础部门产权制度探讨——"公私资本相机参与"模式的构造. 张昕竹等主编. 中国基础设施产业的规制改革与发展 [M]. 北京：国家行政学院出版社，2002.
③ 李建平. 我国公用事业价格管制制度创新研究 [J]. 河北经贸大学学报，2004(5)：71-75。

能够形成价格的产品或服务,则完全可以实行竞争性的市场价格形成机制。

此外,根据前文对基础设施三个需求层次的分析,满足基本需求的基础设施产品或服务较适宜于实行政府定价;满足常规需求的基础设施产品或服务可以根据情况的不同实行政府指导价或市场调节价;满足高端需求的基础设施产品或服务则往往以市场调节价为主。

综合以上几种因素,并考虑行业发展阶段等的差别,可以将上述三种定价方式分别适用的行业特征归纳为表8.5-1。

三种定价方式适用的情况　　　　　　表8.5-1

定价方式因素	市场调节价	政府指导价	政府定价
产品市场结构	能形成有效竞争的业务和环节	—	具有自然垄断性的业务和环节
产品公共性程度	外部性和公共性较小的业务和环节	—	外部性和公共性较大的业务和环节
需求类型	满足高端需求的业务和环节	满足基本需求或常规需求的业务和环节	满足基本需求的业务和环节
行业发展阶段	成长型行业	—	成熟型行业
行业或业务名称	直饮水、快递、互联网	公交、电信、瓶装液化石油气	水务普遍服务、电力、燃气、热力、邮政
按供给环节分	垄断环节以外的充分市场竞争性环节	—	垄断环节和充分竞争的环节

(2) 价格水平发展趋势

1) 资源型基础设施。这类基础设施的涨价是必然趋势。资源价格过低,是鼓励粗放型的经济发展模式,导致资源、能源利用效率低,严重浪费了不可再生资源。因此,资源型基础设施供给价格的上调是必然趋势,符合科学定价原则。采用阶梯式价格、惩罚性价格来引导需求。基础设施供给价格的上涨会给使用基本需求量的低收入群体带来支付压力,在这种情况下,阶梯价格、惩罚性价格是较好的制度形式,它既可以保证在低收入群体在基本需求范围内的价格不会上调,又可以通过提高价格来减少浪费的行为。

2) 技术型基础设施。随着新技术的应用和成本提升,价格应有适当地提高。当技术型基础设施发展到成熟阶段后,如果没有持续的技术更新,可能会遭遇发展的瓶颈,需要不断进行技术投入,提供新产品和服务来引导和保证不断增长的需求,成本又将上升,新产品和服务价格必将上调。随着技术运用的成熟和普及,降价是发展趋势。行业发展有其自身的生命周期,按照平均成本定价,初期投入的成本较高,价格必然较高,随着技术的成熟、适用范围的扩大,平均成本就会有下降的趋势,价格随之下降。

3）基于不同需求种类的基础设施供给价格趋势。①满足基本需求的基础设施。如果产品或服务的价格需要上涨，应考虑低收入群体的公平享有，对其低价供给，或进行针对性的补贴。②满足普通需求的基础设施。价格应体现生产成本；应当考虑公众的普遍承受力；价格变化应随行就市。③满足高端需求的基础设施。价格应体现生产成本；价格变化应随行就市。

4）基于不同发展阶段的基础设施供给价格趋势。①对于成长型基础设施，因为初期投入较高，价格适当高于生产成本。②对于成熟型基础设施，在一定条件下，价格适当下调，以利于竞争。

8.5.3　科学的价格结构

具体灵活的价格结构能够有效地引导需求。价格结构主要包括：单一定价法、二部制定价法和高峰负荷定价法等，这三种定价方法之外还存在许多变通形式，如用量差别价格、季节价格、时段价格、社会公益性价格等。杨华认为，采用何种定价方法不仅受特定公用事业的行业特征、收益群体、市场供需关系、资源环境等因素的影响，同时，也在某种程度上体现了政府的财力状况以及宏观经济政策和社会公共管理目标等[①]。

汪永成、马敬仁对香港灵活的价格结构做了详细的分析，香港政府对不同性质的公共物品采用不同的价格政策：用电实行鼓励消费价，即随着用量增加而分段递减；用水实行抑制消费价，随着用量增加而分段递增；市场调节价，即公共物品的价格由市场供求状况和竞争机制自发决定。政府公营企业由政府直接定价，如自来水、狮子山隧道等；政府监管企业，由政府控制定价；私营企业由企业自行定价[②]。这些灵活的做法都值得我们借鉴。

（1）单一制价格与二部制价格

单一定价法是指根据消费者消费公共物品的数量与质量，确定单位价格的收费方法。二部定价法是指根据公共物品的成本组成，分两部分确定其价格的方法。一部分属于资本成本的准入费，一部分属于经营成本的使用费。准入费在一定时期内是固定的，使用费则随着使用量的增加而增加。如固定电话的使用者，每个月需缴纳固定数额的月租费，还要根据通话次数收取使用费。

基础设施产品的价格通常由两部分组成：一部分是固定价格，如接驳费、初装费、资源占用费；另一部分为从量价格，即根据消费的数量与单位产品价格的乘积收费。单一制价格是采用固定价格或者从量价格的计费方式；二部制价格是固定价格和从量价格相结合的计费方式，其中，固定价格的收取形式包括一次总付（接驳费）和分期付款两种形式。

对于需求弹性的基础设施行业来讲，用户可以选择退出使用来降低多余的支出，但是对于需求刚性的行业，如电力、供水行业，那些低收入用户只能为承担

① 杨华. 城市公用事业公共定价与绩效管理 [J]. 中央财经大学学报，2007(4)：21-25.
② 汪永成，马敬仁. 香港政府的公共物品供给模式及其对内地城市政府的启示 [J]. 城市发展研究，1999(3).

供给的价格而减少使用，从而影响了他们的日常生活。所以，二部制定价应在考虑企业效益的同时兼顾低收入用户的公平享有问题。

结合上述收费方式，对于固定成本支出很大的基础设施产品或服务的价格制定，可以对一定需求量以下的用户采用单一从量收费，而对一定需求量以上的用户采用二部定价。在一次性收费中，对低收入用户进行一定程度的减免；在按次收取固定费用中，对于一定使用量以下的用户可以免去这部分费用，在一定使用量以上的用户按一般的收费标准进行收费。或者将每个用户采用二部制定价的缴费时间限定在一定的年限内，相当于每个用户仅需在这一年限内支付集中的基础设施固定投资，此年限以后就可仅支付单一从量的费用。这样既降低了低收入群体的负担，又对企业的整体效益没有太大的影响。

1）二部制水价。目前，我国在水价机制上主要采用单一制定价方式，即用户按照使用量来缴纳水费。二部制水价包括容量水价和计量水价：容量水价旨在收回固定成本，计量水价是供水价格，反映出供水的边际成本。在实行二部制水价的城市中，可以对低收入群体设定一定的消费量，在规定消费量以下只收取计量水价部分，在规定消费量以上和一般居民的水价收费水平相同。

2）二部制电价。二部制电价作为销售电价的基本制度，在各国得到普遍采用。目前，我国实行两部制电价标准的是 315kV·A 及以上动力用户，用户仅限于工业，实施范围太小。建议把两部制电价的实施标准由 315kV·A 降低到 100kV·A，实施范围扩大到商业及其他用户。同时，提高现有基本电价占销售电价的比重，合理拉开基本电价与电量电价的价差，以便有利于合理补偿不同情况下的发、供电成本，提供合理的价格信号。

（2）从量计价的阶梯价格

阶梯价格分为两种类型，一种称为降阶梯式价格，另一种称为升阶梯式价格。降阶梯式价格是指随着消费量的增加，分段价格逐渐下降的定价方式。主要针对的是各种非资源性的、以技术为依托的边际成本越来越低的基础设施，比如移动通信、快递单位重量价格等。这些业务的一次性接通成本较高，而延续服务的成本较低。为了降低成本，适合采用降阶梯式价格，鼓励公众消费。升阶梯式定价是资源节约型定价结构，指将价格分为两段或多段，每一分段消费量范围内都应对一个价格，价格随着分段而增加。这种价格结构比较适用于资源型基础设施的定价，如水价、电价、燃气价格的制定。

无论是降阶梯式价格还是升阶梯式价格，都可以作为大多数基础设施行业的适宜定价方式。目前，我国正在许多基础设施行业中探索或推行阶梯式定价，"累进加价制度"按人定量是较公平合理。但是，在实践中还存在着一些问题，如城市人口变动情况难以掌握，人户分离、住房出租给统计户中人数工作带来了技术难度，这就需要政府在推行阶梯式价格之前做好准备工作。

(3) 平衡时间差异的价格结构

基础设施价格结构应该准确地反映供求关系，形成合理的差价。高峰负荷定价法是指在使用高峰期加收部分费用，用以缓解高峰期供给的紧张状况，达到均衡资源配置的效果。

部分公共设施在使用时间上是不均衡的，需求数量存在周期性的波动，或者存在周期性的需求高峰和低谷。一般时间里设施可能达不到完全和充分利用，但在特定时间段可能存在着集中使用的高峰期，当进入使用高峰期时，会产生资源配置的拥挤成本问题。在一年之中，自来水的需求高峰在夏季，电力的需求高峰在冬夏两季。在一日之中，煤气的消费存在着早、中、晚三个用气高峰。如果价格是一年四季一价不变，就会造成旺季供不应求、淡季设备闲置，从而加剧价格矛盾。在这种情况下，就产生了季节性价格和峰谷价格。二者都是为了保证资源的代际内和代际间对基础设施产品或服务的公平并确保资源利用的有效性，降低资源的浪费，并引导需求；这是我国各类基础设施行业或业务今后定价的发展趋势。

1) 峰谷价格

为了减轻在高峰时段消费者的集中需求对基础设施供给所产生的压力，以及低谷时段基础设施供给的浪费，可制定峰谷价格以引导消费者减少高峰时段的需求，增加低谷时段的需求。

城市供电较常采用这种定价方式。美国洛杉矶市水电局推行一种分时段用电的居民用电方式。洛杉矶市的居民可以在标准用电价格和分时段用电价格中任选一种作为自己的用电价格形式。标准用电价格每千瓦时为 0.07288 美元；分时段用电价格高价时段（峰段，星期一至星期五 13:00—16:59）每千瓦时为 0.14377 美元，中价阶段（平段，星期一至星期五 10:00—12:59；17:00—19:59）为 0.08793 美元，低价时段（谷段，星期一至星期五 20:00—09:59；星期六和星期天全天）为 0.03780 美元，即峰段价格是谷段价格的 380%，平段价格是谷段价格的 233%[①]。这种灵活的定价方式能够很好的起到"削峰填谷"的作用，降低企业的一次性投入和运营成本，减少对相关资源的使用。上海也采用相似的峰、谷用电价格方式。对于居民用电，峰期为每天的 06:00—21:59 时，电价为每千瓦时 0.617 元，谷期为每天的 22:00—05:59 时，电价为每千瓦时 0.307 元。但上海电价谷期时段的设置过短，仅时长 8 小时，与我国居民夜晚睡眠时间基本吻合。而上述美国的谷期时段时长达 14 小时，且留有用户较为充分的低价用电时间。与美国洛杉矶更为人性化的价格机制相比，上海的这种峰谷用电价格模式就显得较欠人性化，对减轻城市集中用电的峰期压力的效果会打一定的折扣。

2) 季节性价格

将峰谷价格的理念拓展到全年就是季节性价格，这主要是因为公众对某些基

① 饶林. 美国公用事业价格管制的有效做法 [J]. 价格月刊，2001(1):26—27.

础设施的需求也具有较强的季节性。比如许多用户对自来水需求的波动性很大，夏季达到需求高峰，冬季情况恰好相反。对自来水需求的这种波动性，决定了自来水公司必须按照自来水的最大需求量设计自来水生产、输送能力，以保证自来水的不间断供应。这样就会导致自来水厂和管网设计容量的大大超出年平均量，从而造成一次性投资的增大和管网在需求低谷期的浪费[①]。

为平抑相关基础设施的上述季节性峰谷需求的这种差异，季节性价格是比较好的解决方案。美国根据不同的住所面积，将居民用户区分为五类；根据不同的气温，将居民所在地区划分高、中、低温三类；根据不同的用水量，将全年划分为两个季节即高用量季节和低用量季节。依据以上三个条件，规定对号入座的居民用户月标准用水量；再根据居民用户人口的多少，适当增加月用水量。最后，制定用户在规定用量内用水时的标准价格和超过规定用量用水时的超额价格[②]。

（4）其他价格结构

1）生命线价格

生命线电价是针对低收入群体所制定的价格政策，即保证低收入公众基本生活权利的基础设施价格。一般有两种政策方式，一种为在一定的电量范围内，针对低收入群体收取较低的电价，对于超出部分采用和其他用户一样的电价，美国对低收入居民采用的就是这种电价模式；另一种为对低收入群体所使用的一定电量进行减免，以减轻其支付压力。

在减轻低收入群体水费负担方面，西方国家的普遍做法是分类计价收费。计价通常分为三种形式：自主选择计价、最低费用计价、特供计价。在英国，Anglian 水务采用了自主选择性计价中的水表计量收费方式。该方式把水价分为三种类型（标准价、限定用量价、大用户价），把用水量分为六个等级。每一种价格类型由六个用水量等级所对应的计费价格序列组成，由此共有 18 种水价标准，用水户可根据自己可能的用水量从中自主选择出对自己最合算的一款计价标准，缴纳水费。为了帮助低收入人群，规定只有正在接受救助的家庭才可以从 18 种价格中自主选择对自己最有利的一种计价标准缴纳水费。除此之外的其他用水户，只能在标准价和限定用量价中进行选择。在英格兰和威尔士，则采用了封顶计价方式，低收入群体家庭缴纳水费时可以采用两种优惠的方式：①按实际用水量计量付费；②用水不计量，按所在区域内所有用户的实际水费的平均值付费；且按两种计费方式中最低的一种缴纳水费。特供计价是针对限定人群的一种计费方式。在西班牙，对退休人员家庭的水费每两月计费一次，在两月中前 15 吨水是免费的，超出 15 吨水之后的 10 吨水，按平均收费标准的

① 仇保兴，王俊豪 等 . 中国市政公用事业监管体制研究 [M]. 北京：中国社会科学出版社，2006.
② 饶林 . 美国公用事业价格管制的有效做法 [J]. 价格月刊，2001 (1)：26—27.

66% 收取水费，再超出该 10 吨水之后的部分，即累计超出 25 吨的部分，则按市场的价格缴纳水费。在马耳他，采用阶梯式递增水价的形式，帮助接受社会救助的家庭成员只有 1 ~ 2 人的家庭[①]。美国加州对于低收入[②]家庭用户，电力和燃气服务价格按标准价的 15% 减免，燃气初装费由 25 美元减为 15 美元，基本电话服务收费减免 50%[③]。

生命线价格需要政府对低收入人群和家庭进行动态监管，监管和政策成本较高。在一些发展中国家，政府为了减少动态监管成本，假定穷人的消费往往少于富人。在洪都拉斯，对每月电力总消费低于 300 千瓦时的客户降低单价[④]。

2）惩罚性价格

为了减少公众对资源型基础设施产品或服务的浪费使用，可以对超过标准使用量的用户施行惩罚性价格。

2010 年 5 月 4 日国务院下发的《国务院关于进一步加大工作力度确保实现‘十一五’节能减排目标的通知》（国发〔2010〕12 号）要求，对单位产品能耗（电耗）已超过国家和地方限额标准的企业，实行惩罚性电价，希望通过高额的电价来加大淘汰落后产能力度，严控高耗能、高排放行业过快增长。

3）避开用电高峰的可中断电价

过去，一旦用电高峰时电网供不应求，按照供电部门与用户的用电合同，为了保护整个电网的安全，供电部门确实可以拉电。从 2004 年起，上海开始探索可中断电价，让为公共利益做出牺牲的企业也有所得，以体现公平负担的原则。凡纳入负控计划，隔日通知避峰的用户，每千瓦时电补贴 0.30 元；当天临时通知拉电的用户，每千瓦时电补贴 0.80 元，以上可参加避峰企业的负荷总量达到100 万千瓦；对装有负控装置共计 30 万千瓦的企业实行按照每千瓦时电 2 元标准"买断负荷"，即在用电高峰时可随时中断负荷。从"拉电没商量"到"避峰有补偿"，由过去单向的行政管理转变为互惠的市场行为。上海将坚持限电不拉电，以保证企业必须连续生产的岗位能正常生产，将对生产的影响降低到最低程度。如今上海有 1400 多家大企业签约使用可中断电价，这些企业在高峰时段让出了50% ~ 70% 的用电负荷，在保障了全市电网安全的同时，也得到了一定的补偿。

4）用户直购价

2003 年，我国开始开展较高电压等级或较大用电量的电力用户向发电企业直接购电的试点。购电直接交易价格由双方协商确定，同时按国家规定的输电价格支付输电费并缴纳随电价收取的基金与附加。对参与电力直接交易的节能环保发电企业，减少发电容量的扣减。电力用户与发电企业可自主协商电量、确定交易价格，不受第三方干预。电力用户直接交易打破了电网统购统销的机制，供需双

---

① 周林军，董琦．为穷人定价——水价改革中低收入群体的利益保护．
② 低收入居民的标准由政府每年审定一次，1998 年的居民低收入标准为：1 ~ 2 口之家年收入在 17400 美元以下，3 口之家年收入在 20500 美元以下，在此基础上每增加 1 人收入增加 4100 美元。
③ 饶林．美国公用事业价格管制的有效做法 [J]．价格月刊，2001（1）：26-27．
④ 许峰．中国公用事业改革中的亲贫规制研究 [M]．上海：上海人民出版社，2008．

方可通过协商、竞争确定销售电价。

2009 年 3 月，国家发改委首次明确放开售电市场份额的 20%，对符合国家产业政策的用电电压等级在 110kV 以上的大型工业用户，允许其向发电企业直接购电，鼓励供需双方协商定价。同年 10 月，国家发改委、国家电监会和国家能源局批复了辽宁抚顺铝厂与华能伊敏电厂开展直接交易的试行方案，标志着电力用户与发电企业直接交易试点正式启动。

在 2012 年底，安徽省物价局会同省发改委、省能源局下发了《关于印发安徽省电力用户与发电企业直接交易试点实施方案的通知》，并规定，凡在供电公司独立开户，单独计量，用电电压等级在 110kV 及以上符合国家产业政策和节能环保要求的省内大型工业用户，均可以按自愿协商的原则，向省内单机容量 30 万千瓦及以上的火力发电企业直接购电。

1）由上而下改革意味着用电力行业整体改革来带动终端用户的自由选择。由于技术手段的限制和制度变更的时滞，可根据用户类型的不同、需求的不同、实施难易的差别，逐步推进。即首先应当实现大用户直购电机制，逐步向中等规模用户放开自由选择权，最终实现所有用户的自由选择权。

2）由下而上改革通过分散的、灵活的供给和自由选择机制来达到用户自由选择供电商的目标。技术在其中起到非常重要的作用。因为随着新能源发电技术的日趋成熟，风能和太阳能结合新型储能技术，将为分散式应用和局部调配创造广阔前景；自下而上的分散发展，也将迫使电网公司进行智能化改造以适应新能源；能源多样化和分散化，也将削弱甚至瓦解大电网的垄断地位，创造有利于消费者的竞争格局。

8.5.4 价格水平的制定

（1）成本加成

在没有竞争机制、仅有一个固定的基础设施长期供给企业的情况下，成本加成可能是唯一现实的定价机制。成本加成定价在我国经常表现为投资回报率定价。这种定价模式比较适用于对投资的吸引阶段。对于企业来讲，基础设施的投资回报较为缓慢，成本加成的风险较小，是一种既不让企业亏损也不会使企业获得超额利润的定价模型。

自 20 世纪 90 年代以来，我国对基础设施供给实行以成本为基础的定价制度，主要原因有以下几点：①基础设施投资的沉淀成本巨大，成本加成能够保证供给企业有一定的利润空间；②在"保本微利"思路的影响下，成本加成能够确保企业不会产生巨额利润；③在市场化初期，我国基础设施供给企业尚未形成自由市场竞争格局，激励性定价规制不能起到相应的作用，成本加成自然成为常用的定价规制。

在这样的价格规制下，由于企业投资成本被计算在价格之内，所以企业在供给中的风险较小，企业为这种价格规制的直接受益者，无法有效地激励企业降低成本、提高效率。同时，在政府的监管下，价格不会因为过高而损害消费者利益。但是，当政府对企业的成本不能直接地监管，或和企业形成利益联盟的情况下，价格就有可能过高而使消费者为使用基础设施产品或服务而付出较高的费用。对于这种情况，可以允许仅由一家企业提供垄断性的供给服务，但是应将其经营权限定在一个相对较短的时期内。由于经营期限较短，可以在事前竞争的合同中规定一个以成本加成定价为基础的固定价格，并在此经营期内保持不变，并在下一轮经营权的竞争中以新环境下的成本价格为基础制定新的固定价格。这种竞争格局的竞争强度不太，企业也同样缺乏向各种科学的价格结构改革的积极性和动力，所以，政府对企业的成本监管是非常重要的。

成本加成模型存在明显的缺陷：一是企业按照固定的投资回报率定价，无法有效地激励企业降低成本、提高效率，该企业也缺乏向各种科学的价格结构改革的积极性和动力；二是对利润的限制会导致私人垄断企业降低生产效率，垄断企业会缺乏努力降低成本的动力，并扩大资本投资基数，以期在规定的投资回报率下取得较多的利润，从而造成低效率的"A-J效应"[①]；三是规制成本高，规制双方不仅要花费大量的时间反复核算投资回报率水平和投资回报基数，也必须常常举行资费复核和听证会。同时，企业和政府之间不断地讨价还价也影响了效率。

为了最大可能地避免成本加成的弊端，政府应当制定相应的规制措施：

1）要求企业主动、定期公布详细的运营成本。针对政府与企业在定价过程中的信息不对称问题，为使政府定价更好地反映成本，应当要求公用事业企业定期公布经营状况和成本信息，及时把握企业的经营及资金投入状况。

2）对企业进行严格的成本审计。首先，应当规定哪些可以进入可计算的资本，哪些不能进行计算，不是所有的"不谨慎"投资都可以得到补偿。其次，政府在定价过程中比照相似企业，特别是同区域同行业企业的成本与价格，通过绩效评价确定收费标准；政府可监督公用事业企业的设备采购及工程建设项目，严格执行公开、透明的招投标程序[②]。此外，成本加激励酬金 CPIF（Cost Plus Incentive Fee）是对上述基本的成本加成进行修正的一种定价规制，能够在一定程度上解决基本的成本加成所存在的上述问题。该规制是指政府为供应企业报销其在供给所发生的允许成本，同时供应企业如果实现政府与企业二者的协议中规定的特定绩效目标水平，最终成本低于预期成本，则政府和企业双方之间可基于预定的比例分摊，共同享有节省的成本，激励供应企业降低成本。

（2）价格上限

为减少成本加成引起的无效成本与价格上涨之间的联系以及企业的低效率问题，20 世纪 80 年代中期以来，很多国家在基础设施定价方面普遍采用价格上限规制。相比于成本加成，最高限价能够激励企业降低运营成本，根据运营成本自由调整价格，以实现最高利润。实行最高限价不需要详细评估企业的固定资产、

---

① 管制机构采用客观合理收益定价模型对企业进行价格管制时，由于允许的收益直接随着资本的变化而变化，而导致被管制企业将倾向于使用过度的资本来替代劳动等其他要素的投入，导致产出是在缺乏效率的高成本下生产出来的，此即所谓的 A-J 效应。

② 杨华.城市公用事业公共定价与绩效管理[J].中央财经大学学报，2007(4)：21-25.

生产能力、技术革新、销售额等变化情况，而且，这种方法不直接控制企业利润，企业在给定的最高限价下有利润最大化的自由，可以通过优化劳动组合，技术创新等手段降低成本，取得更多的利润。此外，政府对价格的规制时滞适宜，它不需要每年而是 3～5 年作为价格调整周期。这种中期的价格调整周期具有合理性，既避免了规制调整时间过长以及其他不确定因素对企业价格的影响，也避免了规制调整过于频繁所造成的企业对管制当局的不信任 [1]。正是因为最高限价会对企业提高效率产生较强的激励机制，因此又被称为激励性定价。

这种模式的缺点在于：①服务质量可能有所降低。因为提高服务质量会相应地增加成本。在政府对企业质量监管较弱的情况下，企业还可能减少工人，节约成本以获得利润，使得人们等待服务的时间变长 [2]，也推迟了技术更新时间；②对于在一定时间内技术上难以突破的基础设施供给来讲，企业降低成本的能力有限，最高限价就失去了应有的效应；③抑制企业投资，特别是越接近价格调整期，企业投资动力就越小，甚至会停止投资，从而影响正常投资的连续性；④由于价格上限的确定缺乏公开听证程序，因此监管的过程透明度有限。

关于第一个缺点，许多国家的做法是在合同中补充保证服务质量的义务，即价格上限机制应该能够反映服务质量的价值，其手段是将服务价格和服务质量直接挂钩或确定最低质量标准以及达不到该标准的相应处罚条款。关于第四个缺点，只要建立完善的听证程序，似乎也可以得到解决 [3]。

总体而言，价格上限规制具有激励性作用。所以，常常受到学术界的推崇，常用于市场竞争较强的行业供给。政府对企业不用直接监管其成本变动，但是，需要对企业进行质量监管以防止质量水平的降低。

（3）边际成本价格

符合效率目标的定价标准是按边际成本定价，能够实现资源优化配置和社会福利最大化。将这一 "定价金律" 应用于基础设施服务。

这种定价方式有利于消除基础设施消费中的浪费现象，但同时也带来了一些问题。由于某些基础设施具有自然垄断性和规模经济性，即在实际生产能力达到设计生产能力前，平均成本是下降的，因而基础设施服务的边际成本低于平均成本，以边际成本定价，生产者不能收回全部成本，而不以边际成本定价，又易造成服务使用上的浪费，这是基础设施效率定价目标的困境 [4]。所以，由边际成本决定规制价格水平通常是不现实的，

---

① 孙倩. 电信业价格管制模式的比较与分析 [J]. 特区经济，2005 (7)：334—336.
② 英国在 1984 年实行电信私有化以后，实行了价格上限管制，此后服务质量开始急剧恶化。英国的管制机构不得不建立详尽的质量标准和监督控制机制，防止服务质量的下降；与此相似的是，美国 WEST 公司为适应激励性规制调整，裁减了一些工人，从而导致用户对等候时间过长而叫苦不迭。
③ 余晖. 中国基础设施产业政府监管体制改革总体框架 [M]. 北京：中国财政经济出版社，2002.
④ 邓淑莲. 中国基础设施的公共政策 [M]. 上海：上海财经大学出版社，2003：120.

但边际成本可以作为制定价格的一个重要参照标准，以衡量实际价格水平与边际成本的差异程度。只要政府在价格规制中没有采取价格补贴政策，而企业又没有发生亏损，就可以认定政府是以平均成本或高于平均成本的水平决定规制价格的[①]。

边际成本定价根据资源情况来制定价格，能够反映出资源紧缺的状况。由于基础设施的沉淀成本较高，在价格制定中往往需要考虑企业固定成本。所以，边际成本定价一般作为基础设施价格构成的一部分。

8.5.5　价格监管制度

基础设施产品或服务的定价主体主要为政府和市场，由于定价程序常常需要通过公众听证会，价格高低对于公众的生活有着很大的影响；所以，公众既是价格的被动接收者又是价格制定的主要影响者。现行基础设施企业的定价程序主要是根据企业经营成本和政府财政补贴来确定，主动权在企业和政府手中，消费者参与定价的话语权微弱。而政府和企业之间信息不对称，使得政府无法随时监控企业的真实运营成本，只能按照企业上报的成本定价。在此情况下，企业可能虚报成本，造成公众的利益损失。此外，政府作为规制者，不仅存在可能被"被规制者"俘虏的可能，而且对垄断行业至今都没有形成健全的成本约束机制。

近年来，无论在立法领域，还是在公共定价方面，听证会作为一种新型的决策形式，受到了我国社会各界的普遍关注，也收到了良好的效果。听证会制度已成为我国基础设施定价的重要决策形式。

听证会制度本质上是通过社会各个团体的参与来民主决策社会公务，在国外取得了很好的效果。我国对政府监管的社会监督也日益重视，但是，我国听证会几乎等同于"涨价会"，听证程序变成了涨价前的"形式"，使得听证的结果也就失去了意义，与西方发达国家相比还存在相当差距。第一，近年来中国各地试行的价格听证会的人员由政府主管部门指定，实行封闭式听证，难以代表社会各方的利益；二是缺乏反馈性，通常是举行一次性听证会，没有将有关信息进行反馈就正式制定有关政府监管政策；三是听证会代表的意见得不到充分接纳，最后的定价决定没有依据听证结论等；此外，还存在着难以确保听证会的公正性问题。因此，听证会制度还没有发挥应有的社会监督作用，需引起政府高度重视。

英国在基础设施价格制订和调整有关消费者、企业等各利益集团的政府监管法规（特别是周期性地调整价格监管政策）时，全部实行听证会制度，进行社会监督。其特点是：一是力求公开，政府把某一政府监管法规草案公布在互联网、大众媒体上，以广泛争求社会各利益集团的意见；二是反复修改，政府将各利益集团的意见加以整理，并据此对政府监管法规草案进行修改，然后将这些信息与公众见面，再次争求意见，作为制订有关法规的依据[②]。为了保证听证会的公平性，

---

① 仇保兴，王俊豪 等 . 中国市政公用事业监管体制研究 [M]. 北京：中国社会科学出版社，2006.
② 仇保兴，王俊豪 等 . 中国市政公用事业监管体制研究 [M]. 北京：中国社会科学出版社，2006：33.

我国的价格听证会制度应该从以下方面加以改进。

(1) 企业应在听证会前公开详细的成本并通过政府的监审

如今，很多基础设施供给企业为了不公开真实成本，往往以为"商业秘密"为借口，剥夺了社会公众的知情权和监督权。例如，郑州的供暖涨价在供给方成本未透明公开，也就是涨价依据不足的情况下召开听证会并涨价[①]，引起了社会对听证会程序的不满。要做到真正"问价于民"，就要求听证会代表能够辨别垄断价格的真伪，了解企业的真实成本和费用，从而提出公正的价格建议。信息的公开、透明是保证听证会代表作出正确决策的前提[②]。

(2) 政府需要协调企业和公众之间的矛盾

从利益偏好的角度来看，普通公众、听证会代表往往偏好于低廉价格的设定。而基础设施供给企业从自身的赢利目的出发，往往不愿公开关于成本及费用的所有信息，而且偏好于提出高的收费标准。在此，政府需协调两者间的矛盾，可以通过完善听证会的相关制度和程序，有效地发挥其在公共定价中的调节作用。具体措施包括：①物价与监管机构应加强对公用事业企业成本及财务信息的掌控，如对企业的投资总量、运营成本、原材料成本等信息予以审计并加以公布，让听证会代表享有充分的知情权；②应充分保障听证会代表查阅、摘抄相关文件材料，并要求相关各方对特定问题做出解释、说明的权力；③应保障听证会设置充足的时间让听证会代表与企业进行辩论等。除此之外，还可以通过网上参与、舆论调查、投诉等形式，建立健全价格听证会制度[③]。

事实上，听证会代表的意见多大程度被采纳，是衡量听证会是否真正反映民众声音，真正实现"参政议政"的重要指标。如果听证会只是各种权力机关粉饰自身需要的手段时，那么听证会的社会公信力将大打折扣。听证会代表的意见如果没有法定权力加以保障，听证会的效力也将难以发挥。今后我国应从法律层面上提高价格听证会的法律地位及效力，真正做到"定价决定必须依据听证会的结果"，使听证会真正成为"问价于民"的有效手段[④]。

(3) 应确保听证会的独立性

我国的价格听证会在制度设计时直接规定"由政府价格主管部门组织"，而被听证的对象往往由另一政府机构主管，这就决定了听证会的组织者与被听证对象之间存在着千丝万缕的利益联系。就哈尔滨的水价听证会而言，组织者是物价局，制定水价的也是物价局，听证对象的主管机构

---

① 参考：央视－新闻 1+1. 郑州供热调价听证引争议，听证如何破解自身尴尬. 2008 年 10 月 30 日. 新华网. 成本、计费不透明 郑州供热调价听证惹争议. 2008-10-29.
② 杨华. 城市公用事业公共定价与绩效管理 [J]. 中央财经大学学报，2007(4):21-25.
③ 杨华. 城市公用事业公共定价与绩效管理 [J]. 中央财经大学学报，2007(4):21-25.
④ 杨华. 城市公用事业公共定价与绩效管理 [J]. 中央财经大学学报，2007(4):21-25.

是水务局，而负责遴选听证人的消费者协会隶属于工商局。在这样全部由政府机构主导的听证会中，听证人就处于十分弱势的地位。西方国家的经验表明，只有由独立、超脱的机构主持听证，才能从根本上确保听证会不会被相关利益集团操纵。拥有非政府资金来源的行业 NGO，或许能成为听证会的组织者。

(4) 听证代表的选择程序应当公开

根据目前执行的《政府价格决策听证办法》(2002 修订) 第八条，听证会代表的构成及人数都是由政府价格主管部门来聘请的。尽管办法规定代表要有一定的广泛性，但至于如何划分代表配额，消费者、经营者、政府代表、专家学者等各自到底应占多大比例，办法都语焉不详[①]。在这种情况下，价格主管部门完全可以把听证会的听证结构往想要的方向"操控"。

目前，国家发改委正试图完善价格听证会的程序，于 2008 年 7 月 14 日发布了《政府制定价格听证办法》征求意见稿 (以下简称《征求意见稿》)，其中规定了政府价格主管部门应该向社会公布听证会参加人的产生方式以及具体的报名方法。在听证会举行 15 日前，政府价格主管部门应当通过政府网站、新闻媒体向社会公布听证会举行的时间、地点，定价听证方案要点，听证会参加人名单、联系方式，听证人名单。相对于原国家计委颁布的《政府价格决策听证办法》，《征求意见稿》在消费者的参与程序方面已经实现了很大的突破，朝着透明化方向发展。但是人们还担忧，"即使是消费者代表比例不能低于三分之一的规定，另外三分之二的代表完全可能与消费者代表唱反调"(郝劲松，2008)，这需要相关的行政法律对听证程序的法律效力进行明确地规定，以保护消费者的利益，降低企业涨价的随意性。

(5) 把握有效的价格监管间隔期

监管的间隔期是指两次价格上限调整之间的期限。期限过短，会影响到企业的资本投资激励；期限过长，又可能降低用户和消费者的剩余。就我国基础设施业情而言，在引入价格监管的初期，监管间隔不宜定的太长，例如可以考虑 2 ~ 3 年，待企业生产效率有明显改观后，再适当延长到 5 ~ 7 年。当然，各个产业的监管间隔期，因产业技术进步的快慢而应有所差别。如电信产业的监管间隔期就可以短一些[②]。

8.6 城市基础设施的补贴规制

由于基础设施行业的固有特征，其价格既不会太高也不会太低。不会太高的价格意味着行业需要很长的时间才能回收巨额沉淀成本，尤其是那些公益性较强

---

① 北京的一次民用天然气价格调整听证会，尽管报道称参加论证的 30 位听证代表有 13 位由市消费者协会推荐、3 位市政协委员和市人大代表、还有部门专家，但是，这 30 位代表的身份依然不明确。大多市民对听证会的代表根本不了解，也不知道是怎样产生的代表。(摘自：彭兴庭．"公用事业"的定价和"价格听证"[J]．经济导刊，2007(2)：76~77.)

② 余晖．中国基础设施产业政府监管体制改革总体框架 [M]．北京：中国财政经济出版社，2002.

的基础设施供给企业可能会出现亏损的情况，不会太低的价格使得低收入群体对基础设施供给产品或服务的支付仍有可能存在一定的困难。所以，在必要的情况下，还须借助补贴机制来达到企业和消费者的双赢局面，通过各种补贴使企业能够继续运营，使低收入群体能够平等的享有基本的产品和服务。良好的补贴规制能够增加低收入人群的消费能力，减少使用基础设施产品或服务的支出，引导企业向着资源更可持续利用发展进行供给，并促进各类基础设施资源更为公平地分配。

8.6.1 补贴原则与思路

(1) 补贴原则

1) 针对性。为了防止补贴的低效，补贴应该针对最需要补贴的人群或企业。具体可分为两种情况：第一种情况是基础设施供给成本比较高，而产品或服务价格比较低，不足以弥补成本，这就需要给予企业相应的补贴。另一种情况为基础设施产品或服务的价格较高，企业的成本回收较快；为了保证公众能够支付得起基础设施的产品或服务，需要给予特殊人群以补贴。因为政府对企业的直接补贴会导致企业降低减少成本支出的努力，因为政府与企业之间的信息往往不对称，政府一般根据公交企业会计报表上的实际亏损额决定对企业的补贴数。在采用这种事后直接补贴的情况下，企业的价格竞争将失去作用，最后导致产品价格保持在一个较高的水平上。为避免补贴的无效，应该将对公交企业的直接补贴变为对公交线路的间接补贴，即应根据不同公交线路的盈利情况确定补贴金额[①]。

2) 使低收入群体受益。补贴机制作为一种实现收入再分配的主要方式，应该使低收入群体在补贴机制的作用下，扩大对基础设施享有的范围，增加享有的机会。

3) 对有市场前景或有助于可持续发展而当前却不具备竞争力的行业进行补贴。这些行业主要包括收费机制不能补贴成本支出的行业、需要大量资金支持以进行技术创新的行业、使用可再生能源的行业、具有普遍服务性质的行业等。随着技术进步和社会环保意识的增强，某些基础设施行业的生产工艺或者技术水平较为落后（如火电），需要进行产业结构调整来淘汰这些行业，并取消对这些行业的补贴。

4) 减轻财政压力。随着国家公共管理职能的转向，国家的财政资金将更多地投向教育、医疗、公共卫生等准公共物品领域，逐步退出基础经济建设领域；中国加入 WTO 后，就必须履行《补贴与反补贴措施协议》，财政对基础设施行业的直接补贴呈现减少趋势；此外，随着补贴主体的增多以及补贴机制的逐步完善，市场越来越多地参与到基础设施供给领域，减少了政府补贴的压力。这样，政府就可以把财政资金用于最需要补贴或

---

① 陈昆玉，王跃堂. 公用事业行业的价格管制缺陷及其治理途径——基于南京市公交行业涨价的案例研究 [J]. 软科学，2007(4)：87—90.

者市场不愿或者不能介入的领域中，以提高财政资金的利用效率。

（2）补贴思路

1）总体思路

对于补贴规制的研究，需要解决好三个问题，即谁来补贴，谁需要补贴和怎样补贴。基础设施供给中的三大主体为政府、市场和公众。随着社会参与程度的加深，补贴主体的范围也不断扩大，三者都可以成为补贴主体，形成了以政府和企业补贴为主、公众补贴为辅的格局。政府的补贴可以针对企业，也可以针对低收入群体。

2）两个目标：弥补与引导

补贴既可以弥补企业成本支出，也可以引导企业摈弃落后的生产技术与工艺，选择符合可持续发展目标的生产方式。

补贴既可以保证低收入公众使用基础设施基本服务的权利，也可以引导公众选择符合可持续发展目标的产品与服务。

3）两种方式：激励性补贴与收益性补贴

在补贴中，常常有这样两种思路：一种是激励性补贴[①]，即无论企业的效率是否变动，都为企业提供一个固定数额的补偿，是一种高强度的激励。一种是收益性补贴，即保证企业获取定额收益，也就是说当企业的效率提高、自身获取收益时，补贴就会相应的减少，甚至于取消[②]。我国当前对各基础设施行业的补贴基本都可以归为收益性补贴。

激励性补贴的优势是：无论企业的的效率是否变动，都为企业提供一个固定数额的补偿，在这种情况下，政府需要对企业提供的产品或服务进行价格规制、质量规制等。

收益性补贴的优点是：企业获取的收益是一定的，企业不用担心成本无法回收的问题，企业供给的收益风险较小，适合于公共性和外部性较强的基础设施的供给。但是这种方式也存在一定程度的缺点，由于信息的不对称，政府或规制机构往往不能掌握企业全部的财务成本，企业可能通过谎报虚报成本的方式来获得更大程度的补贴；在信息对称的前提下，不管企业怎样改良供给的方式，企业获得的利润是固定的，所以企业可能没有动力改进管理，降低成本。

以上两种激励方式各有利弊，我国政府当前对各基础设施行业的补贴基本都可以归为收益性补贴；在近期内也仍将以这种补贴思路为主。由于激励性补贴具有更为积极的激励作用，在我国各基础设施行业的企业的整体水平等到提升以后，可以逐步引入这种补贴的方式。

---

① 规制经济学里有一种激励性规制对补贴有借鉴作用。"在确定成本补偿规则时，最关键的概念就是激励规制的激励强度。高强度的激励机制是指在边际上企业承受较高比例的成本，即当企业的成本每增加1美元时，企业得到的净补偿额（在总支付中扣除成本）几乎不随实际成本的变化而变化。……相比之下，低强度的激励机制是指如果企业的实际成本每增加1元时，政府的补贴也增加1元，因此企业的利润不受任何影响。"（引自：肖兴志 等著. 公用事业市场化与规制模式转型 [M]. 北京：中国财政经济出版社，2008，5.）

② 肖兴志 等著. 公用事业市场化与规制模式转型 [M]. 北京：中国财政经济出版社，2008.

4）保证补贴政策的落实至关重要

随着政府财政资金使用重点的转移以及基础设施市场化改革的深化，传统的以政府作为主要补贴主体的补贴方式有待改变。政府直接补贴的减少并不表明具体补贴范围的减少和补贴额度的降低，这就需要寻找其他途径来减轻政府的财政压力。而如果没有相应的保障性机制，补贴政策只能是"空中楼阁"。

8.6.2　对供给企业的补贴方式

(1) 普遍服务基金制度

普遍服务基金制度是一种广泛采用的对承担普遍服务义务的供给企业的补贴方式。基础设施领域的普遍服务是指那些应该在任何地方以可承受的价格向每一个潜在的消费者提供的必需的服务。该定义意味着：①普遍服务是一种最低层次的生活必需品；②普遍服务更多情况下是政府的一种政治性的承诺，但也可能是对企业的一种潜在市场需求；③任何地方包括那些远离城市的穷乡僻壤；④可以承受的价格意味着潜在的消费者可能属于低收入阶层，因而他们只能支付很低的价格；⑤普遍服务是一种动态的需求，它的最低层次实际上是一国整体经济发展水平、城市化进程和居民收入水平的因变量。

在世界性的基础设施产业改革之前，解决普遍服务融资问题，主要有政府预算补贴、运营企业内部交叉补贴和从接入费用提取基金三种机制。其中，最常见的是交叉补贴。交叉补贴一般存在于垄断性行业内部，是政府允许自然垄断产业内部垄断性业务与竞争性业务、盈利业务与亏损业务相互弥补，实现盈亏平衡的机制。如邮政行业中 EMS 通常需要对普通信函的寄递业务进行补贴。又如，在电信业发展的初期，通常需要以长途电话的收入来补贴市话、农话。

企业内部的交叉补贴虽有其存在的合理性，即通过补贴达到行业自身发展的平衡，但是交叉补贴的副作用也是显而易见的。首先，交叉补贴意味着价格扭曲和由此带来的社会成本，违背了效率原则；其次，不利于引入竞争，因为私人参与后可能形成的市场竞争格局也减少了交叉补贴政策的可作用空间；再次，交叉补贴的透明性极差，容易造成基础设施的服务提供者暗箱操作，从而形成对消费者利益的损害；最后，交叉补贴掩盖了行业的真实成本和利润，不能准确评估出企业的发展情况。

随着行业竞争的加剧，由一家企业来对普遍服务业务实行交叉补贴显然有失公允，必须寻找其他的解决方法。经过各国的实践，普遍认为普遍服务基金制度是比较合理的筹资机制。

普遍服务基金是指所有运营商，无论其从事何种业务，最终是否提供普遍服务，都要通过缴纳数额不一的普遍服务基金承担普遍服务义务；普遍服务资金集中起来后，由指定机构通过招投标等公开竞争方式，统一转移支付给实际承担普遍服务义务的企业，这些企业可以是在位的主导运营商，也可以是新进入者。此制度是发达国家实现普遍服务的主要形式。其优点在于：第一，可以通过市场力量对公益性较强的行业进行补贴，减轻了交叉补贴中由一家企业承担补贴责任的负担；第二，普遍服务的成本可以转嫁到一些高端用户身上，从而促进社会的公平。

借鉴发达国家的经验，电信、邮政行业领域比较适合建立普遍服务基金制度。以电信行业为例。许多发达国家在开放电信市场的同时，把建立普遍服务基金列为当务之急，并以立法的方式推行普遍服务。例如，美国政府在1983年建立了普遍服务基金，基金来源于美国所有电信公司的付款，包括本地、长途、移动、寻呼以及公用电话公司，该基金由一个专门的机构——普遍服务管理公司（USAC）根据FCC制定的法规进行管理。在USAC的管理下，直接承担普遍服务的电信运营公司从普遍服务基金中领取成本补偿款项。目前USAC管理着4个普遍服务项目：在一些高成本的地区提供电话服务，使低收入消费者能够取得和保持电话服务，协助学校和图书馆购买电信和信息服务，以及协助农村的医疗机构购买这些服务。加拿大从2001年起对普遍服务的补偿由长途业务提供者接入费改为普遍服务基金；欧盟于1998年对电信普遍服务也作了规定，对所有成员国都有约束力；澳大利亚、日本、新西兰等国家也陆续建立了普遍服务基金及管理办法[1]。

普遍服务制度的建立需要明确以下问题：①征收对象。一种是所有的经营企业都要缴纳普遍服务基金，这种方式有利于培养所有企业的普遍服务意识，符合公平原则，但是对普遍服务基金的管理有较高的要求；另一种是设定一个门槛，对年度业务收入达到这一标准的企业收取普遍服务基金，这种方式可以减少新兴小规模企业的压力，并易于管理。②征收范围。基础设施行业中，新旧技术产业、赢利与非赢利产业并存。需要考虑向哪些行业收取普遍服务基金，既不对新技术产业造成资金压力，又能实现企业公平负担普遍服务基金的原则。③征收比率。征收比率的确定需要考虑两方面要求，一是计算实现普遍服务目标所需要的资金量；另一方面还应考虑行业的发展以及企业的承受能力[2]。

(2) 政府直接补贴

除了上述的普遍服务基金制度以外，政府直接补贴也是一种广泛采用的对承担普遍服务义务的供给企业的补贴方式。这种补贴方式应用于其他补贴机制不太完善或者定价较低的情况下，政府此时应责无旁贷地担负起补贴的责任。

政府作为补贴主体的原因主要包括以下几个方面：①政府的财政收入较为充足，有承担基础设施供给成本的实力；②基础设施供给的初期阶段，市场发育不十分成熟，需要政府的补贴来增加市场投资的信心；③基础设施的公益性特征使其补贴来源较为单一。

随着政府职能的转向以及基础设施市场化改革的加速，政府作为基础设施供给的补贴主体的身份也应改变。对于公益性强、排他性弱或尚无收费机制的基础

---

① 许峰.中国公用事业改革中的亲贫规制研究[M].上海：上海人民出版社，2008.
② 邢智杰.关于建立电信普遍服务新体制的思考[J].世界电信，2002(5)：6—9.

设施供给，财政可以直接补贴；对于有收费机制、公益性较弱的基础设施供给，应通过其他方式来解决运营资金短缺的问题。财政补贴的方式包括：

1）根据供给量的补贴。即根据企业所供给的服务或产品的数量来计算补贴额度，多供给多补贴少供给少补贴，这是一种较为有效的补贴方式，因为在企业真实成本无法准确计量的情况下，供给产品的数量是容易获取的。以风力发电行业为例，根据装机容量来确定补贴数额的方式容易引起风电投资的一拥而上，投机性企业可以因投资而不是发电来获得相应的回报，因此，对风力发电行业的补贴政策已经转向按发电量的多少进行补贴。对城市污水处理行业的补贴也常用此种方式。

2）弥补供给与成本差价的补贴。由于供给价格较低，给企业造成了政策性亏损，真实成本价格与供给价格之间的差价部分应该由政府来补贴。邮政行业普通信函的寄递等专营和普遍服务业务的补贴可采用此方式。

3）根据合约的激励性补贴。

4）弥补企业生产成本的收益性补贴。

(3) 税收补贴

1）税收优惠

为了减轻税收对需要补贴的企业的运营压力，政府应当使用税收优惠的手段，降低企业的成本，在不给财政支出造成压力的前提下，保证企业提供低价高质的服务。

对于邮政行业中的普遍服务业务，除了政府直接补贴外，我国给邮政企业免税或减税也是补贴普遍服务支出的可行方法之一。在发达国家中，美国、英国、荷兰等国邮政免交营业税；德国邮政免交增值税；法国邮政专营业务免交税；马来西亚了免除邮政营业税和增值税并实行亚洲地区最低的邮政所得税率；日本、韩国等国对邮政的所有种类税收全免。此外，还有很多国家规定邮车享有优先通行权并适当减免邮车过路费、过桥费、轮渡费等。韩国在《公路和交通法》中规定，邮车免交高速公路费；美国邮车可以免交邮车牌照税和邮车停车费[1]。我国财政部、国家税务总局在 2006 年出台的《关于邮政普遍服务和特殊服务免征营业税的通知》中规定，对国家邮政局及其所属邮政单位提供邮政普遍服务和特殊服务业务（具体为函件、包裹、汇票、机要通信、党报党刊发行）取得的收入免征营业税，享受免税的党报党刊发行收入按邮政企业报刊发行收入的 70% 计算。在法律政策的鼓励下，各地政府也陆续对邮政普遍服务行业进行减免税措施，内容包括：营业税收的减免、征地费的减免以及邮车相关的税费减免等。同时，邮政网点建设的征地费也应减免，应享受国家规定的相关优惠政策，包括减免城市建设配套费、土地占用费等。

在风力发电行业中，根据《可再生能源发展规划》，为了鼓励风力发电，

---

① 胡仲元. 国外邮政改革的警示 [J]. 财经界, 2005(4): 90—93.

我国对风力发电减半征收增值税，一般增值税是17%，对于风力发电只征8.5%。2010年4月1日起施行的《可再生能源法（修正案）》第二十六条也明确规定："国家对列入可再生能源产业发展指导目录的项目给予税收优惠。"关于补贴方式，很多可再生能源发电企业倾向于税收优惠而不是直接补贴。

2）税收转移

税收转移指对环境影响较大的基础设施供给企业课以重税，并将这些税收转移给符合环境发展要求的可持续性供给行业。在电力行业中，可以出台相关政策要求火电等能耗较大的发电企业向政府交纳环境税，再经由政府将这些环境税按比例补贴给清洁能源发电企业。

（4）业务补偿

政府还应采取行政、经济、立法等手段，适当鼓励承担普遍服务业务的企业在保证供给质量的同时开办一些利润较高的业务，利用合理渠道筹集资金，以弥补部分普遍服务形成的政策性亏损，可称之为业务补偿。

以邮政行业为例，邮政可以开设简易人寿保险、小额抵押贷款、电子商务安全认证、物流配送以及信息服务等业务。新加坡邮政有80个以上的增值和便捷服务，包括账单支付、罚单支付、添加储值、汇款、捐款、购买电影票、购买展览票、特许商品销售、兑换积分等，涉及日常生活的各个方面。目前，我国一些城市邮政部门已经开展了一些赢利性业务，比如哈尔滨邮政部门代售车票电影票；天津、景德镇等城市的邮政部门代售机票等。此外，无论是在实物寄递和电子商务中，邮政都可以利用自己独特的地位担当起第三方认证的业务，以邮政的信誉来担保数据的原始真实、安全可靠，这是市场上其他竞争者无法比的。

8.6.3　对公众的补贴方式

（1）对低收入群体的补贴

有的行业虽然承担着普遍服务的义务，但由于其他原因，不可能采取过低的价格。在这种情况下，对于那些支付有困难的需要补贴的公众而言，政府可以采用其他方式对其进行针对性的补贴。比如，水资源的稀缺性使得城市水价的上调成为必然的趋势，政府就应通过其他途径而非压低统一的水价来满足低收入群体的需求。

针对性的补贴方式包括：①定期给低收入者发放基础设施消费优惠券；②生命线价格，对低收入群体在规定的最低消费水平以下实行免费或低费；③在基础设施价格调整中，对低收入群体实行单项补贴，如水价调整补贴、电价调整补贴、冬季取暖费补贴等；④提高最低生活保障标准。例如，2001年重庆市政府在调整主城区自来水价格（由1.2 ~ 2.00元/m³）时，将城市人均低保补助标准普遍调升10元，目的主要是防止水价上升而影响低收入家庭的实际生活水平[1]；⑤降低价格。针对低收入群体的降价补贴可以通过消费卡刷卡来识别低收入群体的身份，

---

① 周林军，董琦．为穷人定价——水价改革中低收入群体的利益保护．

如在公交服务中，常常针对特殊人群实行优惠票价。

（2）低价供给

几乎所有发展中国家的政府都将某些基础设施服务的定价设定在边际成本之下，服务总成本与收费收入之差由政府财政补贴，补贴的理由是穷人无力负担成本补偿价格。但是也会出现一定的问题：①低价会造成资源使用的浪费。如水费或电费如果采用低价机制，很多能支付得起价格的公众会因低价而浪费使用这些资源；②低价会给不常使用的公众造成一定的损失。比如，城市公交月票的使用虽然会给经常乘坐者一定的补贴，但是不常乘坐者却失去了这种补贴的机会。③加重政府补贴的负担。基础设施供给的价格制定应该效率与公平并重，如果过度关注公平，那么政府就要承担较重的财政负担。

以北京公交为例，2008年北京市政府开始降低北京公交的票价并用财政为北京的公交买单的决策，使得很多人的出行成本降低，并在一定程度上减少了私家车的出行，但是对于那些不需要公交出行的公众或者不需补贴的公众来讲，政府的补贴可能造成低效的结果，并在长期内给政府的财政造成很大的压力。因此，采用低价政策对所有使用者进行补贴的方法容易造成补贴的低效，并且随着城市财政补贴重点的转移，这种方式不具有可持续性。北京市于2014年已经恢复了常规公交票价。

（3）引导需求的补贴

通过补贴还可以引导社会大众对基础设施的使用模式。在私家车大量增长的当今趋势下，企业对员工的补贴常常可以引导员工选择符合社会发展需求的基础设施产品或服务。比如，日本企业为了鼓励员工公交出行，规定如果员工乘用公交出行频率达到一定次数以上，员工就可以获得公交补贴。我国一些城市的公司或企业也有着与日本相似的做法来鼓励员工公交出行，如每月为员工发放定额公交卡等。企业通过这种方式来减少私家车出行，无疑是观念和做法上的巨大进步，是承担社会责任的一种方式，具有较强的启示作用，应予以推广。

主要参考文献

[1] 吴志强，李德华主编 . 城市规划原理（第四版）[M]. 北京：中国建筑工业出版社，2010.

[2] 戴慎志主编 . 城市工程系统规划（第二版）[M]. 北京：中国建筑工业出版社，2008.

[3] 戴慎志主编 . 城市规划与管理 [M]. 北京：中国建筑工业出版社，2011.

[4] 戴慎志编著 . 城市综合防灾规划 [M]. 北京：中国建筑工业出版社，2011.

[5] 戴慎志主编 . 城市基础设施工程规划手册 [M]. 北京：中国建筑工业出版社，2000.

[6] 刘婷婷 . 基于行业发展与公平享有的城市基础设施供给的政府规制研究 [D]. 同济大学博士学位论文 ,2010.

[7] 陈敏 . 城市基础设施用地集约化研究——邻避基础设施部分 [D]. 同济大学硕士学位论文 ,2014.

[8] 邹家唱 . 综合防灾视角下的城市基础设施规划关键问题研究 [D]. 同济大学硕士学位论文 ,2015.

[9] 郁露霞 . 智慧城市基础设施规划的基础性研究 [D]. 同济大学硕士学位论文，2015.

[10] 闫萍，戴慎志 . 集约用地背景下的市政基础设施整合规划研究 [J]. 城市规划学刊，2010,01：109−115.

[11] 刘婷婷，戴慎志 . 行业发展与公平享有目标下的城市基础设施供给规制研究 [J]. 规划师，2012,10：77−81.

[12] 戴慎志 . 我国城市基础设施工程规划的发展趋势 [J]. 城市规划汇刊，2000（3）：37−40.

[13] 戴慎志 . 旧城基础设施规划与建设对策 [A]. 中国城市规划学会 . 中国城市规划学会2002 年年会论文集 [C]. 中国城市规划学会：2002：4.